国防科技图书出版基金

弹载合成孔径雷达制导及其关键技术

Missile-borne SAR Guidance：Fundamentals and Key Techniques

祝明波　杨立波　杨汝良　编著

国防工业出版社
·北京·

图书在版编目(CIP)数据

弹载合成孔径雷达制导及其关键技术／祝明波，杨立波，杨汝良编著.—北京:国防工业出版社,2014.6
ISBN 978 – 7 – 118 – 09438 – 1

I.①弹... Ⅱ.①祝... ②杨... ③杨... Ⅲ.①弹载雷达 – 合成孔径雷达 – 雷达制导 Ⅳ.①TN96

中国版本图书馆 CIP 数据核字(2014)第 104429 号

※

国防工业出版社出版发行
(北京市海淀区紫竹院南路 23 号　邮政编码 100048)
国防工业出版社印刷厂印刷
新华书店经售

*

开本 880×1230　1/32　印张 8¼　字数 228 千字
2014 年 6 月第 1 版第 1 次印刷　印数 1—3000 册　定价 96.00 元

(本书如有印装错误,我社负责调换)

国防书店:(010)88540777　　发行邮购:(010)88540776
发行传真:(010)88540755　　发行业务:(010)88540717

致 读 者

本书由国防科技图书出版基金资助出版。

国防科技图书出版工作是国防科技事业的一个重要方面。优秀的国防科技图书既是国防科技成果的一部分,又是国防科技水平的重要标志。为了促进国防科技和武器装备建设事业的发展,加强社会主义物质文明和精神文明建设,培养优秀科技人才,确保国防科技优秀图书的出版,原国防科工委于1988年初决定每年拨出专款,设立国防科技图书出版基金,成立评审委员会,扶持、审定出版国防科技优秀图书。

国防科技图书出版基金资助的对象是:

1. 在国防科学技术领域中,学术水平高,内容有创见,在学科上居领先地位的基础科学理论图书;在工程技术理论方面有突破的应用科学专著。

2. 学术思想新颖,内容具体、实用,对国防科技和武器装备发展具有较大推动作用的专著;密切结合国防现代化和武器装备现代化需要的高新技术内容的专著。

3. 有重要发展前景和有重大开拓使用价值,密切结合国防现代化和武器装备现代化需要的新工艺、新材料内容的专著。

4. 填补目前我国科技领域空白并具有军事应用前景的薄弱学科和边缘学科的科技图书。

国防科技图书出版基金评审委员会在总装备部的领导下开展工作,负责掌握出版基金的使用方向,评审受理的图书选题,决定资助的图书选题和资助金额,以及决定中断或取消资助等。经评审给予资助的图书，由总装备部国防工业出版社列选出版。

国防科技事业已经取得了举世瞩目的成就。国防科技图书承担着记载和弘扬这些成就，积累和传播科技知识的使命。在改革开放的新形势下，原国防科工委率先设立出版基金，扶持出版科技图书，这是一项具有深远意义的创举。此举势必促使国防科技图书的出版随着国防科技事业的发展更加兴旺。

设立出版基金是一件新生事物，是对出版工作的一项改革。因而，评审工作需要不断地摸索、认真地总结和及时地改进，这样，才能使有限的基金发挥出巨大的效能。评审工作更需要国防科技和武器装备建设战线广大科技工作者、专家、教授，以及社会各界朋友的热情支持。

让我们携起手来，为祖国昌盛、科技腾飞、出版繁荣而共同奋斗！

国防科技图书出版基金

评审委员会

国防科技图书出版基金
第七届评审委员会组成人员

前　言

弹载合成孔径雷达制导,即采用弹载合成孔径雷达作为成像传感器来实现导弹精确制导的一种先进制导技术,兼具雷达制导和成像制导的优势,具有全天时、全天候、主动高分辨微波成像能力,是当前国内外精确制导技术的一个重要发展方向。

受技术条件所限,现阶段主要借助于景象匹配技术实现。因此,弹载合成孔径雷达制导涉及合成孔径雷达、制导和图像处理等技术,是一项跨雷达、导弹和信息处理多个学科门类的综合性技术。

总体上,可将弹载合成孔径雷达制导的研究内容划分为理论、技术和系统三个层面:一是理论层面,主要涉及导弹制导、合成孔径雷达等领域的基本原理以及将合成孔径雷达用于导弹精确制导的具体模式等;二是技术层面,主要包括导弹加装合成孔径雷达后弹道的优化设计、弹载合成孔径雷达成像、弹载合成孔径雷达制导参考图制备与景象匹配、导航制导等;三是系统层面,主要包括弹载合成孔径雷达成像匹配制导系统的建模、分析、设计、优化及研制、测试和试验等。

本书专门论述弹载合成孔径雷达制导的基本概念、主要特点、典型模式、关键技术等内容,是编著者近年来持续从事弹载合成孔径雷达制导概念与关键技术研究的成果总结。全书可分为三部分,共7章:

第一部分,即第1章,绪论。简要介绍了弹载合成孔径雷达制导的基本概念、主要特点与国内外研究状况。

第二部分,即第2章,弹载合成孔径雷达制导基础。主要介绍了弹载合成孔径雷达成像模式、系统参数、合成孔径雷达图像的特点、弹载合成孔径雷达制导应用模式及弹载合成孔径雷达制导关键技术综述。

第三部分,包括第3~7章。重点论述了弹载合成孔径雷达制导涉及的五项关键技术:弹道优化设计,弹载合成孔径雷达成像,弹载合成

孔径雷达制导参考图制备,弹载合成孔径雷达制导景象匹配,导弹定位。各章内容如下:

第3章,弹道优化设计。常规导弹的弹道主要由过载和突防要求决定,合成孔径雷达难以实现前视成像的局限性为导弹弹道的设计提出了新要求,因此使得弹道的优化设计成为弹载合成孔径雷达成像制导的一项关键技术。本章专门论述了弹载合成孔径雷达制导情况下的弹道优化设计问题,内容包括概述、弹道优化基础、优化方法及工具、弹道优化策略、弹道优化仿真。

第4章,弹载合成孔径雷达成像。与常规机载和星载平台不同,弹载条件下合成孔径雷达的运动具有高速、俯冲、非匀直等特殊性,且要求成像必须具有实时性,这使得成像成为弹载合成孔径雷达制导得以有效实现的一项关键技术。本章专门论述了弹载情况下的合成孔径雷达成像问题,内容包括概述、成像几何关系与回波信号特性、子孔径成像常用算法及改进、大斜视成像、俯冲弹道成像。

第5章,弹载合成孔径雷达制导参考图制备。受当前技术所限,采用弹载合成孔径雷达制导时只能基于景象匹配技术实现目标的识别以及导弹的定位,而参考图(包括参考模板)又是景象匹配环节的一个重要因素,因此参考图与参考模板制备便成为弹载合成孔径雷达制导得以有效实现的一项关键技术。本章专门论述了弹载合成孔径雷达制导情况下的参考图与参考模板制备问题,内容包括概述、一般考虑、基于雷达图像模拟的参考图制备、基于遥感图像的参考图制备、参考模板制备实例。

第6章,弹载合成孔径雷达制导景象匹配。基于上述相同的道理,在弹载合成孔径雷达制导情况下,需要高精度、快速、稳健的景象匹配操作,因此景象匹配(本质上即图像匹配)亦成为弹载合成孔径雷达制导得以有效实现的一项关键技术。本章专门论述了弹载合成孔径雷达制导情况下的图像匹配问题,内容包括概述、图像匹配问题的描述、图像匹配算法综述、地面起伏影响及其校正、抗噪声合成孔径雷达图像匹配方法、利用边缘和统计特性的合成孔径雷达图像匹配算法。

第7章,导弹定位。弹载合成孔径雷达完成高质量成像并实现与参考图或参考模板的高精度图像匹配后,如何从匹配结果出发进行导弹定位成为弹载合成孔径雷达制导得以有效实现的又一项关键技术。本章专门论述了弹载合成孔径雷达制导情况下的导弹定位问题,内容包括概述、导弹定位原理、导弹定位精度分析、导弹定位解算。

本书可供精确制导、合成孔径雷达应用、图像处理以及武器装备研制等领域的工程技术人员参考,也可作为有关机关和军代局的装备管理人员以及理工和军队院校的教师和学生等的教材和参考书。

目前,国内外公开出版的图书中尚无介绍合成孔径雷达在导弹制导中应用的专著。衷心希望本书的出版能及时填补国内外空白,进而大大推动国内采用合成孔径成像等先进雷达技术解决目前导弹面临的精确制导难题,推动雷达成像与制导等学科领域的发展,为我国的国防事业做出自己的贡献。

本书的编写得到了第一编著者工作单位——海军航空工程学院,及博士后研究所在单位——中国科学院电子学研究所的大力支持。

感谢研究生张刚、董巍、张东兴、邹建武分别在弹道优化设计、参考模板制备、图像匹配等方面所做的工作,及其为本书的编辑出版付出的辛劳。

衷心感谢总装备部专家组成员国防科技大学电子与信息工程学院的周智敏副院长(教授)和第二炮兵装备研究院一所的姚康泽总师(研究员)为本书的出版所做的大力推荐,他们这种不遗余力推举新人的做法令人钦佩。

感谢总装备部国防科技图书出版基金对本书的资助。

感谢国防工业出版社对本书出版的大力支持。

由于编著者水平有限,书中难免有疏漏和不妥之处,恳请广大读者批评指正。

祝明波　杨立波　杨汝良

2014 年 1 月

目　录

第1章　绪论 ………………………………………………… 1

1.1　弹载合成孔径雷达制导的概念与特点 ………………… 1

　　1.1.1　基本概念 …………………………………………… 1

　　1.1.2　主要特点 …………………………………………… 2

1.2　国内外研究状况 ………………………………………… 4

　　1.2.1　国外研究状况 ……………………………………… 4

　　1.2.2　国内发展现状 ……………………………………… 8

参考文献 ……………………………………………………… 9

第2章　弹载合成孔径雷达制导基础 …………………… 10

2.1　弹载合成孔径雷达成像模式 …………………………… 10

　　2.1.1　多普勒波束锐化 …………………………………… 11

　　2.1.2　正侧视条带成像 …………………………………… 13

　　2.1.3　聚束成像 …………………………………………… 14

　　2.1.4　斜视成像 …………………………………………… 15

　　2.1.5　前视成像 …………………………………………… 16

　　2.1.6　双站模式 …………………………………………… 18

　　2.1.7　环扫模式 …………………………………………… 19

2.2　弹载合成孔径雷达系统参数 …………………………… 21

　　2.2.1　工作频率 …………………………………………… 21

　　2.2.2　极化方式 …………………………………………… 21

　　2.2.3　入射角 ……………………………………………… 22

　　2.2.4　分辨率 ……………………………………………… 22

2.2.5　测绘带宽度 ·· 24

2.2.6　脉冲重复频率 ·· 25

2.2.7　天线尺寸 ·· 26

2.2.8　发射功率 ·· 26

2.3　合成孔径雷达图像特点 ·· 28

2.3.1　斜距与地距 ·· 28

2.3.2　透视收缩和叠掩 ·· 30

2.3.3　阴影 ·· 31

2.3.4　相干斑 ·· 33

2.4　弹载合成孔径雷达制导应用模式 ························ 33

2.4.1　分类 ·· 34

2.4.2　中制导应用模式 ·· 36

2.4.3　末制导应用模式 ·· 38

2.4.4　复合制导应用模式 ···································· 41

2.5　弹载合成孔径雷达制导关键技术 ························ 42

2.5.1　共性关键技术 ·· 42

2.5.2　中制导应用关键技术 ································ 44

2.5.3　末制导应用关键技术 ································ 44

2.5.4　复合制导应用关键技术 ···························· 45

参考文献 ··· 46

第3章　弹道优化设计 ·· 48

3.1　概述 ··· 48

3.2　弹道优化基础 ·· 49

3.2.1　导弹运动模型 ·· 49

3.2.2　目标函数 ·· 51

3.2.3　约束条件 ·· 53

3.2.4　弹道优化模型 ·· 54

3.3　优化方法及工具 ··· 56

3.3.1　概述 ·· 56

3.3.2　优化方法分类 ·· 56

X

　　　3.3.3　Radau 伪谱法 ···················· 58
　　　3.3.4　优化工具 ······················· 63
　3.4　弹道优化策略 ························· 64
　　　3.4.1　基于遗传算法的优化策略 ······· 64
　　　3.4.2　基于 SQP 算法的优化策略 ······· 71
　　　3.4.3　基于 Radau 伪谱法的优化策略 ········· 74
　3.5　弹道优化仿真 ························· 77
　　　3.5.1　基于遗传算法的仿真 ··········· 77
　　　3.5.2　基于 SQP 算法的仿真 ··········· 79
　　　3.5.3　基于 Radau 伪谱法的仿真 ········ 83
　参考文献 ······························· 86

第4章　弹载合成孔径雷达成像 ··············· 90
　4.1　概述 ······························· 90
　4.2　成像几何关系与回波信号特性 ············· 91
　　　4.2.1　平飞弹道 ····················· 91
　　　4.2.2　俯冲弹道 ····················· 99
　4.3　子孔径成像常用算法及改进 ············· 105
　　　4.3.1　SPECAN 算法 ·················· 105
　　　4.3.2　ECS 算法 ···················· 108
　　　4.3.3　改进 ECS 算法 ················· 115
　　　4.3.4　扩展 RD 算法 ················· 120
　4.4　大斜视成像 ······················· 127
　　　4.4.1　概述 ······················· 127
　　　4.4.2　时域去走动影响分析 ··········· 127
　　　4.4.3　算法流程 ···················· 131
　　　4.4.4　时域去走动产生的新问题 ········ 135
　　　4.4.5　仿真分析 ···················· 136
　4.5　俯冲弹道成像 ······················· 139
　　　4.5.1　概述 ······················· 139
　　　4.5.2　算法流程 ···················· 140

　　　4.5.3　仿真分析 ································· 144

　参考文献 ·· 146

第5章　弹载合成孔径雷达制导参考图制备 ··········· 148

　5.1　概述 ··· 148

　5.2　一般考虑 ····································· 148

　5.3　基于雷达图像模拟的参考图制备 ·············· 149

　　　5.3.1　一般步骤 ······························· 150

　　　5.3.2　地理信息数据库 ························· 150

　　　5.3.3　目标特性数据库 ························· 151

　　　5.3.4　雷达模型 ······························· 152

　　　5.3.5　雷达图像模拟 ························· 155

　5.4　基于遥感图像的参考图制备 ·················· 159

　　　5.4.1　一般步骤 ······························· 159

　　　5.4.2　预处理 ································· 159

　　　5.4.3　匹配区选择 ····························· 160

　　　5.4.4　特征提取与分类 ························· 161

　　　5.4.5　模板生成 ······························· 162

　5.5　参考模板制备实例 ························· 165

　　　5.5.1　目标参考模板制备实例 ················· 165

　　　5.5.2　边缘参考模板制备实例 ················· 175

　参考文献 ·· 179

第6章　弹载合成孔径雷达制导景象匹配 ············· 181

　6.1　概述 ··· 181

　6.2　图像匹配问题的描述 ······················· 182

　　　6.2.1　数学描述 ······························· 183

　　　6.2.2　性能指标 ······························· 184

　　　6.2.3　匹配要素 ······························· 185

　6.3　图像匹配算法 ······························· 195

　　　6.3.1　概述 ································· 195

6.3.2 经典算法 ···················· 196

6.3.3 高性能算法 ·················· 198

6.3.4 快速算法 ···················· 199

6.3.5 稳健算法 ···················· 201

6.4 地面起伏影响及其校正 ················ 203

6.4.1 地面起伏影响 ················ 204

6.4.2 匹配定位分析 ················ 204

6.4.3 垂直投影校正 ················ 204

6.5 抗噪声合成孔径雷达图像匹配方法 ·········· 205

6.5.1 算法介绍 ···················· 205

6.5.2 仿真分析 ···················· 206

6.6 利用边缘和统计特性的合成孔径雷达图像匹配算法 ···· 209

6.6.1 基于统计特性的相似性度量 ····· 209

6.6.2 分层搜索策略 ················ 210

6.6.3 匹配流程 ···················· 211

6.6.4 仿真分析 ···················· 211

参考文献 ···························· 214

第 7 章 导弹定位 ···················· 218

7.1 概述 ···························· 218

7.2 导弹定位原理 ···················· 219

7.2.1 基本原理 ···················· 219

7.2.2 测量误差来源 ················ 220

7.2.3 定位模型 ···················· 221

7.3 导弹定位精度分析 ·················· 222

7.3.1 仅考虑距离和多普勒测量误差 ···· 222

7.3.2 考虑速度、高度和参考点位置误差 ·· 225

7.4 导弹定位解算 ···················· 230

7.4.1 最小二乘迭代解算 ············· 230

7.4.2 闭式解算 ···················· 234

参考文献 ···························· 242

Contents

Chapter 1 Introduction ·· 1

  1. 1   Concept and Characteristics of Missile-borne SAR
        Guidance ·· 1

        1. 1. 1   Basic Concept ··· 1

        1. 1. 2   Characteristics ··· 2

  1. 2   Research Status at Home and Abroad ·················· 4

        1. 2. 1   Research Status Abroad ······························· 4

        1. 2. 2   Research Status at Home ····························· 8

  References ··· 9

Chapter 2 Missile-borne SAR Guidance Fundamentals ············ 10

  2. 1   Imaging Modes of Missile-borne SAR ···················· 10

        2. 1. 1   DBS Mode ··· 11

        2. 1. 2   Side Looking Mode ···································· 13

        2. 1. 3   Soptlight Mode ··· 14

        2. 1. 4   Squint Mode ··· 15

        2. 1. 5   Forward Looking Mode ······························· 16

        2. 1. 6   Bistatic Mode ··· 18

        2. 1. 7   Circular Scanning ······································ 19

  2. 2   System Parameters of Missile-borne SAR ··············· 21

        2. 2. 1   Operating Frequency ································· 21

        2. 2. 2   Polarization Mode ······································ 21

        2. 2. 3   Incident Angle ·· 22

2. 2. 4　Resolution ·· 22

2. 2. 5　Swath Width ··· 24

2. 2. 6　PRF ··· 25

2. 2. 7　Antenna Dimension ···································· 26

2. 2. 8　Transmission Power ···································· 26

2. 3　Characteristics of SAR Image ······························· 28

2. 3. 1　Range and Slant Range ······························· 28

2. 3. 2　Foreshortening and Layover ························· 30

2. 3. 3　Radar Shadow ·· 31

2. 3. 4　Speckle ·· 33

2. 4　Application Modes of Missile-borne SAR in

Guidance ··· 33

2. 4. 1　Classification ·· 34

2. 4. 2　Application in Mid-course Guidance ·············· 36

2. 4. 3　Application in Terminal Guidance ··············· 38

2. 4. 4　Application in Combined Guidance ··············· 41

2. 5　Key Techniques of Missile-borne SAR Guidance ········ 42

2. 5. 1　Mutual Key Techniques ······························· 42

2. 5. 2　Key Techniques of Mid-course Guidance ········ 44

2. 5. 3　Key Techniques of Terminal Guidance ·········· 44

2. 5. 4　Key Techniques of Combined Guidance ········ 45

References ·· 46

Chapter 3　Trajectory Optimization ······························ 48

3. 1　Introduction ·· 48

3. 2　Fundamentals of Trajectory Optimization ··············· 49

3. 2. 1　Missile Motion Model ······························· 49

3. 2. 2　Objective Function ···································· 51

3. 2. 3　Constraint Condition ·································· 53

3. 2. 4　Mathematic Model ····································· 54

3. 3　Optimization Methods and Tools ························· 56

　　　3.3.1　Introduction ······························· 56
　　　3.3.2　Classification ······························· 56
　　　3.3.3　Introduction of RPM ························ 58
　　　3.3.4　Optimization Tools ························· 63
　3.4　Strategy of Trajectory Optimization ··············· 64
　　　3.4.1　Optimization Strategy Based on GA ········· 64
　　　3.4.2　Optimization Strategy Based on SQP ········ 71
　　　3.4.3　Optimization Strategy Based on RPM ········ 74
　3.5　Simulation ································· 77
　　　3.5.1　Simulation Based on GA ·················· 77
　　　3.5.2　Simulation Based on SQP ················· 79
　　　3.5.3　Simulation Based on RPM ················· 83
　References ······························· 86

Chapter 4　Missile-Borne SAR Imaging Method ········· 90

　4.1　Introduction ······························· 90
　4.2　Imaging Geometry and Echo Signal Characteristics ····· 91
　　　4.2.1　Level Trajectory ························· 91
　　　4.2.2　Diving Trajectory ························ 99
　4.3　Common Subaperture imaging Algorithms ··········· 105
　　　4.3.1　SPECAN Algorithm ···················· 105
　　　4.3.2　ECS Algorithm ······················· 108
　　　4.3.3　Improved ECS Algorithm ················ 115
　　　4.3.4　Extended RD Algorithm ················· 120
　4.4　High Squint Imaging Algorithm ················· 127
　　　4.4.1　Introduction ························· 127
　　　4.4.2　Analysis of Range-Walk Removal Effect ········ 127
　　　4.4.3　Algorithm Flow ······················ 131

4.4.4 Problems of Range-Walk Removal ·············· 135

4.4.5 Simulation Corroboration ······················· 136

4.5 Imaging for Dive Trajectory ······················· 139

4.5.1 Outline ··· 139

4.5.2 Algorithm Flow ·································· 140

4.5.3 Simulation Corroboration ······················· 144

References ·· 146

Chapter 5 Reference Map Generation for Missile-borne SAR Guidance ··· 148

5.1 Introduction ··· 148

5.2 General Considerations ································ 148

5.3 Reference Map Generation Based on Radar Image Simulation ·· 149

5.3.1 General Steps ···································· 150

5.3.2 Geographic Information Database ·············· 150

5.3.3 Target Characteristic Database ················· 151

5.3.4 Radar Model ····································· 152

5.3.5 Radar Image Simulation ························ 155

5.4 Reference Map Generation Based on Remote Sensing Images ·· 159

5.4.1 General Step ····································· 159

5.4.2 Pretreatments ···································· 159

5.4.3 Matching Area Selection ······················· 160

5.4.4 Feature Extraction and Classification ··········· 161

5.4.5 Template Generation ···························· 162

5.5 Examples of Reference Template Generation ·········· 165

5.5.1 Example of Target Reference Template Generation ·· 165

5.5.2 Example of Edge Reference Template Generation ·· 175

References ·· 179

Chapter 6　Scene Matching for Missile-borne SAR

　　　　　Guidance ··· 181

6. 1　Introduction ·· 181

6. 2　Description of Image Matching ··· 182

　　6. 2. 1　Mathematical Description ··· 183

　　6. 2. 2　Measures of Performance ··· 184

　　6. 2. 3　Elements of Matching ·· 185

6. 3　Image Matching Algorithms Overview ·· 195

　　6. 3. 1　Introduction ··· 195

　　6. 3. 2　Classical Algorithms ·· 196

　　6. 3. 3　High-Performance Algorithms ·· 198

　　6. 3. 4　Fast Algorithms ··· 199

　　6. 3. 5　Robust Algorithms ··· 201

6. 4　Hypsography Effects and Correction ··· 203

　　6. 4. 1　Analysis of Hypsography Effects ·· 204

　　6. 4. 2　Analysis of Matching Location ·· 204

　　6. 4. 3　Vertical Projection Correction ·· 204

6. 5　Anti-noise SAR Image Matching Method ······································· 205

　　6. 5. 1　Algorithm Introduction ·· 205

　　6. 5. 2　Simulation Corroboration ··· 206

6. 6　SAR Image Matching Algorithm Using Edge and

　　Statistical Properties ·· 209

　　6. 6. 1　Similarity Measure Based on Statistical

　　　　　　Characteristics ·· 209

　　6. 6. 2　Hierarchical Search Strategy ·· 210

　　6. 6. 3　Matching Process ·· 211

　　6. 6. 4　Simulation Corroboration ··· 211

　　References ··· 214

Chapter 7   Missile Location ································· 218

    7. 1   Introduction ··· 218

    7. 2   Principle of Missile Location ···························· 219

        7. 2. 1   Fundamentals ································· 219

        7. 2. 2   Sources of Measurement Errors ············ 220

        7. 2. 3   Missile Location Model ······················ 221

    7. 3   Accuracy Analysis of Missile Location ··················· 222

        7. 3. 1   Only Range and Doppler Errors under

                Consideration ································· 222

        7. 3. 2   Velocity, Height and Reference Point Position

                Errors under Consideration ··················· 225

    7. 4   Missile Location Solution ······························· 230

        7. 4. 1   Least-Squares Iteration Solution ············ 230

        7. 4. 2   Closed-Form Solution ······················· 234

    References ··· 242

第1章 绪　论

　　精确制导技术是导弹武器发展的关键技术,是未来战场数字化、智能化、信息化发展的重要技术推动力,是一项以高技术为基础,涉及多学科技术领域的综合性应用技术,它的发展将直接推动武器装备的更新换代。

　　成像制导由于能够获得包含背景在内的目标景象,所以比基于点目标探测与跟踪的制导方式更具优势,可大大提高制导精度和作战效能,并且可进行智能化高精度自主制导,因此,受到世界各国军界的极大重视,在 20 世纪 80、90 年代得到迅速发展,并在各种精确制导弹药领域开始得到应用。21 世纪初期,将是各种成像制导技术不断完善、成熟并走向广泛应用的时期,它的发展必将给现代精确制导武器的效能带来巨大变革。

　　目前和今后相当长的一段时间内世界各国竞相发展的成像制导技术主要有红外成像制导、激光成像制导、雷达(微波)成像制导、毫米波成像制导等[1-8]。其中,美国军备部在对 20 世纪 90 年代以后武器系统的展望报告中指出:合成孔径雷达(Synthetic Aperture Radar,SAR)制导技术在多用途和先进性方面是最具有开发前途的,与电视成像以及红外成像相比,它的优点是可以在各种不利气候条件下进行成像,既可用于地面固定目标、伪装或隐蔽目标及集群运动目标的检测、识别与跟踪,也可用于海上目标群的检测、识别与跟踪,还可用于巡航导弹的景象匹配制导。由此可见,弹载合成孔径雷达制导是精确制导技术的一个极为重要的发展方向。

1.1　弹载合成孔径雷达制导的概念与特点

1.1.1　基本概念

　　弹载合成孔径雷达制导,即采用弹载合成孔径雷达作为成像传感器来实现导弹制导的一种先进制导技术[12-19]。受技术条件所限,弹载合成孔径雷达制导目前主要基于图像匹配技术实现,因而又可确切地称之为弹载合成孔径雷达成像匹配制导。所谓图像匹配,是指把两个不同的传感器从同一景物录取下来的两幅图像在空间上进行对准,以确定出这两幅图像之间相对平移的过程。

弹载合成孔径雷达成像匹配制导就是利用弹载合成孔径雷达获取的实时图像与预先存储在导弹上的参考图像或目标参考模板进行图像匹配来修正惯导的累积误差或直接进行末端寻的。其系统原理组成框图如图1-1所示。

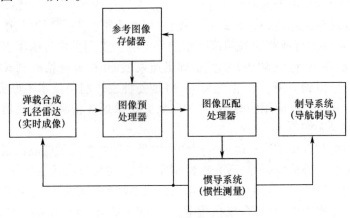

图1-1 弹载合成孔径雷达成像匹配制导系统原理组成框图

由图1-1可见,弹载合成孔径雷达成像匹配制导系统主要由弹载合成孔径雷达、参考图像存储器、图像预处理器、图像匹配处理器、惯导系统以及制导系统等六个基本部分组成。其中,核心是图像匹配环节。

1.1.2 主要特点

弹载合成孔径雷达制导属于微波成像制导,兼具微波探测和成像探测的优势。主要特点是:

(1)雷达成像匹配制导。与非成像雷达制导方式相比,弹载合成孔径雷达制导的最大优势在于能够获取目标及其环境的二维甚至三维图像信息,从而更加有利于进行精确制导。

2

（2）微波成像匹配制导。与非微波探测手段,如可见光、红外等相比,弹载合成孔径雷达制导具有更加优越的全天候和全天时工作能力。而且,合成孔径雷达具有一定的地表与叶簇穿透能力,可以探测隐蔽目标。此外,合成孔径雷达的分辨率与距离基本无关,并且可以测量距离和相位信息,而光学制导方式则不能。详见表1-1。

表1-1　合成孔径雷达、红外、光学探测性能比较

类型	方式	遥感原理	探测特点
SAR成像探测	主动有源	发射电磁波,然后接收地物回波成像	①能全天候、全天时探测;②能穿透植被和土壤;③可以多波段、多模式、多极化、多视角、多平台成像;④能远离地物、能大面积成像;⑤能探测动目标;⑥能三维成像;⑦高分辨率的二维图像,近似光学图像
红外探测	被动无源	地物自身能量辐射	①不能全天候、但能全天时探测;②不能穿透植被和土壤;③遥感方式相对固定;④不能远离地物、能大面积成像;⑤不能探测动目标;⑥不能三维成像;⑦图像分辨率差,灰度等级图像
摄影探测	被动有源	地物对可见光的反射	①不能全天候、全天时探测;②不能穿透植被和土壤;③遥感方式相对固定;④不能远离地物、能大面积成像;⑤不能探测动目标;⑥不能三维成像;⑦光学图像

（3）合成孔径雷达侧视工作。与常规非成像雷达制导和光电成像制导相比,由于合成孔径雷达成像所要求的侧视(包括正侧视和斜前视)工作模式,采用合成孔径雷达主动成像制导时,导弹的瞬时速度相对于目标视线必须保持一定的前置角,从而使得此时的弹道更为弯曲。

（4）复杂的信息处理技术。与常规合成孔径雷达相比,一方面,弹载合成孔径雷达必须能够快速成像以便进行实时制导,另一方面,采用合成孔径雷达成像制导时,导弹通常做非匀速复杂运动,如空地导弹的典型弹道就是一种复杂的俯冲曲线,从而会直接导致运动补偿的复杂性。

（5）难以适用于地物特征不明显的场合。对于大海、戈壁、草原等,难以在中制导段采用弹载合成孔径雷达成像匹配进行惯导修正。

（6）系统复杂,技术实现难度大,且造价较昂贵。

1.2 国内外研究状况

1.2.1 国外研究状况

当前,多种国外战术导弹的雷达导引头都采用了合成孔径雷达的相关技术。由于它是精确制导导弹的最新技术之一,各国对它的研究进展、工作体制、性能参数等情况严格保密,但是根据公开资料中给出的粗略介绍和相关关键技术的学术探讨,可看出国外已对弹载合成孔径雷达制导技术进行了深入研究[12-19]。

早在 1978 年,IEEE 会议上的一篇文章就报道了某战术导弹的相参主动雷达导引头采用多普勒波束锐化(DBS)方式提高方位分辨率,以从干扰回波中鉴别出所需的目标信号。

20 世纪 80 年代,主要出现了两种合成孔径雷达导引头。1987 年,美国雷声(Raytheon)公司研制出 X 波段合成孔径雷达导引头,图像分辨率为 15m×15m,可对海面群目标进行分辨、识别和攻击选择。据报道,在攻击地面目标的飞行试验中,四发导弹均命中目标,成功率为 100%。20 世纪 80 年代中后期,以色列航空公司为"SWORD"导弹研制的合成孔径雷达导引头工作于微波频段,分辨率为 15m×15m,能在恶劣的电子干扰环境下作战,从多目标中选择攻击目标。

20 世纪 90 年代,随着半导体集成电路技术的发展和毫米波技术的成熟,工作于毫米波段的合成孔径雷达导引头受到各国军方的重视,并迅速成为研制的热点和重点。这是因为与微波探测器相比,毫米波探测器重量更轻、体积更小、探测精度更高、抗干扰性能更强,从而更适于弹上应用。英国马可尼(Marconi)公司认为,合成孔径雷达制导和毫米波制导是攻击地面目标的两种最重要方式。

1992 年,美国的雷声公司和洛勒尔公司分别研制出两种小型合成孔径雷达巡航导弹导引头。雷声公司的工作在 Ka 波段,洛勒尔公司的工作在 Ku 波段,分辨率均达到 3m×3m,制导方式为景象匹配。美军在埃格林空军基地的 42 次模拟攻击试验中,成功率为 100%。

随着小型化、低成本的精确制导武器在现代战争中的作用日益显著,战场电磁环境的日益复杂,调频连续波合成孔径雷达由于体积小、重量轻、造价低、抗干扰能力强等特点,成为合成孔径雷达导引头发展的重要方向。

瑞典研制的用于 RBS15 Mk3 反舰导弹的调频连续波合成孔径雷达导引头,据报道其辐射功率仅为数毫瓦,具备低截获概率特征,反侦察与突防能力强。

为在强杂波、恶劣天气条件和复杂电磁环境下对目标进行检测、识别、跟踪、定位以及攻击点选择,并满足小型化和低成本需求,德国 EADS 公司于 2001 年研制了一款高分辨率 MMW – SAR 导引头,既可用在森林防火无人机上,也可用在精确制导导弹上。该导引头的结构如图 1 – 2 所示。

图 1 – 2　MMW – SAR 导引头结构图

该导引头是目前报道最详细的合成孔径雷达导引头,其发射信号采用载频为 35GHz 的线性调频连续波(LFMCW)信号,天线为高增益的卡塞格伦天线。它采用双正交极化提高自动目标识别能力,采用 4 通道单脉冲接收以保证制导末期前视模式下对目标的精确跟踪。该导引头可以用在亚声速飞行的无人机和导弹上,可以工作在扫描成像模式、聚束成像模式和动目标显示模式,在扫描模式下,成像场景宽度为若干千米。它既可在恶劣天气、强杂波、强电磁干扰等复杂背景下对汽车大小的目标进行自动识别和跟踪,也可对成像区域内的目标进行选择,实现对感兴趣目标的精确定位,同时还满足低成本和小型化的要求。根据文献估计,该导引头质量小于 4kg,平均功率小于 50W。

MMW - SAR 导引头的工作过程如图 1 - 3 所示。

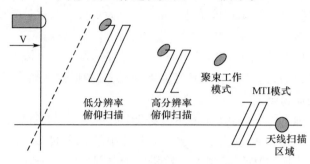

图 1 - 3　MMW - SAR 导引头的工作过程

由于导引头天线波束很窄,要在很大的区域内发现目标,需要根据成像区域大小进行低分辨率俯仰扫描或者进行高分辨率俯仰扫描。分辨率的大小由天线的扫描快慢决定。当检测到目标,对目标进行定位之后,采用聚束工作模式,进一步提高对目标的成像分辨率,从而实现对目标的识别和分类。如果目标是动目标,且在导引头的前方,导弹从聚束模式转入动目标指示(MTI)模式对运动目标进行跟踪,从而实现精确打击。对于静止目标的打击性能相关文献并未说明。

该导引头在条带扫描模式下的成像结果如图 1 - 4 所示。聚束成像结果如图 1 - 5 所示,(b)为根据聚束成像结果进行在线自动目标检

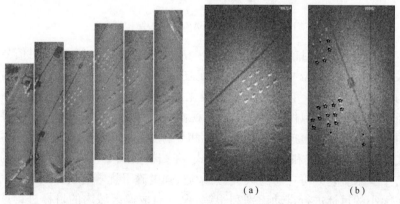

(a)　　　　　　(b)

图 1 - 4　MMW - SAR 实时　　　图 1 - 5　MMW - SAR 聚束模式成像
　　扫描模式成像

6

测、识别的结果，其中黑色圆点为检测结果，五角星为识别结果。

任何一种单一频段的制导体制，皆有其优缺点。为提高导弹在复杂战场环境中的可靠性，多模制导技术成为精确制导技术发展的一个重要方向。所谓多模制导，即在同一导弹的导引头上装有两种（或两种以上）不同波段的制导体制同时进行制导，相互取长补短。

德国 EADS 公司研制的 W 波段雷达/红外双模导引头，结合了雷达导引头全天候能力强和红外导引头图像近距离时分辨率高、抗电子干扰能力强和隐蔽性好等优点，可满足在现代化伪装和电子对抗条件下对高价值目标进行自动检测与识别的需求。该雷达导引头的工作频率为 94GHz，采用步进跳频体制，距离分辨率高于 1m，采用高增益、低旁瓣和窄波束宽度的天线，可工作于斜视模式和前视模式。斜视模式下采用 DBS 成像模式改善方位分辨率。当导弹速度矢量方向接近弹目视线方向时，由于 DBS 模式对方位分辨率的改善有限，改用基于线性最优估计的解卷积方法改善方位分辨率。同时，该导引头采用两个正交极化通道"轮流发射、同时接收"的全极化测量体制，结合极化白化滤波方法，提高雷达图像质量，进而改善识别性能。美国麻省理工学院林肯实验室（MIT Lincoln Laboratory）的 Leslie Novak 博士在 2006 年国际雷达会议上作合成孔径雷达目标识别的专题报告时曾指出，改善识别性能"最好的方法"是全极化合成孔径雷达数据的超分辨处理以及高清晰成像与极化白化滤波处理的结合。

此外，美国陆军航空和导弹司令部（Aviation and Missile Command, AMCOM）的航空和导弹研发中心（Aviation and Missile Research, Development and Engineering Center, AMRDEC）研制的战术导弹合成孔径雷达测试系统，其多传感器多模系统包含一个 Ka 波段雷达、一个中波红外和一个半主动激光传感器，聚束成像时分辨率可达到 0.15m × 0.15m。美国 Sandia 国家实验室还研究了合成孔径雷达与激光雷达（LADAR）双模成像复合制导中的有关问题。

总体而言，美国在弹载合成孔径雷达研究应用方面处于世界领先地位。法国、德国、英国和俄罗斯正在开展弹载合成孔径雷达相关技术的研究。

近五年来，国外在诸多相关领域继续进行了深入研究。合成孔径雷达在特殊条件下,如斜视、弹道非匀直情况下成像方法的完善,工作模式的多样化,图像处理方法、自动目标识别算法的改进等,反映了弹载合成孔径雷达相关技术的进步。

表1-2对国外的弹载合成孔径雷达系统进行了总结。从表中可以看出,弹载合成孔径雷达系统的研究呈现出向更高分辨率、更小型化、多波形、多传感器、多极化、多模复合发展的趋势,其最终目标都是使导弹能更好地适应复杂背景和战场环境,实施更精确的打击。

表1-2　国外典型弹载合成孔径雷达系统概况

弹载 SAR 系统	国家	应用背景	主要作用	备注
Hammerhead 项目 SAR 导引头	美国	空地导弹	辅助导航	制导精度:圆概率误差 <3m
WASSAR 导引头	美国	空地导弹	探测固定和时敏目标	分辨率小于 1m×1m;成像速率 2Hz
RBS15Mk3 导弹导引头	瑞典	反舰导弹	识别舰船目标	目标识别能力提高 10 倍;可识别靠海岸停泊的军舰
Dual-mode Seeker	德国	空地导弹	地面目标自动检测	MMW/1R 共孔径;载频 94Hz、双极化、宽带
EADS MMW-SAR 导引头	德国	对地导弹	辅助导航:动、静目标探测	载频 35GHz;LFMCW 体制;双极化
雷声 Ka 波段 SAR 导引头	美国	对地导弹	数字景象区域相关制导	分辨率:3m×3m
达崇、汤姆逊 - CFS SAR 匹配制导系统	法国	对地导弹	辅助导航;目标探测	载频分别为 35GHz、94GHz

1.2.2　国内发展现状

近年来国内的很多高校和研究机构也开展了弹载合成孔径雷达技术的研究[19],深入探讨了弹载合成孔径雷达在巡航导弹中制导误差修正、弹道导弹末端制导误差修正、导弹末制导精确打击、目标毁伤评估等多个领域的应用,对其关键技术进行攻关。在弹载合成孔径雷达中制导应用领域部分单位已研制出试验样机，并进行了试验，取得了不错的试验结果。在其他领域，具体细节和体制尚需进一步探讨。总体来说，我国的弹载合成孔径雷达应用技术已经取得了较大进展，但由于起步较晚，且受到数据及平台的影响，技术发展相对缓慢。

参考文献

[1] 郭修煌．精确制导技术．北京：国防工业出版社,1999.

[2] 王小谟,张光义．雷达与探测：现代战争的火眼金睛．北京：国防工业出版社,2000.

[3] 张鹏,周军红．精确制导原理．北京：电子工业出版社,2009：66-69.

[4] 高烽．雷达导引头概论．北京：电子工业出版社,2010.

[5] 黄世奇,禹春来,刘代志,等．成像精确制导技术分析与研究．导弹与航天运载技术, 2005(5)：20-25.

[6] 顾振杰,刘宇．反舰导弹精确制导技术发展趋势分析．制导与引信,2010,31(3)：23-27.

[7] 范保虎,赵长明,马国强．战术导弹成像精确制导技术分析与研究．飞航导弹,2007 (1)：45-50.

[8] 阮锋,刘逸平．雷达导引头成像识别新技术．火控雷达技术,2010,39(2)：23-25.

[9] 保铮,邢孟道,王彤．雷达成像技术．北京：电子工业出版社,2005.

[10] 皮亦鸣,杨建宇,付毓生,等．合成孔径雷达成像原理．成都：电子科技大学出版社,2007.

[11] Gumming I G,Wong F H.合成孔径雷达成像——算法与实现．洪文,胡东辉,译.北京：电子工业出版社,2007.

[12] 秦玉亮,王建涛,王宏强,等．弹载合成孔径雷达技术研究综述．信号处理,2009,25 (4)：630-635.

[13] 尹德成．弹载合成孔径雷达制导技术发展综述．现代雷达,2009(11)：20-24.

[14] 张刚,祝明波,赵振波,等．弹载SAR应用模式及关键技术探讨．飞航导弹,2011,9：67-73.

[15] 秦玉亮．弹载SAR制导技术研究．长沙：国防科技大学,2008.

[16] 黄晓芳．反舰导弹雷达导引头成像算法研究．西安：电子科技大学,2006.

[17] 李悦丽．弹载合成孔径雷达成像技术研究．长沙：国防科技大学,2008.

[18] 彭岁阳．弹载合成孔径雷达成像关键技术研究．长沙：国防科技大学,2011.

[19] 周鹏．弹载SAR多种工作模式的成像算法研究．西安：西安电子科技大学,2011.

第2章 弹载合成孔径雷达制导基础

　　合成孔径雷达是一种先进的高分辨率相干成像雷达,其原理是通过载体的运动形成比实孔径大得多的虚拟孔径,利用相干信号处理技术获得高方位分辨率;同时发射大时宽带宽信号,采用脉冲压缩技术,获得高距离分辨率[1-3]。合成孔径雷达具有全天时、全天候、高分辨率成像等优点,拥有广泛的用途。

　　合成孔径的概念可追溯到20世纪50年代初。此后,合成孔径雷达引起了普遍兴趣,并开始进入实用阶段,出现了多个成功的机载和星载系统。早期的合成孔径雷达由于处理速度慢,体积、重量、功耗大,成本高,而不能满足制导要求。十几年来,随着集成技术、毫米波技术以及并行处理器的发展,合成孔径雷达已逐渐趋向小型化、轻型化,实时处理能力也有极大提高;此外,合成孔径雷达系统和成像算法也越来越成熟,制约弹载合成孔径雷达制导应用的瓶颈问题正逐步得到解决。

　　由于弹载合成孔径雷达制导本质上就是采用具有微波成像能力的合成孔径雷达作为探测装置,因而全面深入地理解弹载合成孔径雷达制导的基础,尤其是成像模式、系统参数、合成孔径雷达图像特点、弹载合成孔径雷达制导应用模式及其关键技术,对于实现弹载合成孔径雷达制导具有重要意义。

2.1 弹载合成孔径雷达成像模式

　　弹载合成孔径雷达的主要用途在于获取目标及特定场景的二维高分辨图像。目前,人们已经提出了多种可行的合成孔径雷达成像模式[1-14],并且大多数业已进行了系统实现和飞行验证。

　　可从三个主要方面对这些成像模式进行分类:

（1）依据观测方向的不同，可将合成孔径雷达成像模式分为正侧视、斜视、前视和下视（微波全息成像模式）等四种。

（2）依据测绘区域的形状，可将合成孔径雷达成像模式分为条带、聚束和环扫等三种。

（3）依据信号处理的特点，可将合成孔径雷达成像模式分为聚焦和非聚焦两种。

此外，人们还提出了多种先进合成孔径雷达成像模式，主要有干涉合成孔径模式，包括用于地面动目标检测的沿航迹向干涉合成孔径模式和用于地形高程测量的垂直航迹向干涉合成孔径模式；收发分置的双站合成孔径模式；用于增加测绘带宽度的扫描合成孔径雷达模式等。

本节主要介绍七种较适于弹载合成孔径雷达制导应用的成像模式。

2.1.1 多普勒波束锐化

多普勒波束锐化（Doppler Beam Sharpening，DBS）通常用于机载成像雷达的空/空、空/地状态，用于改善其方位向分辨率。

DBS 模式下雷达天线工作在扫描状态，对接收信号采用批处理方式，可在短时间内提供角分辨率得到很大改善的天线扫描区域的大面积图像，因此在偏航修正、战场侦察、提高武器投入精度等领域有着广泛应用。

弹载合成孔径雷达 DBS 成像模式及其几何关系如图 2-1、图 2-2 所示[4]。导弹以速度 v 飞行，雷达波束朝弹体侧向某个角度照射。在

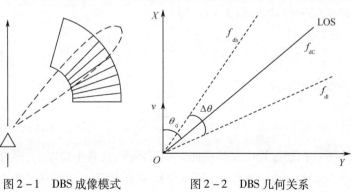

图 2-1　DBS 成像模式　　图 2-2　DBS 几何关系

波束照射区内,侧向角度不同,回波的多普勒谱也不同,即不同的方位角对应不同的多普勒频率。因此,可以通过分析多普勒频率将不同方位角分开。

如图 2 - 2 所示,假设波束中心视线 LOS 与导弹飞行方向的夹角为 θ_0,波束宽度为 $\Delta\theta$,俯视角为 φ,波长为 λ,则信号的多普勒中心频率为

$$f_{dC} = \frac{2v\cos\theta_0\cos\varphi}{\lambda} \tag{2-1}$$

若 f_{dh} 和 f_{dl} 对应的波束方位角分别为 θ_h 和 θ_l,则主瓣频带宽度为

$$\Delta f_d = \frac{2v\cos\theta_h\cos\varphi}{\lambda} - \frac{2v\cos\theta_l\cos\varphi}{\lambda} = \frac{2v\cos\varphi\left(2\sin\theta_0\sin\left(\frac{1}{2}\Delta\theta\right)\right)}{\lambda} \tag{2-2}$$

因为 $\Delta\theta$ 很小,$\sin\left(\frac{1}{2}\Delta\theta\right) \approx \frac{1}{2}\Delta\theta$,所以

$$\Delta f_d \approx \frac{2v\sin\theta_0\cos\varphi}{\lambda}\Delta\theta \tag{2-3}$$

对一定的锐化比 N,可得多普勒分辨率为

$$\delta f_d = \frac{\Delta f_d}{N} \tag{2-4}$$

将式(2 - 4)代入式(2 - 3),得

$$\delta f_d = \frac{2v\sin\theta_0\cos\varphi}{\lambda} \cdot \frac{\Delta\theta}{N} = \frac{2v\sin\theta_0\cos\varphi}{\lambda} \cdot \delta\theta \tag{2-5}$$

角度分辨率为

$$\delta\theta = \frac{\Delta\theta}{N} \tag{2-6}$$

为了在扫描过程中保持横向分辨率不变,在各个角度上,多普勒锐化比 N 应保持不变,因此要求频率分辨率 δf_d 应随 θ_0 成正弦关系变化。

2.1.2 正侧视条带成像

正侧视(Side Looking)条带成像是合成孔径雷达最为基本的一种工作模式,主要用于获取航迹两侧与航迹平行的大块带状区域的雷达图像。

在这种模式下,天线的指向保持正侧视,随着雷达载体的移动,波束基本上匀速扫过地面,得到的图像也是不间断的,条带的长度仅取决于雷达移动的距离。

弹载合成孔径雷达正侧视条带成像模式及其几何关系如图2-3、图2-4所示。

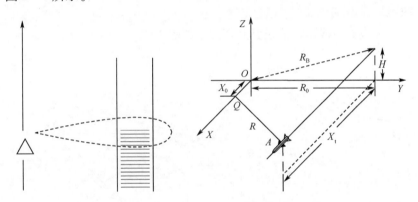

图2-3 正侧视条带成像模式 图2-4 条带合成孔径雷达成像几何关系

如图2-4所示,设 X 轴为场景的中心线, Q 为线上的某一点目标,导弹以高度 H 平行于中心线飞行,离中心线的最近距离 R_B 为

$$R_B = \sqrt{R_0^2 + H^2} \qquad (2-7)$$

当导弹位于 A 点时,它与 Q 点的斜距为

$$R = \sqrt{R_B^2 + (X_t - X_0)^2} \qquad (2-8)$$

式中: X_0 为点目标 Q 的横坐标。

正侧视条带成像时,合成孔径雷达可以对回波信号进行聚焦和非聚焦处理。聚焦处理时,方位分辨率与目标距离 R 无关,为 $D/2$, D 为

13

天线尺寸。非聚焦处理时,方位分辨率为$\sqrt{R_0\lambda}/2$,R_0为合成孔径中心到目标的距离,λ为工作波长。

2.1.3 聚束成像

聚束(Spotlight)成像是一种具有超高分辨率的雷达成像模式,可获得普通合成孔径雷达成像模式难以获得的方位向分辨率。

聚束成像的特点是在数据采集期间雷达波束始终指向成像区域。与常规合成孔径模式不同的是,聚束成像模式的方位分辨率不再由其合成孔径的长度决定,而是由成像数据采集期间雷达转动的观察角度决定。

弹载聚束成像模式及其几何关系如图2-5、图2-6所示[5]。

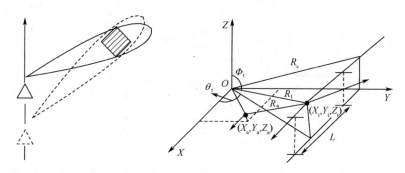

图2-5 聚束成像模式   图2-6 聚束合成孔径雷达成像的几何关系

如图2-6所示,为简化分析,假设导弹沿着平行于X轴的方向,在固定高度上作匀速直线运动。取成像区域的中心为坐标原点,R_s为原点到飞行路径的垂直距离,(X_a,Y_a,Z_a)为成像区域中的某个点散射体的坐标,(X_t,Y_t,Z_t)为雷达天线相位中心的坐标,R_t为原点到雷达天线相位中心的距离,θ_t为X正轴与R_t在XY二维平面上投影的夹角,Φ_t为Z正轴与R_t之间的夹角。

雷达天线相位中心到点目标的瞬时距离为

$$R_t(t) = \sqrt{(X_t - X_a)^2 + (Y_t - Y_a)^2 + Z_t^2} \qquad (2-9)$$

14

聚束成像模式的方位分辨率为

$$\rho_{\mathrm{a}} = \frac{\lambda}{2\Delta\theta\cos\theta_{\mathrm{s}}} \qquad (2-10)$$

式中:λ 为工作波长;θ_{s} 为天线斜视角;$\Delta\theta$ 为雷达视线实际转过的角度,一般来说远大于波束角。

因此,聚束模式能提供更高方位分辨率,方位分辨率不受天线实际长度的影响,只与雷达视线转过的角度和发射信号的波长有关。

聚束成像的关键问题是:

(1)由于合成孔径时间长,在此时间内,目标的散射点会同时通过多个距离和方位分辨单元,造成图像的模糊与散焦。

(2)图像分辨率的提高,对雷达发射信号的相干性提出了更为严格的要求。因此,精确的雷达平台运动状态感应测量及实时准确的自聚焦运动补偿都是必不可少的。

2.1.4 斜视成像

斜视(Squint)成像模式及其几何关系如图2-7、图2-8所示[6]。

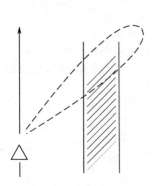
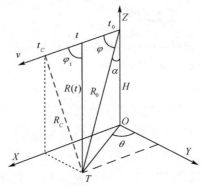

图2-7 斜视成像模式　　图2-8 斜视合成孔径雷达成像几何关系

图2-8中,α 为合成孔径雷达的波束投射角,θ 为方位侧视角,φ 为等效斜视角(即锥角)。由其几何关系可知 $\cos\varphi = \sin\alpha\sin\theta$。

由图2-8可知,斜视的距离方程有两种:

第一种

$$R(t,R_0) = \sqrt{R_0^2 + (vt)^2 - 2R_0vt\cos\varphi}$$

$$= \sqrt{R_0^2 + (vt)^2 - 2R_0vt\sin\alpha\sin\theta} \qquad (2-11)$$

第二种

$$R(t,R_C) = \sqrt{R_C^2 + v^2(t-t_C)^2} \qquad (2-12)$$

式中:t 表示方位时间;v 表示导弹飞行速度,近似为常数;R_0 表示 $t=0$ 时雷达至目标的距离;R_C 表示雷达至目标的最近距离;t_C 表示对应 R_C 的时间。

斜视时方位分辨率为

$$\rho_a = \frac{D_a}{2\sin\phi} = \frac{D_a}{2\cos\phi'} \qquad (2-13)$$

式中:D_a 为天线方位向孔径长度;φ 是等效斜视角,其余角是斜视角 φ'。可见,斜视时方位分辨率与斜视角有关,方位分辨率随斜视角的增大变差。因此,斜视合成孔径雷达系统应针对不同的方位分辨率要求,选择适当的斜视角,以达到方位高分辨的目的。

2.1.5 前视成像

前视(Forward Looking)成像模式是指合成孔径雷达载体的飞行方向与距离向相一致,而与方位向相垂直,它与一般的正侧视成像模式恰好相反。

前视成像模式的主要特点是:

(1)目标的方位向分辨率与其方位角有关。

(2)飞行方向分辨率差。

(3)存在左右模糊问题。

前视成像模式的方位向成像原理与常规合成孔径雷达成像原理有所不同,其方位分辨率由波束锐化原理决定。为了改进方位分辨率,前视合成孔径雷达应该工作于波束锐化模式或方位向扫描模式,使用复杂的天线照射函数。因此,前视合成孔径雷达的系统参数及其回波的多普勒性质具有特殊性,其方位向分辨率不再由天线孔径决定,而是与载波频率、雷达平台高度、方位向地面距离等多种因素有关。

16

前视成像模式及其几何关系如图 2-9、图 2-10 所示[6]。

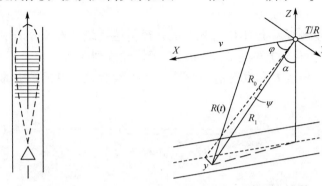

图 2-9　前视成像模式　　　图 2-10　前视合成孔径雷达成像几何关系

在前视成像模式下,t 时刻合成孔径雷达到非航迹线上的目标的距离为

$$R(t) \approx \sqrt{R_0^2 + (vt)^2 - 2R_0vt\cos(90 - \alpha) + y^2} \qquad (2-14)$$

式中:R_0 为 $t=0$ 时刻合成孔径雷达到照射中心的距离;α 为前视时的投射角;y 为目标与合成孔径雷达的 Y 坐标之差。

设 $R_1 = \sqrt{R_0^2 + y^2}$,则雷达至目标的距离为

$$R(t) = \sqrt{R_1^2 + (vt)^2 - 2R_0vt\sin\alpha} \qquad (2-15)$$

按泰勒级数展开,得

$$R(t) = R_1 - R_0v\sin\alpha\frac{1}{R_1}t + \frac{1}{2}v^2\left[\frac{1}{R_1} - R_0^2\sin^2\alpha\frac{1}{R_1^3}\right] \qquad (2-16)$$

则非航迹线上点目标的多普勒质心及多普勒斜率参数为

$$f_{dC} = \frac{2}{\lambda}R_0v\sin\alpha\frac{1}{R_1} = \frac{2v}{\lambda}\sin\alpha\cos\phi \qquad (2-17)$$

$$f_{dR} = -\frac{2}{\lambda}v^2\left[\frac{1}{R_1} - R_0^2\sin^2\alpha\frac{1}{R_1^3}\right] \qquad (2-18)$$

多普勒带宽为

$$\Delta f_d = \frac{2v}{\lambda}\Delta\alpha\cos\alpha\cos\phi \qquad (2-19)$$

17

可见前斜视合成孔径雷达的多普勒带宽不但与距离向的波束角有关,而且与方位地面距离有关。

与正侧视系统相比,前视合成孔径雷达系统的方位分辨率并不是常量,它与目标方位角 β、目标相对于线性阵列天线的相干积累角 σ、线性阵列长度 D 和发射信号波长 λ 等因素有关。前视系统的方位分辨率可表示为

$$\rho_a = \frac{\lambda R_0}{2\sqrt{2}} \cdot \frac{1}{\sqrt{\left[R_0^2 + \left(R_0\tan\beta - \frac{D}{2}\right)^2\right](1 - \cos\sigma)}} \qquad (2-20)$$

2.1.6 双站模式

双站(Bistatic)合成孔径雷达是一种新的成像雷达体制,和常规合成孔径雷达的区别在于其发射机和接收机分置于不同的载体上。

双站模式主要有两个优点:

(1) 可以获取目标场景的非后向散射信息。

(2) 由于接收机无源且体积较小,从而提高了系统的隐蔽性和生存能力。

但是,收发分置会带来收发系统同步、运动补偿更困难、信号处理更复杂等一系列技术问题。

双站成像模式及其几何关系如图 2-11、图 2-12 所示[7]。

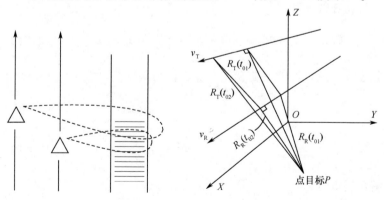

图 2-11　双站成像模式　　图 2-12　双站合成孔径雷达成像几何关系

18

图 2 – 12 中, t 为方位时间, v_T 为发射机平台的速度矢量, v_R 为接收机平台的速度矢量, t_{01}、t_{02} 分别为当发射机和接收机处于与点目标 P 最近距离时的方位时刻, $R_T(t)$、$R_R(t)$ 分别为任意时刻 t 发射机与接收机到点目标 P 的距离矢量, 则双站合成孔径雷达系统的瞬时距离和为

$$R(t) = |R_T(t)| + |R_R(t)| \qquad (2-21)$$

式中

$$|R_T(t)| = \sqrt{|R_T(t_{01})|^2 + |v_T \cdot (t-t_{01})|^2} \qquad (2-22)$$

$$|R_R(t)| = \sqrt{|R_R(t_{02})|^2 + |v_R \cdot (t-t_{02})|^2} \qquad (2-23)$$

式(2 – 22)、式(2 – 23)分别表示发射机和接收机对双站合成孔径雷达系统距离和的贡献分量, 这两项距离分量在 t 内均具有双曲线形式。在一般几何布局情况下, 双站合成孔径雷达系统的方位多普勒质心 f_{dC} 和方位多普勒带宽 Δf_d 的近似值分别为

$$f_{dC} = \frac{f+f_c}{ca_1|R_{t_{02}}|}\left[-a_0|v_T|^2 - (t_k - t_{cb}) \cdot (|v_T|^2 + |v_R|^2) \right]$$

$$(2-24)$$

$$\Delta f_d = \frac{f+f_c}{ca_1|R_{t_{02}}|}T_s \cdot (|v_T|^2 + |v_R|^2) \qquad (2-25)$$

式中: $a_0 = t_{02} - t_{01}$; $a_1 = \dfrac{|R_{t_{02}}|}{|R_{t_{01}}|}$; c 为光速; T_s 表示双站系统窗函数的方位持续时间; t_{cb} 表示双站系统窗函数的时间中点。

由式(2 – 24)、式(2 – 25)可知, 多普勒质心和带宽与系统几何布局有关。

2.1.7　环扫模式

环扫(Circular Scanning)模式是采用环扫天线时的基本成像模式。环扫天线由于尺寸小, 可在导弹、飞机特别是无人机上得到广泛应用[8]。

环扫成像模式及其几何关系如图 2 – 13、图 2 – 14 所示。

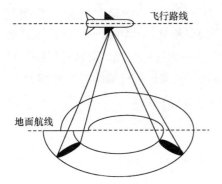

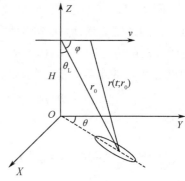

图 2 – 13　环扫成像模式　　　　图 2 – 14　环扫成像几何关系

如图 2 – 13 所示,导弹在飞行过程中,环扫天线在保持入射角不变的同时绕地垂线作环形扫描,从而形成近似环状的扫描区域。雷达工作时发射线性调频信号,通过距离向脉冲压缩实现距离向的高分辨,而方位向的高分辨主要通过方位多普勒处理实现。

环扫模式能够在短时间内快速获取大面积环状区域信息,在目标跟踪、飞行器定位方面都有很大优势,但图像分辨率较差。

环扫模式下,方位分辨率 ρ_a 与方位向调频率 f_r、载体速度 v、水平方位角 θ(波束轴线地面投影与北天东大地坐标系正北方向的夹角)和俯视角 θ_L 有关,信号积累时间 T_d 与天线扫描角速度 ω、信号积累脉冲数目 N 有关。方位分辨率由式(2 – 26) ~ 式(2 – 29)确定:

$$\rho_a = k_a \frac{v}{f_r T_d} \qquad (2-26)$$

$$f_r = \frac{2v^2 \sin^2\varphi}{\lambda r} \qquad (2-27)$$

$$\cos\varphi = \cos\theta\sin\theta_L \qquad (2-28)$$

$$T_d = \min\left\{\frac{\theta_a}{\omega}, \frac{N}{f_p}\right\} \qquad (2-29)$$

式中: k_a 为加权等引起的展宽系数; φ 为等效斜视角; λ 为发射信号波长; r 为目标斜距; θ_a 为方位向波束宽度; f_p 为脉冲重复频率。

20

2.2 弹载合成孔径雷达系统参数

由于系统组成与信号处理的复杂性,与弹载合成孔径雷达系统有关的参数较多,本节主要介绍以下八个参数及其与成像性能的关系[14]。

2.2.1 工作频率

工作频率是合成孔径雷达系统最重要的参数之一,对其他系统参数和系统复杂性的影响极大。对于特定的应用而言,需要选择合适的工作频率。

影响合成孔径雷达频率选择的因素较多,通常需要考虑的因素主要涉及目标的特性、对图像质量的要求、系统实现的要求以及气象衰减等。

对于用于导航制导的弹载合成孔径雷达来说,还要考虑其小型化等与系统实现密切相关的问题。

一般来说,提高雷达工作频率,有利于合成孔径雷达系统的小型化;但工作频率越高,射频设备的研制难度就越大,气象的衰减也越明显。受弹上空间限制,目前弹载合成孔径雷达通常工作在 X、Ku 和 Ka 等频段。

2.2.2 极化方式

辐射电磁波的极化方式不同,反映的地物特性也不同。多极化工作可以获得更多的信息,有利于对目标的识别,但多极化工作方式受到功耗、体积、质量及信道容量的限制,技术难度也较大。

对于粗糙度小于辐射波长的目标,后向散射信号在入射角20°~70°范围内与垂直极化波无明显关系,与水平极化波则呈强函数关系;对于粗糙程度比波长大得多的陆地,无论采用水平极化还是垂直极化,其后向散射系数无明显差别,得到的同极化或交叉极化图像的灰度比较近似。

地物目标表面的粗糙度及几何形状、尺寸大小对雷达回波强度的影响,比地物目标的后向散射系数更重要。有时对于低散射率的草地和道路来说,水平极化使后向散射之间有较大的差异。

2.2.3 入射角

入射角即雷达波束与反射平面法线间的夹角。

入射角是合成孔径雷达的关键战术指标之一,观测的对象不同,要求的最佳入射角也不一样。如观测地貌时需要较大的入射角(大于45°)。即使是同一目标,由于入射角不同,得到的信息也有差异。

合成孔径雷达用于侦察和测绘时,其主要功能是发现和识别某些人为的地面及海面目标,对入射角并无特殊要求。

入射角与地物的后向散射系数有关,入射角小时后向散射系数大,且非模糊测绘带宽度大。

入射角对地面距离分辨率也有影响。在入射角减小时,为保持地面距离分辨率不变,要求发射带宽增加,否则地面距离分辨率将下降;同时,后向散射系数亦减小,这又要求系统灵敏度提高或发射平均功率增加。因此,入射角变化范围过大而又要求分辨率等参数不变,会给系统实现带来相当大的难度。

对于不同类型的目标,需要不同的入射角以获得最佳的观测效果。对于弹载合成孔径雷达来说,需要识别的典型人为目标为桥梁、铁路、停车场、公路、铁路、停机坪、各种军用民用车辆、载体、建筑物、导弹阵地、舰艇、堤坝及各种障碍物等。

2.2.4 分辨率

合成孔径雷达的分辨率包括距离向分辨率和方位向分辨率,二者互不相关。在测绘雷达中,习惯上使距离分辨率与方位分辨率相等。

分辨率的需求与应用密切相关。目前,尚无用于合成孔径雷达目标识别的分辨率的明确说法,但可参考遥感侦察中发现、识别、确认各种目标对于光学图像空间分辨率的要求,如表2-1所示。

大致上,为了在合成孔径雷达图像中侦察典型的军事目标,如桥梁、军事基地、地地战术导弹、防空导弹阵地及中等以下海面舰艇等,分辨率3~5m已足够;而为了大面积测绘,如探测港口、机场、铁路、海岸、河流、城市、舰艇编队等，分辨率30m即可。一般认为用于侦察时，只要能在地物背景中发现目标就可以，可取分辨率与目标尺寸相当。若分辨率为物理尺寸的1/5，则从图像上就可以提取目标的特征，如形状、大小、层次、阴影等，从而可以进行分类。如果分辨率提高到1m，就适于监视载体，分辨率达0.5m，则可对军事目标进行详查，提取特征信息（表2-1）。

合成孔径雷达的距离分辨率是依靠发射宽带脉冲来实现的。对于用作雷达成像匹配制导实时传感器的弹载合成孔径雷达来说，方位分辨率一般应与距离分辨率相匹配。另外，方位分辨率还与天线的方位向孔径尺寸有关。

表2-1 发现、识别、确认各种目标要求的空间分辨率

目标	发现/m	识别/m	确认/m	详细描述/m
桥梁	6	4.5	1.5	0.9
雷达	3	0.9	0.3	0.15
通信设备	3	1.5	0.3	0.10
小部队宿营地	6	2.1	1.2	0.13
空军基地设备	6	4.5	3	0.30
大炮和火箭	0.9	0.6	0.15	0.05
载体	4.5	1.5	0.9	0.15
司令部	3	1.5	0.9	0.15
战术导弹	3	1.5	0.6	0.30
中等海面舰船	7.5	4.5	0.6	0.30
运输车辆	1.5	0.6	0.3	0.03
港口	30	15	6	3
车场	30	15	6	1.5
道路	9	6	1.8	0.6
都市区	60	30	3	3
军用机场	90		4.5	1.5
海面潜艇	30	6	1.5	0.9

引自美国麦克唐纳·道格拉斯公司出版的侦察手册

2.2.5 测绘带宽度

测绘带宽度的选取不仅与应用需求有关,还与合成孔径雷达的分辨率、模糊参数之间有某种制约关系。

距离模糊与成像地域宽度有关,成像地域的宽度决定了脉冲重复频率的上限,而脉冲重复频率的选取还应兼顾到方位模糊。

为避免距离模糊,常选择

$$\text{PRF} \leqslant c/2\Delta R_{\max} = c/2W_g\cos\alpha \qquad (2-30)$$

式中:W_g 为测绘带宽度;α 为入射余角;c 为光速;PRF 为脉冲重复频率;$\Delta R_{\max}$ 为斜距测绘带宽度。

为抑制方位模糊,要求

$$\text{PRF} \geqslant \frac{V_{se}}{\rho_a} = B_d \qquad (2-31)$$

式中:V_{se} 为雷达载体相对于地面的速度;ρ_a 为方位分辨率;B_d 为方位向多普勒带宽。

W_g 与 PRF 的关系为

$$W_g \leqslant \frac{c}{2\cos\alpha} \cdot \frac{1}{\text{PRF}} \qquad (2-32)$$

$$W_{g\max} = \frac{c}{2\cos\alpha} \cdot \frac{\rho_a}{V_{se}} \qquad (2-33)$$

式(2-33)表明雷达最大测绘宽度 $W_{g\max}$ 也受到方位向理论分辨率的限制,方位分辨率越高,允许的测绘带宽度越小。

由上述分析可见,W_g 与脉冲重复频率密切相关,而 PRF 与方位多普勒带宽 B_d 的关系,要根据方位模糊要求来确定。一般 PRF 的选择范围是 $(1 \sim 1.5)B_d$。考虑到距离模糊的限制,有

$$W_g = \frac{K_d c}{2\text{PRF}\cos\alpha} \qquad (2-34)$$

一般 K_d 取值范围为 $0.5 \sim 0.7$,由式(2-34)可见不模糊测绘带宽度还与入射余角 α 有关。

在实际的数据处理系统中,距离门的数量随取图宽度的增加而扩

大,如果 W_g 太宽,除了会引起模糊问题外,还会造成距离门数量太多、信息量太大,使得信号处理系统更复杂。另外,随着测绘带宽度的增大,波束入射角变化范围将进一步加大,使地面距离分辨率的变化增加,不利于图像的判读。

2.2.6 脉冲重复频率

根据奈奎斯特采样定律,脉冲重复频率 PRF 要大于多普勒带宽 B_d,即

$$\text{PRF} > B_d = \frac{2v}{D} \qquad (2-35)$$

式中:D 为天线宽度(方位向尺寸)。

同时,脉冲重复周期 PRT 要大于测绘带回波对应的时间宽度,如图 2 – 15 所示。

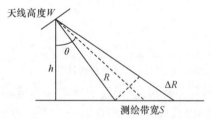

图 2 – 15　测绘带宽决定的回波时间的计算

于是

$$\text{PRT} > \frac{2\Delta R}{c} = \frac{2S\sin\theta}{c} \qquad (2-36)$$

$$\text{PRF} < \frac{c}{2S\sin\theta} \qquad (2-37)$$

所以,重频由以下不等式决定:

$$\frac{2v}{D} < \text{PRF} < \frac{c}{2S\sin\theta} \qquad (2-38)$$

式(2 – 38)表明,载体飞行速度越低,允许的最大测绘带宽度越大。通俗的解释是载体速度低,雷达就有更多的时间来观察地面。

25

2.2.7 天线尺寸

天线宽度 D 由所需的方位向分辨率 ρ_a 决定,即

$$D < 2\rho_a \qquad (2-39)$$

天线高度 W 由所需的测绘带宽 S、天线的俯视角 θ、飞行高度 h 决定,如图 2-15 所示。

于是,有

$$\frac{1}{W} = \frac{S\cos^2\theta}{\lambda h} \qquad (2-40)$$

根据式(2-38)和式(2-40),可得

$$\frac{2v}{D} < \frac{c}{2 \dfrac{\lambda h}{W\cos^2\theta}\sin\theta} \qquad (2-41)$$

即

$$WD > \frac{4v\lambda h\sin\theta}{c\cos^2\theta} \qquad (2-42)$$

WD 即天线的孔径面积,故天线的宽度和高度不但由式(2-39)、式(2-40)决定,还由式(2-42)相互制约。天线面积决定着天线的增益,从而还影响着雷达距离方程中的回波功率。

2.2.8 发射功率

对于简单的单个脉冲信号,根据主动雷达方程,回波的功率信噪比为

$$\mathrm{SNR}_0 = \frac{PG^2\lambda^2\sigma}{(4\pi)^3 R^4 (kT_0 B)\,\mathrm{Loss}} \qquad (2-43)$$

式中各参数的意义如下:

SNR_0	单个脉冲回波功率信噪比
P	发射机的峰值功率
G	天线功率增益
R	目标距离

k	玻耳兹曼常数,$k = 1.38 \times 10^{-23} \mathrm{J/K}$
T_0	接收机等效噪声温度
B	接收机带宽,通常与发射信号带宽相当
λ	发射信号波长
σ	雷达目标散射截面积(RCS)
Loss	包括雷达系统及大气在内的全部损耗

地面上一个分辨单元的雷达散射截面积为

$$\sigma = (\rho_a \rho_r) \cdot \sigma_0 \qquad (2-44)$$

式中:σ_0 为地面目标后向散射系数;ρ_a、ρ_r 分别为方位向和距离向分辨率。

$$\rho_r = \frac{c}{2B\sin\theta} \qquad (2-45)$$

式中:θ 为波束俯视角。经脉冲压缩后,信噪比提高 N_r 倍。

$$N_r = B\tau \qquad (2-46)$$

式中:τ 为发射脉冲宽度。

合成孔径雷达是一个相干处理系统,每个分辨单元的回波在天线波束照射时间(或合成孔径时间)内是相干叠加的,而噪声通常可视为非相干的,所以经合成孔径处理后,回波的功率信噪比可以提高 N_a 倍,即

$$N_a = \mathrm{PRF} \cdot T_S = \mathrm{PRF} \cdot \frac{L_S}{v} = \mathrm{PRF} \cdot \frac{\lambda R}{2\rho_a v} \qquad (2-47)$$

式中:T_S 和 L_S 分别为合成孔径时间和合成孔径长度。这样,合成孔径雷达的方程为

$$\mathrm{SNR} = \bar{P} \cdot \frac{G^2 \lambda^3}{(4\pi)^3 R^3 (kT_0) \mathrm{Loss}} \cdot \frac{\rho_r}{2v} \cdot \sigma_0 \qquad (2-48)$$

式中:$\bar{P}$ 为发射机的平均功率,它与峰值功率间的关系为

$$\bar{P} = P \cdot \frac{\tau}{\mathrm{PRT}} \qquad (2-49)$$

为了达到接收机灵敏度所要求的信噪比 SNR,所需发射机平均功

率为

$$\overline{P} = \frac{(4\pi)^3 R^3 (kT_0) \text{Loss} 2v}{G^2 \lambda^3 \sigma_0 \rho_r} \cdot \text{SNR} \qquad (2-50)$$

考虑尺寸对天线增益的影响

$$G = \frac{4\pi A}{\lambda^2} = \frac{4\pi (D \cdot W)}{\lambda^2} \qquad (2-51)$$

我们知道,D 主要由所需的最高方位向分辨率 ρ_a 决定,这里不妨取 $D = 2\rho_a$,将其与式(2-50)代入式(2-48),得

$$\overline{P} = \frac{2\pi R^3 (kT_0) \text{Loss} \lambda v}{4\rho_a^2 W^2 \sigma_0 \rho_r} \cdot \text{SNR} \qquad (2-52)$$

此式与式(2-50)不同,这里讨论的是极限分辨率的情况,此时天线增益与 ρ_a 密切相关。可以看出,在这种情况下,ρ_a 的提高需使平均功率成平方关系增加。

2.3 合成孔径雷达图像特点

合成孔径雷达通常采用侧俯视工作方式,所成图像属于典型侧视雷达图像,图像中平行于载体航向的方向称为方位向,垂直于载体航向的方向称为距离向。由于距离向的侧俯视测距机制,使得合成孔径雷达图像具有一些与光学遥感图像明显不同的几何特征,主要是斜距显示的近距离压缩、透视收缩和叠掩、阴影[15]。此外,合成孔径雷达图像通常还具有显著的相干斑特征。

2.3.1 斜距与地距

通常采用两种方式表征侧视雷达图像的距离:斜距(Slant Range)与地距。斜距是数据处理的基础,距雷达同一距离(相同斜距)上的所有点处于以雷达为中心的同一条圆弧上。在斜距上采样是均匀的,而地距的分辨是不均匀的。

合成孔径雷达图像的地距与斜距表征如图2-16所示,二者之间的差别可由图2-17来解释。

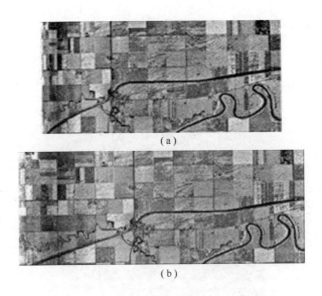

图 2 - 16　合成孔径雷达所成斜距与地距图像

(a)斜距图像；(b)地距图像。

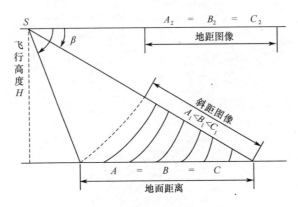

图 2 - 17　近距离压缩的成因

斜距 R 和地距 G 的关系为 $R = G\cos\beta$，其中 β 为雷达的俯视角。

在侧视雷达图像应用过程中，通常要经过斜距到地距的转换。对于平原地区，经过转换可以做到距离无失真。如果遇到山地，则不能保证图像经过转换后无几何变形。

2.3.2　透视收缩和叠掩

透视收缩(Foreshortening)和叠掩(Layover)是侧视雷达对起伏地形的一种特有成像现象,如图2－18所示。其成像机理可以用斜坡来解释,如图2－19所示。

图2－18　透视收缩和叠掩现象

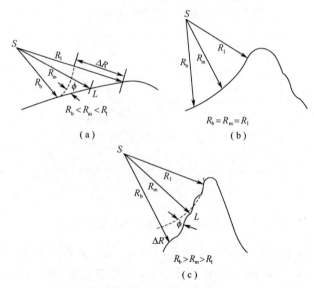

图2－19　斜坡成像机理
(a)透视收缩;(b)斜坡成像为一点;(c)叠掩。

斜坡成像可以分为三种情况：

（1）雷达波束先到达坡底，最后才到达坡顶，于是坡底先成像、坡顶后成像。所示图像形变称为透视收缩。

（2）坡底、坡腰和坡顶的回波同时被接收，成像为一个点，无所谓坡长。

（3）雷达波束先到达坡顶，然后到达山腰，最后到达坡底，所示图像形变称为叠掩，又常被形象地称为"顶底倒置"。叠掩效应在城市及山区非常显著。

雷达图像显示的坡长为 $L\sin\theta$，其中 θ 为雷达波束入射角。可见当 $\theta = 90°$ 时，即波束贴着斜坡入射时，斜坡在图像中的显示才没有变形，其他情况下均被压缩。还说明在载体高度一定的情况下，距离越近图像收缩越大。

以上是朝向雷达波束的坡面，即前坡或迎坡的情况。背向雷达波束的坡面，称为后坡或背坡。对于同一方向的雷达波束，后坡的入射角与前坡不一样。

后坡与前坡成像的一般规律：后坡总是比前坡长，前坡的透视收缩严重。由于透视收缩本身表示回波能量相对集中，所以收缩意味着更强的回波信号，故而在雷达图像上前坡一般比后坡亮。

一般来说，当雷达波束的俯角与山坡坡度角之和大于 90°时，才会出现叠掩。对于不同坡度，产生叠掩的条件为波束入射角为负。

俯角与叠掩的关系如图 2－20 所示。俯角越大，产生叠掩的可能性越大，且叠掩多是近距离的现象。图像叠掩给判读带来困难，无论是斜距显示还是地距显示都无法克服。

2.3.3 阴影

侧视雷达图像上的阴影（shadow）表示地表上未被雷达波照射的区域，或是极其平坦的区域（如大片的平静水面），雷达波照射以后形成完全的镜面反射。以上两种情况由于没有回波信号，相应区域在雷达图像中表现为黑色调，如图 2－21 所示。

与雷达阴影的形成有关的因素主要是波束俯角 β 和后坡坡度 α_b，其影响如图 2－22 所示，分三种情况讨论。

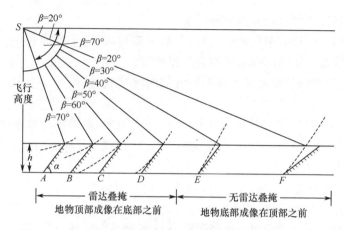

飞行高度

β=20°
β=70°
β=20°
β=30°
β=40°
β=50°
β=60°
β=70°

h

α

A B C D E F

雷达叠掩
地物顶部成像在底部之前

无雷达叠掩
地物底部成像在顶部之前

图2-20 叠掩与俯角的关系

图2-21 典型雷达阴影

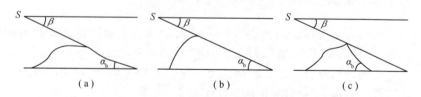

图2-22 雷达阴影的影响因素
(a)无阴影;(b)波束擦掠后坡;(c)有阴影。

32

山脊走向与雷达波束相垂直时,雷达阴影与 β 的关系为:在背坡坡度一定的情况下,β 越小,阴影区越大。这也表明了一个趋势,即远距离地物产生阴影的可能性大,与产生叠掩的情况正好相反。

侧视雷达图像中的阴影对地形起伏的解译很重要。如果在雷达图像上没有注记或注记不完全,阴影将是确定雷达照射方向的很好标志。由于入射角从近距到远距逐渐增加,对地面的照射方向越来越斜,结果阴影形状就越来越尖锐。也可以从雷达阴影中获得与照射区景物有关的信息,如目标的高度等。

2.3.4 相干斑

相干斑是指合成孔径雷达图像中表现出来的均匀场景中呈随机性分布的颗粒状纹理,即场景中相邻像素点间的灰度围绕某一均值随机起伏,故又常被称为相干斑噪声。相干斑的典型表现如图 2 - 23 所示。

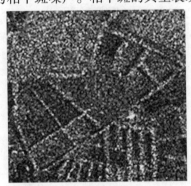

图 2 - 23　合成孔径雷达图像的相干斑现象

相干斑是所有相干成像系统所固有的特性,是由来自同一分辨单元内的多个散射回波的随机干涉造成的。相干斑会对合成孔径雷达图像质量造成严重影响,在进行图像匹配等处理之前必须首先对其进行抑制。

2.4　弹载合成孔径雷达制导应用模式

制导应用模式是指将合成孔径雷达用于导弹制导的具体方式,是弹载合成孔径雷达制导涉及的一个基本而又重要的问题,对弹载合成孔径雷达制导系统建模与性能分析、关键技术研究以及系统概念设计与实现等均有重大影响[16]。

2.4.1 分类

弹载合成孔径雷达制导应用模式主要由导弹制导方式及弹载合成孔径雷达成像模式两方面共同决定。

通常,可把导弹的基本制导方式分为自主制导、遥控制导和自动寻的制导三大类。其中,遥控制导主要包括指令制导和波束制导两种形式,自动寻的制导主要包括主动式、被动式和半主动式三种形式。此外,为提高制导性能,还可将几种制导方式组合使用,称为复合制导,如图 2-24 所示。

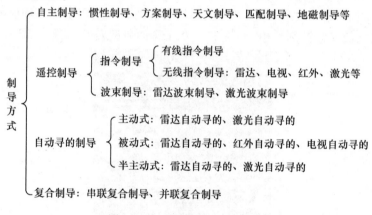

图 2-24　导弹制导方式分类

弹载合成孔径雷达的成像模式在 2.1 节中已经进行了详细介绍,主要包括多普勒波束锐化(DBS)、正侧视条带(Strip)、聚束(Spotlight)、斜视(Squint)、前视(Forward Looking)、双站(Bistatic)、环扫(Circular Scanning)等。

本节主要从弹道、导弹和目标位置、导弹类型和制导方式等四个方面对弹载合成孔径雷达制导应用的基本模式进行分类。

1. 按弹道段的分类

通常,人们把导弹的飞行弹道划分为初段、中段和末段三个阶段。

目前,人们已成功地将地形匹配制导方式应用于巡航导弹的中制导,也已将各种光学和红外成像导引头应用于导弹的末制导。

从本质上看,合成孔径雷达就是一种微波成像传感器,理论上完全可以应用于导弹的中制导和末制导。因此,根据弹道段可以将弹载合成孔径雷达制导应用模式分为中制导应用和末制导应用两种情况。

2. 按导弹和目标初始位置的分类

通常,人们把所有导弹按照导弹和目标初始位置划分为地地、地空、空地和空空等四种类型,其中"地"也常被称为"面",是一个广义概念,泛指地面和海面等。

目前,根据合成孔径雷达的成像模式和发展状况,可以将弹载合成孔径雷达应用于地地导弹和空地导弹两种情况下。

3. 按导弹类型的分类

弹载合成孔径雷达适用于所有攻击地面上和海面上的固定和准静止目标的导弹,以及需要在飞行中段进行惯导修正的导弹。因此,在弹道导弹、巡航导弹、反舰导弹以及某些对地攻击导弹上都可以采用合成孔径雷达进行制导。

4. 按制导方式的分类

在自主、遥控和自动寻的三大类基本制导方式中,弹载合成孔径雷达可以应用于自主和自动寻的这两大类导弹中。在自主制导的导弹中,弹载合成孔径雷达可用于修正惯导的误差。在自动寻的导弹中,弹载合成孔径雷达可用于主动和半主动寻的方式中。弹载合成孔径雷达在自动寻的导弹中的应用将在2.4.3节中进行详细介绍,此处主要介绍弹载合成孔径雷达半主动成像寻的和利用寄生照射源的被动成像寻的模式,如图2-25所示。

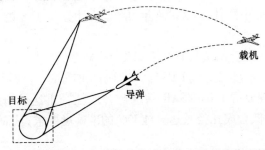

图2-25 弹载合成孔径雷达半主动和寄生被动成像寻的模式

在半主动成像寻的和寄生被动成像寻的模式中,弹载合成孔径雷达实际上只是一种双站配置中的接收部分,其照射源可以来自多种平台,如空地导弹情况下的载机等。此时,弹载合成孔径雷达只接收来自照射源的经目标反射的信号并进行成像,然后再利用图像匹配进行制导。半主动成像寻的和寄生被动成像寻的模式的主要区别在于照射源的性质:对于半主动模式来说,照射源与弹载合成孔径雷达是合作关系,对于目标是主动照射;而对于寄生被动模式来说,照射源与弹载合成孔径雷达一般是非合作关系,此时弹载合成孔径雷达只能对其加以有效利用。

2.4.2 中制导应用模式

中制导段是弹载合成孔径雷达制导应用的一个重要领域。

弹载合成孔径雷达中制导应用就是将弹载合成孔径雷达作为实时成像传感器,以图像匹配为基础对导弹弹道进行修正的一种中段制导应用技术。在中制导应用中,合成孔径雷达成像模式主要有条带、聚束和环扫等。弹载合成孔径雷达在巡航导弹的中制导段具有较好的应用环境,也可用于具有再入机动能力的弹道导弹的再入段制导。

1. 基本原理

弹载合成孔径雷达中制导应用的前提和基础是导弹上的惯导系统(INS)。将弹载合成孔径雷达和 INS 组合起来,借助数字地图,利用其互补性,就可以构成一种新型的高性能组合导航系统,即 INS/SAR 组合导航系统[21,24]。其修正弹道误差的原理:将弹载合成孔径雷达获取的测绘区的实时图像与预先存储在弹上的相应的数字地图进行匹配,得到匹配误差并将其作为观测量,经滤波计算出 INS 的误差并进行修正。

INS/SAR 组合系统具有高准确度、自主性强的特点。据国外报道其水平位置准确度可达到 GPS 军用 P 码的准确度,可应用于各类中远程导弹的全程制导。INS/SAR 系统对合成孔径雷达的研制也具有意义,它可以降低合成孔径雷达对纯 INS 的准确度要求,从而可以降低系统的造价。

弹载合成孔径雷达应用于导弹的中制导时,一般需要四个环节,即

36

合成孔径雷达实时成像、图像匹配、导弹定位和弹道修正。目前,导弹的定位可以利用单幅(单次成像)或多幅(多次成像)合成孔径雷达图像完成。

2. 单次成像定位

图 2-26 示出了弹载合成孔径雷达单次成像实现导弹定位的原理。图中,参考区域 R 为"任务规划"中选定的成像区域,参考图像即是这一区域的某种特性图,F 为地面特征,例如桥梁、河流、海岸、机场、建筑物、铁路等。按照规划,导弹按照预定弹道 T_p 飞行,合成孔径雷达在 B_pC_p 段对地面区域 D_p 成像。由于各种误差因素的影响,导弹实际飞行弹道为 T_r,合成孔径雷达在 B_rC_r 段获取了地面区域 D_r 的实时图像。弹载计算机将实时图像与参考图像进行匹配,由匹配结果推算出成像中心时刻导弹位置,并提供给制导控制系统,修正弹道和惯导系统积累误差,校正惯性器件漂移。

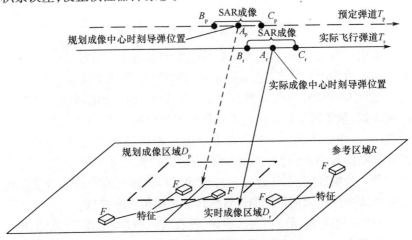

图 2-26 单次成像中制导应用模式

对于巡航导弹等飞行距离较远的导弹,仅进行一次弹道修正是不够的,而由于受各方面条件的限制,修正次数也是有限的。因此,实际制导时应是导弹每飞行一段距离后进行一次弹道修正。这种惯导加合成孔径雷达景象匹配的间断式弹道修正方式,使导弹实际弹道与理想弹道之间产生"锯齿"形的位置误差变化。

3. 多次成像定位

多次成像定位即使用地面固定特征的多幅合成孔径雷达图像来实现导弹的定位,工作原理如图 2-27 所示。

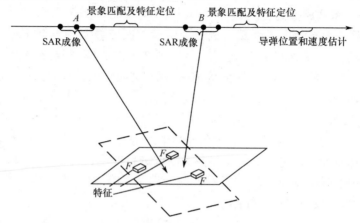

图 2-27　多次成像中制导应用模式

多次成像定位的过程:在导弹发射前的航迹规划阶段,选定参考区域并确定地面固定特征;导弹发射后,当导弹接近参考区域,到达 A 点时(成像中心时刻,下同),弹载合成孔径雷达以一定的斜视角对参考区域成像,景象匹配后确定地面特征在图像中的位置;导弹继续飞行一段时间后,弹载合成孔径雷达在 B 点对参考区域再次成像,并确定地面特征在图像中的位置;之后,弹载合成孔径雷达还可能多次成像;多次成像和景象匹配后,通过分析沿导弹飞行轨迹相继获取的合成孔径雷达图像中地面固定特征的位置估计导弹的位置和速度。

对同一参考区域进行多次成像,可有效利用参考图像资源,提高导弹定位精度,还可修正惯导积累误差,从原理上讲具有较好的中制导性能。当然,这种制导方式需要进行不同斜视角下的成像,为了保证较好的定位性能,斜视角通常较大,这会增加系统复杂度和实现难度。

2.4.3　末制导应用模式

末制导段是弹载合成孔径雷达制导应用的一个最主要的领域。

末制导即导弹飞行弹道末段接近目标阶段的制导,对于典型战术导弹而言,导弹通常在距离目标几千米至几十千米处由中制导转入末制导。末制导应用中,弹载合成孔径雷达的成像模式主要是斜视、前视和聚束等。

1. 基本原理

末制导主要解决导弹的制导精度问题。作为一种成像探测器,弹载合成孔径雷达主要通过成像后的景象匹配为导弹的控制系统提供目标相对于导弹的角偏差,其原理框图见图2-28。

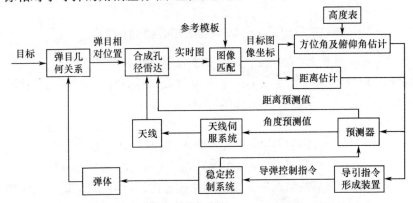

图2-28 弹载合成孔径雷达末制导应用原理框图

如图2-28所示,末制导应用时,首先由弹载合成孔径雷达对目标区域成像,获取实时图;然后将实时图像与参考图像进行匹配,获得瞄准点的图像坐标;最后由图像坐标和导弹高度、天线指向等信息估计瞄准点的距离、俯仰角和方位角,并输入给制导控制系统和跟踪系统,控制导弹飞行和天线指向。

末制导应用时弹载合成孔径雷达的显著特点是高速俯冲曲线弹道下的斜前视工作。此时,弹载合成孔径雷达可以直接对目标及其所在区域进行成像,也可对与目标有确定空间关系的其他区域进行成像。

2. 对目标区域成像的末制导应用模式

如图2-29所示,此模式下成像区域包含目标,弹载合成孔径雷达可以对目标区域进行一次或多次成像。

末制导时,弹载计算机将合成孔径雷达实时获取的图像与预先存储在导弹上的目标模板进行匹配,从而估计出导弹的位置,并修正导弹

39

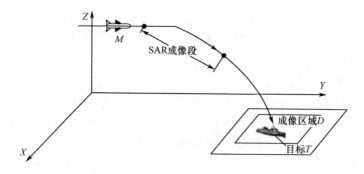

图2-29 对目标区域成像的末制导应用模式

末段弹道。此模式的优点:一是导弹上仅需存储目标的参考模板,大大降低了对弹上存储空间的需求;二是导弹在接近目标的过程中,雷达波束照射目标的时间较长,可以获得较高的分辨率;三是长时间的照射也符合导弹跟踪目标时的规律,随着弹目距离的接近可以容易地从成像模式转换为单脉冲前视跟踪模式。此模式的缺点:一是由于弹载合成孔径雷达侧视成像与导弹前视跟踪存在矛盾,使得导弹飞行弹道必须为一条曲线,在某些情况下甚至是一条俯冲曲线,而曲线弹道下的成像和运动补偿实现困难;二是随着弹目距离的接近,需要进行弹载合成孔径雷达成像和单脉冲前视跟踪的交接班,这无疑增加了制导的复杂度;三是弹载合成孔径雷达成像时需要较长时间一直照射目标,容易受到敌方电磁干扰。此应用模式主要分为搜索、跟踪和单脉冲前视打击三个阶段,不同阶段存在交接班。

3. 对非目标区域成像的末制导应用模式

如图2-30所示,此模式下弹载合成孔径雷达对攻击目标之外的参考区域进行成像。

此时,弹载计算机将获取的合成孔径雷达实时图像与弹上存储的参考区域的图像进行景象匹配,估计出导弹的瞬时位置,并修正其末段飞行弹道。此模式的优点是避免了弹载合成孔径雷达侧视成像与前视打击的矛盾带来的弹道弯曲问题,且可看作弹载合成孔径雷达中制导应用的延续,制导模式无需切换,实现容易。其不足之处在于,攻击目标相对于末制导的参考区域不能移动太大,以防丢失目标。此模式比较适合打击停泊在港口的舰船,而对于海上行驶的舰艇则不适用,一方

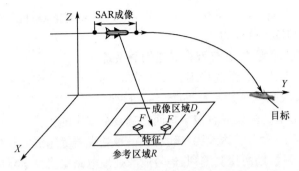

图 2 - 30　对非目标区域成像的末制导应用模式

面其位置变化快,另一方面海面上也没有参考目标。根据弹载合成孔径雷达对目标区域的成像次数,此模式也可分为单次成像和多次成像两种情况,其弹道既可以是直线,也可以是曲线。

2.4.4　复合制导应用模式

1. 概述

随着现代战争攻防对抗日益激烈、战场环境日趋复杂,单一制导模式已越来越难以适应电子战和信息战的要求。因此,发展弹载合成孔径雷达与其他探测手段的复合制导应用模式已成为多模寻的制导的一个重要发展方向。

所谓复合制导应用就是指将弹载合成孔径雷达作为一种成像传感器,把它与其他探测手段或探测设备加以组合,共同完成导弹制导的一种应用模式。

复合制导不是单一模式制导的简单叠加,各种模式复合的首要前提是考虑作战目标和电子干扰与光电干扰的状态,根据作战对象选择并优化模式的复合方案。将弹载合成孔径雷达组合到常规末制导方式上主要是为了充分利用其较之光电探测手段所具有的优良的全天时、全天候工作能力和主动测距能力,以及其较之非成像雷达手段所具有的高分辨成像能力。

弹载合成孔径雷达可与红外、电视、激光等光电探测手段进行复合,其中与红外成像的复合最具发展潜力。因为合成孔径雷达能对目标成清晰的二维图像,而红外成像可以避开微波的干扰,所以装备合成孔径雷达/红外双模成像导引头的导弹能对目标实施精确打击,且具有很强的突防和抗干扰能力。

2. 合成孔径雷达/红外双模成像制导系统

如图2-31所示,系统采用分离式结构,即每个模式采用单独的探测器,包括合成孔径雷达和红外两个通道,彼此独立并行工作,这样不会因为某一通道的失误或者被干扰而影响整个系统的正常工作。合成孔径雷达通道一般由雷达天线、接收机、信号处理器等组成。红外通道一般由聚焦天线、馈源探测阵列、信号成像处理电路组成。景象匹配区域相关制导系统,是一个微计算机控制的软件系统,主要由图像处理装置、数字相关器和微型计算机组成。信号处理包括合成孔径雷达和红外探测器的信息融合、数据的优化和实时处理等[26]。

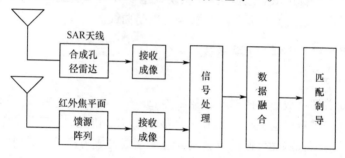

图2-31 合成孔径雷达/红外双模成像制导系统组成框图

2.5 弹载合成孔径雷达制导关键技术

导弹制导是合成孔径雷达应用的一个新领域。导弹制导的基本要求和合成孔径雷达作为一种成像雷达的特殊工作方式,共同决定了要实现弹载合成孔径雷达制导,目前还有许多关键技术需要突破[16,17,23]。

2.5.1 共性关键技术

1. 合成孔径雷达小型化

小型化意味着要从体积、质量和功耗等方面设计和研制弹载合成孔径雷达。

目前,常规合成孔径雷达的载体通常是飞机和卫星等大型平台。对于导弹,尤其是战术导弹来说,能够为弹载合成孔径雷达提供的空间和功率都非常有限,而且对弹载合成孔径雷达的质量也有严格限制,通常不允许超过几十千克。因此,弹载合成孔径雷达制导面临的一个首要和关键问题就是合成孔径雷达的小型化。

2. 高质量成像

高质量成像是实现高精度图像匹配的基础,是基于图像匹配进行精确制导的一个重要先决条件。对于末制导应用来说,弹载合成孔径雷达成像更是一种高速、俯冲、曲线弹道下的非常规斜前视成像,对运动补偿等信号处理具有非常高的要求。因此,高质量成像就成为弹载合成孔径雷达制导的一项关键技术。

3. 实时处理

与弹载合成孔径雷达制导有关的实时处理主要包括弹载合成孔径雷达实时成像与预处理、数字图像的实时匹配等。

由于弹载合成孔径雷达成像匹配制导主要涉及二维图像的处理,而导弹制导,尤其是末制导又要求合成孔径雷达成像、预处理和匹配等环节达到一定的速度(1Hz 量级),此时弹载合成孔径雷达制导势必面临大数据量和大吞吐率信号处理的严峻局面。因此,实时处理也是弹载合成孔径雷达制导时必须克服的一项关键技术。

4. 参考图或参考模板制备

参考图或参考模板的质量直接关系到图像匹配环节的性能,为实现精确制导的目的,要求参考图和参考模板必须具备特征明显、精度高、信息量大和可匹配性高等特性。在这种情况下,参考图的制备成为弹载合成孔径雷达制导中的一项关键技术。

5. 稳健快速的图像匹配

基于图像匹配的弹载合成孔径雷达制导对图像匹配技术有较高的要求,主要表现在匹配的实时性、稳健性和匹配精度等方面。因此,稳健快速的图像匹配是弹载合成孔径雷达制导的关键技术之一。

6. 系统集成

从系统集成的角度看,弹载合成孔径雷达制导要涉及一系列高性能组件,包括天线及雷达前端、信号源、接收机、信号处理机以及惯性测量单元等。如何把这些组件设计好、集成好,使其能够发挥出弹载合成孔径雷达制导的最佳整体性能,就成为弹载合成孔径雷达制导的一项关键技术。

7. 低成本化

除了上述技术方面的原因外,目前困扰弹载合成孔径雷达制导应用的一个非常重要的因素就是造价。目前,普通非成像雷达导引头的造价普遍都在几万甚至几十万美元,而弹载合成孔径雷达则要比其复杂和精密得多。因此,如何在现有条件下尽可能降低研制成本也是弹载合成孔径雷达制导的一项关键技术。

2.5.2 中制导应用关键技术

除共性关键技术外,弹载合成孔径雷达中制导应用时还需解决以下两项关键技术[16]。

1. 导弹定位方法

导弹定位方法是指利用图像匹配得到的实时图中心相对于参考图中心的偏移量来确定导弹的空中位置的方法。在要求不高的情况下,这样得到的导弹位置可以直接用于对惯导的修正,而如果对制导精度的要求较高,则还需借助卡尔曼滤波来实现。由于基于图像匹配的导弹定位直接关系到导弹的制导精度,因此,通常对导弹定位方法有很高的要求。

2. 惯导误差修正方法

惯导误差的修正是弹载合成孔径雷达能够成功应用于导弹中制导的一个关键环节。在弹载合成孔径雷达成像匹配制导情况下主要涉及如何利用图像匹配环节得到的信息来实时、精确地修正惯导随时间的积累误差。目前,国内外公开发表的各种与合成孔径雷达有关的组合导航制导的文献中绝大多数都涉及惯导误差的修正问题。

2.5.3 末制导应用关键技术

除共性关键技术外,弹载合成孔径雷达应用于末制导时还需解决以下两项关键技术[16]。

1. 非常规成像

通常情况下,导弹,尤其是空地导弹的寻的末制导段是一条高速俯冲弹道。当末制导段采用弹载合成孔径雷达成像进行目标匹配识别时,导弹的弹道还应满足合成孔径雷达成像的要求,即应使导弹速度矢量与目标视线保持一定的前置角,这将导致导弹的末制导弹道不再是一条直线,而是一条曲线。此外,末制导阶段,由于弹目距离有限,导弹飞行速度较快,为实现精确打击,弹载合成孔径雷达成像必须达到一定的速率,从而难以再像通常那样进行全孔径成像。因此,弹载合成孔径雷达应用于末制导时,必须完成非常规条件下的雷达成像,即高速、俯冲、曲线弹道下的斜前视与子孔径成像。这对运动补偿提出了很高要求。

2. 弹道设计与优化

弹载合成孔径雷达应用于末制导时,弹道的设计与优化也是一个非常重要的问题。如前所述,为满足合成孔径雷达成像的几何条件,导弹末制导段的弹道必须是一条曲线弹道。此外,弹道的设计与优化还应考虑导弹的运动学特性、目标的特性以及对于突防的要求等。因此,弹载合成孔径雷达末制导弹道的设计是一项涉及诸多因素的系统性任务,为达到最优,必须借助运筹学的有关方法进行反复权衡。

2.5.4 复合制导应用关键技术

除共性关键技术外,弹载合成孔径雷达与红外等光电模式进行复合制导时还需解决以下四项关键技术[28]。

1. 口径技术

红外传感器要求光学系统把目标的红外辐射能量聚集在焦平面上,弹载合成孔径雷达要求天线系统把目标的电磁能量传送至接收机,光轴与电轴应同在弹轴上。但同轴安装会造成传感器之间"遮挡"现象,影响被"遮挡"传感器的探测距离。分口径方式易于设计,头罩(或窗口)易于解决,一般采用分口径结构,但需要多个平台,易影响导弹的气动外形。

2. 宽频段头罩技术

目前,国外多模导引头的频段主要包含可见光、紫外、红外、微波、毫米波等,不同频段的传感器需要不同材料的头罩。光学传感器需要光学透过率高、均匀性好、发射系数小的头罩,雷达传感器需要介电常数低、损耗角正切小的头罩,高速导弹用的传感器还要求头罩机械强度大、抗热冲击性能和耐热性好。尽管发达国家已基本解决宽频段头罩材料和加工工艺,但其依然是制约多模复合制导技术发展的一个重要因素。

3. 信息融合、识别处理技术

多传感器可以获取目标在多种频段内的特征信息,为导引头识别目标提供了依据。但还需要在获取这些信息的同时加以充分利用,实现智能融合识别,而不局限于在控制端的初级融合,或在复合结构之外作简单的信息切换。融合处理方法不能在理想的战场环境中取得,实用化多传感器信息在特征层、模型层和决策层的最佳信息融合处理方法,满足武器系统实用化要求的融合信息处理算法软件以及建立科学的融合系统性能评估准则,仍是挑战性研究内容。

4. 信号和图像处理技术

复合制导是一种新型制导模式,需要对不同波段的传感器提供的大量目标信息进行综合分析,提取目标特征,并利用目标识别算法区分真假目标,建立判决理论,确定逻辑选择条件,以实现模式转移等。其突出特点是信号处理和图像处理方面需要极高的吞吐率和巨大的计算量,因此提高弹载计算机性能是一项关键技术。目前主要有两条途径:一是发展高密度、高速度的大规模集成电路技术;二是在系统结构上采用并行处理技术,以提高系统的整体处理能力。

本书将在后续章节中重点论述与弹载合成孔径雷达制导性能密切相关的弹道优化设计(第 3 章)、弹载合成孔径雷达成像(第 4 章)、弹载合成孔径雷达制导参考图制备(第 5 章)、弹载合成孔径雷达制导景像匹配(第 6 章)、导弹定位(第 7 章)等五项关键技术。

参考文献

[1] Harger R O. Synthetic Aperture Radar:Theory and Design. Academic Press,New York,1970.

［2］保铮．雷达成像技术．北京:电子工业出版社,2005.

［3］刘永坦．雷达成像技术．哈尔滨:哈尔滨工业大学出版社,2001.

［4］宋雪岩,李真芳,保铮．大斜视 DBS 成像．现代雷达,2004,26(1).

［5］谢文冲,孙文峰,王永良．三种聚束式 SAR 成像算法比较．现代雷达,2003(4).

［6］刘光炎．斜视及前视合成孔径雷达系统的成像与算法研究．电子科技大学,2002.

［7］邓彦,张晓玲,李红波．双站合成孔径雷达若干关键技术研究．压电与声光,2005(3).

［8］孙兵,周荫清,李天池,等．环扫 SAR 的快速聚焦成像算法．北京航空航天大学学报,2007(7).

［9］Lohner A K. Improved Azimuthal Resolution of Forward Looking SAR by Sophisticated Antenna Illumination Function Design. IEE Proceedings：Radar, Sonar Navigation,1998,45(2).

［10］Gerhard Krieger, Josef Mittermayer, Stefan Buckreuss, et al. Sector Imaging Radar for Enhanced Vision. Aerospace Science and Technology,2003.

［11］Ender J H G. Signal Theoretical Aspects of Bistatic SAR. 2003.

［12］邓彦,张晓玲,李红波．双站合成孔径雷达若干关键技术研究．压电与声光,2005,27(3).

［13］Gumming I G,Wong F H. 合成孔径雷达与成像—算法与实现．洪文,胡东辉,译．北京:电子工业出版社,2007.

［14］郝祖全．弹载星载应用雷达有效载荷．北京:航空工业出版社,2005.

［15］舒宁．雷达遥感原理．北京:测绘出版社,1997.

［16］张刚,祝明波,赵振波,等．弹载 SAR 应用模式及关键技术探讨．飞航导弹,2011(9).

［17］Precision Terminal Guidance for Munitions. ADA324120,1997.

［18］Neumann C, Senkowski H. MMW-SAR SEEKER AGAINST GROUND TARGETS IN A DRONE APPLICATION. EUSAR 2000.

［19］Asif Farooq,David J N Limebeer. Bank-to-Turn Missile Guidance with Radar Imaging Constraints. JOURNAL OF GUIDANCE, CONTROL, AND DYNAMICS,2005,28(6).

［20］Thomas Malenke,Thorsten Oelgart, Wolfgang Rieck. W-BAND-RADAR SYSTEM IN A DUAL-MODE SEEKER FOR AUTONOMOUS TARGET DETECTION. EUSAR 2002.

［21］邹维宝,任思聪,李志林．合成孔径雷达在飞行器组合导航系统中的应用．航天控制,2002(1).

［22］李道京,张麟兮,俞卞章．主动雷达成像导引头几个问题的研究．现代雷达,2003,25(5).

［23］高烽．合成孔径雷达导引头技术．制导与引信,2004,25(1).

［24］冷雪飞,刘建业,熊智．合成孔径雷达在导航系统中的应用．传感器技术,2004,25(63).

［25］黄世奇,郑健,白宪阵,等．合成孔径雷达末制导技术研究．战术导弹控制技术,2005(1).

［26］黄世奇,郑健,刘代志,等．SAR/红外双模成像复合制导系统研究与设计．飞航导弹,2004(6).

第3章 弹道优化设计

3.1 概 述

弹道优化问题即轨迹优化问题,国外文献称之为"Trajectory Optimization",国内对于导弹,一般称为弹道优化,对于多级火箭、再入式高超声速飞行器、星际飞船等飞行器,一般称为轨迹优化。在空间飞行器和高空、高速、高机动性飞行器的设计中,弹道优化的地位非常重要,贯穿于飞行器设计的整个过程,影响着飞行器的总体、气动布局、制导和控制、动力、结构等多个分系统的设计。对弹载合成孔径雷达成像制导,弹道优化设计可以提高有限飞行时间内的成像质量,从而有利于导弹的制导和突防。

弹载合成孔径雷达末制导应用除了信号处理复杂、实时性要求高、工程实现难度大等外,还要求导弹飞行速度矢量与目标视线必须保持一定的前置角,即合成孔径雷达只能进行侧视和前斜视成像,不能对正前方的目标成像,这将要求导弹的末制导弹道是一条曲线[1-8]。此时,弹道一方面要满足合成孔径雷达成像条件、导弹过载和导弹运动学方程等,另一方面要尽量减少飞行时间,以保证有效突防。这就产生了弹载合成孔径雷达末制导应用的一项关键技术问题——弹道优化设计问题。该问题是弹载合成孔径雷达末制导应用总体设计、成像算法、运动补偿和图像匹配研究的基础,也是弹载合成孔径雷达应用与机载、星载合成孔径雷达应用相比所特有的研究内容。

装载合成孔径雷达的导弹在末制导阶段的弹道优化设计问题,属于最优控制问题的范畴,由于含有非线性的成像约束,难以求得解析解。目前求解非线性最优控制问题的主要方法是直接法和间接法。其中直接法克服了间接法对共轭变量初值高度敏感和难以估计的问题,且在解决实际问题中具有很强的优势,因此得到了广泛发展。直接法分为直接打靶法、多重直接打靶法、微分包含法和配点法。对于弹载合成孔径雷达末制导应用中的弹道优化设计问题,研究还处于起步阶段,国内外研究相关文献很少。Asif Farooq[9,10]针对含有成像约束的空地导弹弹道优化问题进行求解,采用直接打靶法将原最优控制问题转换为非线性规划问题,然后采用序列二次规划(Sequential Quadratic Programming, SQP)求解;Jeremy. A. Hodgson[11,12]在 Asif Farooq 的基础上对弹载合成孔径雷达成像制导中 DBS 成像模式下的弹道问题进行求解,选择的指标与 Asif Farooq 不同,但是求解方法相同。赵宏钟、谢华英[13]针对 DBS 成像模式下俯冲弹道问题进行求解,采用直接打靶法将原最优控制问题转换为非线性规划问题,然后采用遗传算法进行求解,求解速度比采用序列二次规划法慢。以上算法存在的共同缺点是若离散节点较多则优化时间过长,难以适应弹载合成孔径雷达末制导应用的实时性要求;若离散节点少,则求解不精确,且在约束复杂时,满足约束的初始值难以确定。

本章主要探讨装载合成孔径雷达的导弹在末制导阶段弹道的优化设计问题。3.1 节介绍弹道优化的概念和意义。3.2 节介绍弹道优化基础,包括导弹运动模型、目标函数、约束条件和弹道优化模型。3.3 节介绍非线性最优控制问题的各种直接数值解法。3.4 节探讨了优化策略,包括基于遗传算法、基于 SQP 算法和基于 Radau 伪谱法的弹道优化策略。3.5 节给出相应算法下的优化仿真结果。

3.2 弹道优化基础

3.2.1 导弹运动模型

1. 模型 1

模型 1 为不考虑空气动力学且导弹速度恒定的三自由度导弹运动学模型,即对导弹进行质点假设,同时假设导弹在末制导阶段速度大小保持恒定,目标始终处于合成孔径雷达波束照射范围内并保持静止,此时导弹三维运动示意图如图 3 - 1 所示。惯性坐标系下导弹三自由度的运动方程为[15]

$$
\begin{cases}
\dot{x} = V\cos\gamma\cos\psi \\[2mm]
\dot{y} = V\cos\gamma\sin\psi \\[2mm]
\dot{z} = V\sin\gamma \\[2mm]
\dot{\gamma} = \dfrac{a_z}{V} \\[2mm]
\dot{\psi} = \dfrac{a_y}{V\cos\gamma}
\end{cases}
\tag{3-1}
$$

式中:(x,y,z) 为导弹坐标;z 为导弹的飞行高度;$\dot{x}$、$\dot{y}$、$\dot{z}$ 为导弹速度矢量;V 为导弹速度大小;γ、ψ 分别为弹道倾角和弹道偏角;a_y、a_z 分别为正交于速度矢量的加速度;a_y 为偏航通道加速度;a_z 为俯仰通道加速度。

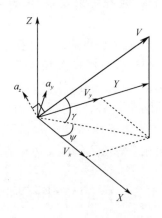

图 3 - 1　导弹三维运动示意图

2. 模型 2

考虑发动机推力和导弹阻力升力的影响,并假定导弹速度大小是变化的,此时,惯性坐标系下导弹三自由度的运动方程为[11]

$$\begin{cases} \dot{x} = V\cos\gamma\cos\psi \\ \dot{y} = V\cos\gamma\sin\psi \\ \dot{z} = V\sin\gamma \\ \dot{\gamma} = \dfrac{(a_z - \cos\gamma)g}{V} \\ \dot{\psi} = \dfrac{a_y g}{V\cos\gamma} \\ \dot{V} = \dfrac{T - D}{m} - g\sin\gamma \end{cases} \quad (3-2)$$

式中:(x,y,z) 为导弹坐标,$\dot{x}$、$\dot{y}$、$\dot{z}$ 为导弹速度矢量,V 为导弹速度大小,γ、ψ 分别为弹道倾角和弹道偏角,a_y 为偏航通道加速度,a_z 为俯仰通道加速度。导弹的推力 T 为常数,阻力 D 由下式求出:

$$\begin{cases} D = \dfrac{1}{2}\rho V^2 S_{\text{Ref}} C_D \\ \rho = \rho_0 \left(\dfrac{T_0 + Lh}{T_0} \right)^{\left(\frac{g}{LR_q} - 1\right)} \\ C_D = C_{D0} + k C_L^2 \\ C_L = \dfrac{mg(a_z^2 + a_y^2)^{1/2}}{\dfrac{1}{2}\rho V^2 S_{\text{Ref}}} \\ \alpha = \dfrac{C_L}{C_{L\alpha}} \end{cases} \quad (3-3)$$

式中:D 为阻力;ρ 为某一海拔高度的空气密度;ρ_0 为海平面的空气密度;S_{Ref} 为升力参考面积;C_D 为诱导阻力系数;C_{D0} 是零入射角阻力系数;C_L 为升力系数;$C_{L\alpha}$ 为诱导升力系数的导数;L 为温度随海拔的递减率;h 为海拔高度;T_0 为海平面温度;R_q 为气体常数;k 为诱导阻力系数;α 为导弹攻角;m 为导弹质量。

3.2.2 目标函数

在末制导过程中,为保证弹载合成孔径雷达的方位分辨率,雷达波束的驻留时间应足够长,而波束驻留时间受导弹飞行弹道和观测视角的影响。本节讨论采用聚束成像模式时方位分辨率与波束驻留时间的关系。在导弹末制导阶段,为提高方位向分辨率,需要对目标区域进行持续成像,可认为弹载合成孔径雷达此时工作于聚束模式下,其弹目几何关系如图 3 – 2 所示。

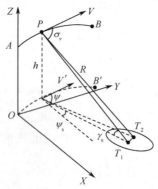

图 3 – 2　弹载合成孔径雷达末制导应用时的弹目几何关系

假设导弹在末制导段可在三维空间进行机动,实现对目标区域的聚束成像。$\overset{\frown}{AB}$ 是导弹在成像段的飞行轨迹,也是待优化的弹道。P 是弹道上的任意点,坐标为 (x,y,h),T_1、T_2 分别为与 P 点与距离相同、方位不同的两个目标点,均位于聚束波束内,其弹目瞬时距离为 R。T_1 的坐标为 $(x_t,y_t,0)$,视线 PT_1 的偏航角为 ψ_s,由 X 轴逆时针旋转为正,取值范围为 $[0,2\pi)$;T_2 的坐标为 (x_{t2},y_{t2}),视线 PT_2 的偏航角为 $\psi_s + \Delta\psi_s$,两个视线的俯仰角均为 γ_s。P 点处导弹速度矢量与弹目视线 PT_1 之间的夹角为 σ_v,与弹目视线 PT_2 之间的夹角为 σ_{v2}。导弹速度与弹目视线 PT_1 的偏航角之差为 $\psi_{DBS} = |\psi - \psi_s|$。根据弹目几何关系可知

$$\gamma_s = \arctan\left|\frac{h_t - h}{\sqrt{(x_t - x)^2 + (y_t - y)^2}}\right| \tag{3-4}$$

$$\psi_s = \arctan\left|\frac{y_t - y}{x_t - x}\right| \tag{3-5}$$

导弹速度方向单位矢量 u_v 和弹目视线方向的单位矢量为 u_{LOS} 的表达式为

$$u_v = \begin{bmatrix} \cos\gamma\cos\psi \\ \cos\gamma\sin\psi \\ \sin\gamma \end{bmatrix}, u_{\mathrm{LOS}} = \begin{bmatrix} \cos\gamma_s\cos\psi_s \\ \cos\gamma_s\sin\psi_s \\ \sin\gamma_s \end{bmatrix}$$

则导弹速度方向和弹目视线的夹角,即导弹运动的前置角为

$$\sigma_v = \arccos(u_v \cdot u_{\mathrm{LOS}}) \tag{3-6}$$

合成孔径雷达的方位分辨率与其对目标的波束驻留时间紧密相关。由地距平面上的方位分辨率公式可知,聚束成像的波束驻留时间为

$$DT = \frac{\lambda R}{2 V \rho_a \cos\gamma \mid \sin\psi_{\mathrm{DBS}} \mid} \tag{3-7}$$

式中:$\psi_{\mathrm{DBS}} = \psi - \psi_s$

从式(3-7)可知,当弹目距离 R 和波长 λ 确定,所需的方位分辨率 ρ_a 越大,γ 越小,ψ_{DBS} 越大,则波束驻留时间越小,最理想的情况是 $\gamma = 0°$,$\psi_{\mathrm{DBS}} = 90°$,这就是弹载合成孔径雷达工作于等高平飞正侧视的情况。但是在末制导中,导弹必须以尽量短的时间完成打击目标的任务,弹载合成孔径雷达只能工作在大斜视的状态下。导弹通过相对于目标的侧向机动,获得合成孔径雷达高分辨率二维图像,带来的负面影响是增大了导弹攻击时间。弹道优化的目的即设计满足方位分辨率 ρ_a 要求前提下,波束驻留时间最短的一条曲线弹道。因此取指标函数为

$$\min J = \int_0^{t_f} DT^2 \mathrm{d}t = \int_0^{t_f} \left(\frac{\lambda R}{2 V \rho_a \cos\gamma\sin\psi_{\mathrm{DBS}}} \right)^2 \mathrm{d}t \tag{3-8}$$

3.2.3 约束条件

弹载合成孔径雷达工作在大斜视状态下,因此弹速方向与弹目视线间夹角 σ_v(等效斜视角)需满足约束1:

$$\mid \sigma_v \mid \leqslant \sigma_{\max} \tag{3-9}$$

对于导弹速度矢量方向的目标，有 $\psi_{\mathrm{DBS}} = |\psi - \psi_{\mathrm{s}}| = 0$，则 T_1、T_2 两点的多普勒频移差为零，合成孔径雷达此时无法对同一距离不同方位的目标进行分辨。因此要求 $\psi_{\mathrm{DBS}} = |\psi - \psi_{\mathrm{s}}| \neq 0$，根据文献[11,14]，可取 ψ_{DBS} 的最小允许值为 5°，于是约束 2 为

$$|\psi - \psi_{\mathrm{s}}| \geqslant 5° \qquad (3-10)$$

另外指令加速度控制变量必须满足过载要求，因此规定约束 3 为

$$|a_y| \leqslant a_{y\max}, \ |a_z| \leqslant a_{z\max} \qquad (3-11)$$

为了确保导弹飞行安全，在三维弹道优化时还需要考虑导弹飞行高度的限制，因此规定约束 4 为

$$h \geqslant h_0 \qquad (3-12)$$

式中：h_0 为设置的安全飞行高度。

以上四个约束，除了式(3-11)为线性约束外，其它均为非线性约束。

3.2.4　弹道优化模型

弹道优化问题属于连续时间最优控制问题。最优控制问题的求解目标是根据已建立的被控对象的数学模型，确定一个控制信号，使得系统过程满足物理、几何或者设计约束的同时，系统的某个性能指标达到极小值(或极大值)。最优控制在航空、航天及工业过程控制等领域得到广泛应用，弹载合成孔径雷达末制导弹道优化问题属于典型的含有非线性约束的非线性连续时间最优控制问题。连续最优控制问题的模型如下[16,17]：

指标函数

$$\min J = \Phi\big(x(t_0), t_0, x(t_{\mathrm{f}}), t_{\mathrm{f}}\big) + \int_{t_0}^{t_{\mathrm{f}}} g\big(x(t), u(t), t\big)\mathrm{d}t$$

$$(3-13)$$

运动学约束

$$\dot{x}(t) = f\big(x(t), u(t), t\big), \quad t \in [t_0, t_{\mathrm{f}}] \qquad (3-14)$$

边界条件

$$\Phi(x(t_0),t_0,x(t_f),t_f)=0 \qquad (3-15)$$

路径约束

$$C(x(t),u(t),t)\leqslant 0, \quad t\in[t_0,t_f] \qquad (3-16)$$

式中：$x(t)$ 为状态变量；$u(t)$ 为控制变量。

控制 $u(t)\in U\subset\mathfrak{R}^n$，$U=\{u(t)\in\mathfrak{R}^n:u_L\leqslant u(t)\leqslant u_R\}$，其中 u_L、u_R 分别为控制变量的下边界和上边界。在式(3-13)~式(3-16)中，函数 Φ,L,f,ϕ,C 定义为

$$\Phi:\mathfrak{R}^n\times\mathfrak{R}\times\mathfrak{R}^n\times\mathfrak{R}\rightarrow\mathfrak{R}$$

$$L:\mathfrak{R}\times\mathfrak{R}\times\mathfrak{R}\rightarrow\mathfrak{R}$$

$$f:\mathfrak{R}^n\times\mathfrak{R}^n\times\mathfrak{R}\rightarrow\mathfrak{R}^n$$

$$\phi:\mathfrak{R}^n\times\mathfrak{R}\times\mathfrak{R}^n\times\mathfrak{R}\rightarrow\mathfrak{R}^q$$

$$C:\mathfrak{R}^n\times\mathfrak{R}^n\times\mathfrak{R}\rightarrow\mathfrak{R}^c$$

以上的最优化问题称为 Bolza 问题，若指标函数为

$$\min J=\int_{t_0}^{t_f}g(x(t),u(t),t)\mathrm{d}t \qquad (3-17)$$

则称为 Lagrange 问题；若指标函数为

$$\min J=\Phi(x(t_0),t_0,x(t_f),t_f) \qquad (3-18)$$

则称为 Mayer 问题。本章研究的弹载合成孔径雷达末制导应用弹道优化设计问题属于 Lagrange 问题。结合导弹运动模型、目标函数、约束条件可知，要求解的优化问题模型为

$$\min J=\int_0^{t_f}DT^2\mathrm{d}t=\int_0^{t_f}\left(\frac{\lambda R}{2V\rho_a\cos\gamma\sin\psi_{\mathrm{DBS}}}\right)^2\mathrm{d}t \qquad (3-19)$$

s. t.

$$|\sigma_v|\leqslant\sigma_{\max}$$

$$|\psi-\psi_s|\geqslant 5°$$

$$|a_y| \leqslant a_{y\max}, \ |a_z| \leqslant a_{z\max}$$
$$h \geqslant h_0 \qquad\qquad (3-20)$$

3.3 优化方法及工具

3.3.1 概述

优化弹道的求解是根据指定的战术指标建立飞行力学方程,选择恰当的设计参数,构造性能泛函,通过相关数学方法求解最优参数而形成最优飞行弹道。弹道优化在数学上可以抽象为包含微分方程、代数方程和不等式约束的求解泛函极值的开环最优控制问题,因此生成最优弹道就是求解相应的最优控制问题。飞行器弹道优化问题一般为非线性、带有状态约束和控制约束的最优控制问题,求解复杂。

3.3.2 优化方法分类

除了几种特殊的形式,如线性最优二次调节器等,可以求出最优解的解析表达式,大部分最优控制问题难以求出解析解,尤其是含有非线性约束的最优控制问题。对这类问题,可以采用数值方法进行求解。数值方法求解最优控制问题时分为两类——间接法和直接法,Rao[16]、Betts[18]、雍恩米[20]和陈聪[19]等对这些方法进行了相关总结。

苏联的庞特里亚金(Pontryagin)等人在古典变分法的基础上[17],将变量区分为状态变量和控制变量,讨论了有界控制下纯状态约束的优化问题,给出了 Pontryagin 极大值条件,提出了极大值原理。间接法基于极大值原理得到最优控制的一阶必要条件,转化为求解最优轨迹的 Hamiltonian 两点边值问题(HBVP),然后用数值方法求解,得到最优控制和轨迹。间接法不对性能指标函数直接寻优,其数值解法有打靶法、多重打靶法、有限差分法及配点法。间接法的优点是解的精度高,满足最优性的一阶必要条件,缺点主要有以下几方面:第一,对于复杂的系统,推导一阶必要条件特别困难;第二,间接法收敛域很小,对初值估计要求高,还要对协态变量进行估计,而协态变量与 HBVP 不相关,其初始值的物理意义不明确,很难进行赋值;第三,当优化模型发生变化时,例如增加或者减少一个约束条件,间接法的一阶必要条件需要重新得到。

直接法将原最优控制问题离散化后转化为有限维空间的非线性规划(Nonlinear Programm, NLP)问题,然后采用非线性规划算法求解,由于不需要推导一阶必要条件,所以应用方便。NLP问题的特点是线性或者非线性约束为代数等式或者不等式,优化变量为有限个静态参数,目标函数为优化参数的非线性函数。

直接法根据离散化变量的不同,主要可以分为只离散控制变量、只离散状态变量以及同时离散控制变量和状态变量三类。第一类状态变量需要进行数值积分,计算量较大;第二类是微分包含法,它只离散状态变量,将控制约束转化为状态约束,可以降低变量个数,但是对于非线性比较复杂的状态方程,难以求出控制变量关于状态的显式表达式;第三类方法,同时将状态变量和控制变量进行离散化,节点之间的状态变量采用多项式进行近似,连续运动学微分方程被转化为代数约束条件。相比间接法,直接法可以避免初值猜测问题,对初始条件要求不严格,稳健性好,算法收敛速度快,且收敛半径大,是目前弹道优化问题的主要研究方向。近几十年来,随着计算机技术的发展,直接法不断发展,分类更加丰富,应用领域更为广泛,尤其是伪谱方法的提出,将直接法的理论研究和工程应用推向了一个新的高度。直接法的分类如图3-3所示。

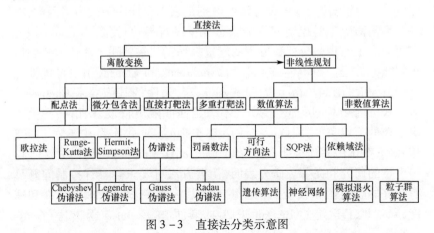

图3-3 直接法分类示意图

典型直接法和间接法性能的对比结果如表 3 - 1 所示。

表 3 - 1　直接法和间接法方法对比分析

方法	所得 NLP 规模	初始值敏感度	符号推导类型	能否求解 t_f 不定问题	精度	能否求解 BVP
间接法	—	极高	一阶最优性条件,难以程序化	困难	高	困难
直接打靶法	较小	高	离散控制变量,较简单	较困难	低	不能
配点法	很大	较低	离散控制和状态变量,运算量较大,但可程序化	较容易	较高	可以
微分包含法	大	较低	状态离散可程序化	较容易	较高	可以

3.3.3　Radau 伪谱法

1. 伪谱法发展概况

近年来,配点法中的一类离散控制变量和状态变量的伪谱法(Pseudospectral Method)以其计算效率和计算精度上的优势、良好的收敛性和较低的初值敏感度在最优控制领域求解方法中日益受到关注[20-40]。伪谱法与一般配点法的区别是它以全局多项式为基函数,在一系列离散点上对控制变量和状态变量进行插值近似,用 Gauss 积分在离散点上实现微分代数方程的配置。伪谱法最初用于流体力学领域求解微分方程。1990 年前后由 Vlassenbroeck 和 Elnagar 引入最优控制领域,最初采用的离散点是 Chebyshev 点,采用的基函数是 Chebyshev 多项式。由于 Chebyshev 多项式不满足插值隔离特性,伪谱法产生了更复杂的配点条件,因此后来改用 Lagrange 多项式作为基函数。1998 年开始,美国海军研究生院的学者 Fahroo、Qi Gong 等对伪谱方法进行了大量的研究和完善。研究表明,伪谱方法对于求解最优控制问题具有良好的收敛性和较低的初值敏感度。为进一步提高求解精度和速度,麻省理工学院的 Benson 于 2004 年提出了 Guass 伪谱法(Gauss Pseudospectral Methods, GPM)。之后 Huntington、Darby、Garg 等人又推

58

广得到全局 Radau 伪谱方法,分段 Gauss、Radau 伪谱方法。Darby 于 2010 年结合全局伪谱和分段伪谱的特点提出了 hp 自适应伪谱方法,对伪谱法的性质和应用细节进行了更加深入的研究。近年来各种伪谱方法在高超声速飞行器再入轨迹优化、固体运载火箭上升段轨迹优化、无人飞行器对地攻击优化、火星定点着陆轨迹优化等领域[19,20]中得到广泛应用。

目前伪谱法常采用的配点有三类,分别为 Legendre-Gauss(LG)点、Legendre-Gauss-Radau(LGR)点和 Legendre-Gauss-Lobatto(LGL)点。这些配点是 Legendre 多项式或者 Legendre 多项式与其导数线性组合的根。采用 LG 配点的伪谱法称为 Gauss 伪谱法(GPM),采用 LGR 点的伪谱法称为 Radau 伪谱法(RPM),采用 LGL 点的称为 Lobatto 伪谱法(LPM),也称为 Legendre 伪谱法。

在伪谱法中,非常重要的一个定理是协态映射原理(Costate Mapping Principle,CMP),即说明伪谱法转换得到的非线性规划(NLP)问题的 KKT(Karush-Kuhn-Tucker)条件与原连续时间最优控制问题的一阶必要条件的离散形式是否具有一致性。如果一致,则表示保证原连续时间最优控制问题的协态可以由 NLP 问题的 Lagrange 乘子估计得到,从而保证了从 NLP 问题得到的最优解是原连续时间最优控制问题的最优解。Darby 从近似精度、收敛速度、计算效率和是否满足协态映射原理等方面对 LPM、GPM 和 RPM 进行了比较,三种伪谱方法的解均成指数规律收敛,但是 GPM 和 RPM 在控制变量、状态变量和协态变量的近似精度、收敛速度上优于 LPM;计算效率上,对于相同规模问题的求解,三种伪谱方法耗时相差不大;在协态映射原理的满足性上,GPM 和 RPM 是满足的,而 LPM 不满足。另外,与 GPM 相比,RPM 能够直接从相应的 NLP 问题的最优解中得到初始点的控制变量,而 GPM 不行,RPM 的这一性质使得在 hp 伪谱法中采用 RPM 时,段与段的连续性方程可以略去,从而减少了约束方程的个数,使得 RPM 的实现比 GPM 简单。

从近似精度、收敛速度、计算效率和是否满足协态映射原理等各方面进行综合考虑,Radau 伪谱法在解决非线性最优控制问题中更占优势。常见伪谱法的对比如表 3 - 2 所示。

表 3 - 2　常见伪谱法对比

伪谱法种类	采用离散点	插值多项式	是否精确满足 CMP
Chebyshev 伪谱法	CGL 点	Chebyshev 多项	否
Legendre 伪谱法	LGL 点	Lagrange 多项式	否
Radau 伪谱法	LGR 点	Lagrange 多项式	否
Gauss 伪谱法	LG 点	Lagrange 多项式	是

最优控制问题经过 Radau 伪谱法离散化后得到 NLP 问题。目前，NLP 问题的求解方法很多，且比较成熟，有多种可以应用的专业软件包。NLP 求解方法伴随着计算机技术的飞速发展而不断进步，先后应用于最优控制数值求解的 NLP 算法有惩罚函数法、SQP 法、内点法和信赖域法等，其中以稀疏 SQP 算法为基础的 SNOPT 软件包在最优控制求解领域应用最为广泛。除了传统的数值算法，通过模拟一些自然和物理优化的原理，以随机搜索和统计物理学为基础的若干新型算法也获得了关注，遗传算法、模拟退火算法等都先后应用于飞行器轨迹优化，在改善全局收敛性方面有一定成效。

2. Radau 伪谱法的数学基础

Radau 伪谱法以全局多项式为基函数，在一系列 LGR 点上对控制变量和状态变量进行插值近似。下面分别介绍 LGR 点的分布特点、Lagrange 插值多项式和 Radau 协态映射原理。

1）LGR 点的分布特点

配点的分布是不同配点算法的重要区别特征。配点法常对优化时间进行等距划分，即配点是等间隔分布的，插值时会产生龙格现象。伪谱法将优化时间 $t \in [t_0, t_f]$ 转换到 $\tau \in [-1, 1]$ 后，采用 LG、LGR 和 LGL 等非均匀分布的配点将 $[-1, 1]$ 连续区间离散化，均不产生龙格现象。其中：LG 点是 Legendre 多项式 $P_n(\tau)$ 的根；LGR 点是 Legendre

多项式 $P_{n-1}(\tau) + P_n(\tau)$ 的根；LGL 点是 Legendre 多项式 $\dot{P}_{n-1}(\tau)$ 的根。其中 $P_n(\tau)$ 为 n 阶 Legendre 多项式，表达式为

$$P_n(x) = \sum_{m=0}^{M} (-1)^m \frac{(2n-2m)!}{2^n m!(n-m)!(n-2m)!} x^{n-2m} \quad (3-21)$$

式中

$$M = \begin{cases} \dfrac{n}{2}, & \text{当 } n \text{ 为偶数时} \\[3mm] \dfrac{n-1}{2}, & \text{当 } n \text{ 为奇数时} \end{cases}$$

Legendre 多项式的 Rodrigues 表达式为

$$P_n(x) = \frac{1}{2^n n!} \frac{d^n}{x^n} (x^2 - 1)^n \quad (3-22)$$

Legendre 多项式的零点呈中间稀疏、两边稠密的分布。LG 点在 $[-1,1]$ 上不包含 $\tau = -1$ 和 $\tau = 1$ 两个端点；LGR 点在 $[-1,1]$ 包含一个端点，即包含 $\tau = -1$ 或 $\tau = 1$；LGL 点则在 $[-1,1]$ 上包含 $\tau = -1$ 和 $\tau = 1$ 两个端点。对于子时间段 $[\tau_1, \tau_2] \in [-1,1]$，LGR 点在其上也是呈中间稀疏、两边稠密的分布，且包含一个端点。12 点 LG、LGR、LGL 和分为 4 段的 h-LGR 的分布如图 3-4 所示。

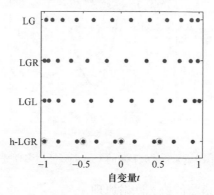

图 3-4　$n=12$ 时 LG、LGR、LGL 与 h-LGR 点

2）Lagrange 插值多项式

插值多项式的选择是伪谱方法的核心。插值就是利用邻近点上已知函数值的加权平均来估计未知函数值,Lagrange 插值多项式定义为

$$L_i(\tau) = \prod_{j=0,j\neq i}^{N} \frac{\tau - \tau_j}{\tau_i - \tau_j}, \quad i = 1,2,\cdots,N \qquad (3-23)$$

其特点是

$$L_i(\tau_j) = \begin{cases} 1, & i=j \\ 0, & i\neq j \end{cases} \qquad (3-24)$$

即 Lagrange 插值多项式在插值点处的近似值与实际值相等,这一特性特别有利于对连续最优控制问题的离散。Lagrange 插值多项式的插值误差为

$$E_N(\tau) = \frac{(\tau - \tau_1)\cdots(\tau - \tau_N)}{N!}L^N(\zeta) \qquad (3-25)$$

式中:$L^N(\zeta)$ 为 $L_i(\tau)$ 的 N 阶导数;ζ 是 $[t_0,t_f]$ 间的某个数,随着 N 的增大,Lagrange 插值多项式收敛速度增大。下面取 $N=10$ 的 LGR 点作为 Lagrange 插值的支撑点,当 $i=4,7$ 时的 Lagrange 插值多项式图像如图 3-5 所示。

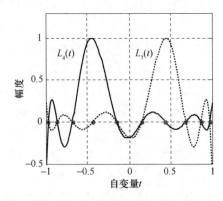

图 3-5　$i=4,7$ 时的 Lagrange 插值多项式

3）Radau 伪谱法的协态映射原理

协态映射原理即采用 Radau 伪谱法得到的 NLP 的 KKT 条件完全

等价于原连续时间最优控制问题的一阶必要条件的离散形式。这表明连续时间最优控制问题的协态可以由 NLP 问题的 Lagrange 乘子估计得到，从而保证了从 NLP 问题得到的最优解是原连续时间最优控制问题的最优解。GPM 也满足该协态映射原理，而 LPM 不满足。协态映射原理示意图如图 3 − 6 所示。

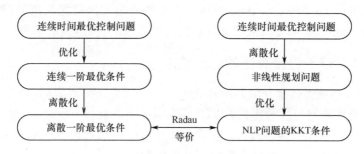

图 3 − 6　RPM 的协态映射原理示意图

3.3.4　优化工具

几十年来，弹道优化的直接数值解法的应用为航空航天工业的发展起到了极大的促进作用。鉴于最优控制问题数值求解的复杂性，一般弹道优化借助软件包实现，其中常用的采用直接法进行弹道优化的软件包有 OTIS（Optimal Trajectories by Implicit Simulation）、SOCS（Sparse Optimal Control Software）、GESOP（Graphical Environment for Simulation and Optimization）、DIRCOL（Direct Collocation）、NTG（Nonlinear Trajectory Generation）、DIDO（Direct and Indirect Dynamic Optimization）等[16,19,20]。除此之外，还有非常优秀的求解最优控制问题的工具箱 TOMLAB 的 GPOCS（Gauss Pseudospectral Optimal Control Software）和 GPOPS（Gauss Pseudospectral Optimization Software）。TOMLAB 是一个基于 MATLAB 的大型优化工具包，GPOCS 是其中的一个子模块，它先采用 GPM 将最优控制问题转化为 NLP 问题，再采用 SQP 算法求解。GPOPS 是麻省理工学院 Anil V. Rao 教授开发的一款新的非商业性的 MATLAB 工具箱，该软件通过 GPM、RPM 将最优控制问题转化为 NLP 问题后求解，并给出了在高超声速飞行器再入轨迹优化、探月飞行器最

优着陆轨迹等十余个最优控制问题的伪谱解法。

3.4 弹道优化策略

本节介绍三种基于直接法的弹道优化策略。3.4.1 节采用直接打靶法离散,然后用遗传算法求解;3.4.2 节采用直接打靶法离散,然后用 SQP 求解;3.4.2 节采用 Radau 伪谱法离散,然后用 SQP 求解。

3.4.1 基于遗传算法的优化策略

1. 二维弹道优化问题的参数化

最优控制问题参数化为 NLP 的常用方法有直接打靶法、直接多重打靶法、配点法与微分包含法,其中直接打靶法的离散方法形式简单,易于理解和应用。直接打靶法对最优控制问题进行参数化时,只对控制量进行离散,状态量由高阶积分算法实现。

这里基于运动学模型 1,用直接打靶法对原最优控制问题进行离散。首先对仅在水平面机动的二维弹道优化问题进行求解。此时导弹在恒定高度飞行,即俯仰加速度 $a_z = 0$,$\gamma = 0$,$h = \mathrm{const}$,待优化变量为偏航加速度 a_y,状态变量为 $(x, y, \psi)^{\mathrm{T}}$。采用直接打靶法对最优化问题进行参数化时的示意图如图 3−7 所示。

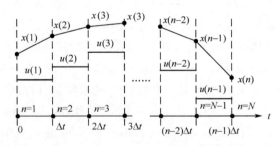

图 3−7　直接打靶法参数化示意图

参数化时,首先将最优控制问题的时间段进行($N-1$)等分,即令 $t_0 = t_1 < t_2 < \cdots < t_{N-1} < t_N = t_f$,$t_i (i = 1, 2, \cdots, N)$ 称为节点,共 N 个。控制变量和状态变量在每个节点上的离散值分别记为

$$a_y = [a_y(1), a_y(2), \cdots, a_y(N)] \qquad (3-26)$$

$$\begin{bmatrix} x \\ y \\ \psi \end{bmatrix} = \begin{bmatrix} x(1), x(2), \cdots, x(N) \\ y(1), y(2), \cdots, y(N) \\ \psi(1), \psi(2), \cdots, \psi(N) \end{bmatrix} \qquad (3-27)$$

初始状态 X_0 由 $(x(1), y(1), \psi(1))^{\mathrm{T}}$ 给定, 优化时间由 t_f 给定, 状态变量由 X_0 开始通过龙格 – 库塔(Runge-Kutta)方法积分得到。需要规划的未知参数有 $3(N-1)$ 个状态量, N 个控制量, 共计 $(4N-3)$ 个未知变量。经过参数化以后, 弹道优化问题可描述为以下形式的非线性规划问题。

指标函数为

$$\min J = \frac{t_f}{N} \sum_{k=1}^{N} (DT(k))^2 \qquad (3-28)$$

优化变量为

$$\boldsymbol{a}_y = [a_y(1), \cdots, a_y(N)] \qquad (3-29)$$

状态变量为

$$\boldsymbol{X} = [x(1), \cdots, x(N), y(1), \cdots, y(N), \psi(1), \cdots, \psi(N)]$$
$$(3-30)$$

非线性约束为

$$\begin{aligned} |\sigma_v(i)| &\leqslant \sigma_{\max}, & 1 \leqslant i \leqslant N \\ |\psi(i) - \psi_s| &\geqslant 5°, & N+1 \leqslant i \leqslant 2N \end{aligned} \qquad (3-31)$$

线性约束为

$$|a_y(i)| \leqslant a_{y\max} \qquad (3-32)$$

2. 三维弹道优化问题的参数化

若导弹在三维空间机动, 则控制变量, 即待优化变量为 $(a_y, a_z)^{\mathrm{T}}$, 状态变量为 $(x, y, z, \psi, \gamma)^{\mathrm{T}}$。参数化时, 首先将最优控制问题的时间段进行 $(N-1)$ 等分, 即令 $t_0 = t_1 < t_2 < \cdots < t_{N-1} < t_N = t_f, t_i (i = 1, 2, \cdots, N)$ 称为节点, 共 N 个, t_f 为总弹道优化时间。控制变量和状态变量在每个

节点上的离散值分别记为

$$
\begin{bmatrix} a_y \\ a_z \end{bmatrix} = \begin{bmatrix} a_y(1), a_y(2), \cdots, a_y(N) \\ a_z(1), a_z(2), \cdots, a_z(N) \end{bmatrix} \qquad (3-33)
$$

$$
\begin{bmatrix} x \\ y \\ z \\ \psi \\ \gamma \end{bmatrix} = \begin{bmatrix} x(1), x(2), \cdots, x(N) \\ y(1), y(2), \cdots, y(N) \\ z(1), z(2), \cdots, z(N) \\ \psi(1), \psi(2), \cdots, \psi(N) \\ \gamma(1), \gamma(2), \cdots, \gamma(N) \end{bmatrix} \qquad (3-34)
$$

初始状态由 $(x(1), y(1), z(1), \psi(1), \gamma(1))^{\mathrm{T}}$ 给定,优化时间由 t_f 给定,状态变量由 X_0 开始通过龙格 – 库塔(Runge-Kutta)方法积分得到。需规划的未知参数有 $5(N-1)$ 个状态量,$2N$ 个控制量,共计 $(7N-5)$ 个未知变量。经过参数化以后,弹道优化问题可描述为以下形式的非线性规划问题。

指标函数为

$$
\min J = \frac{t_f}{N} \sum_{k=1}^{N} (DT(k))^2 \qquad (3-35)
$$

非线性约束为

$$
\begin{cases} |\sigma_v(i)| \leqslant \sigma_{\max}, & 1 \leqslant i \leqslant N \\ |\psi(i) - \psi_s| \geqslant 5^\circ, & N+1 \leqslant i \leqslant 2N \\ z(i) \geqslant 500, & 2N+1 \leqslant i \leqslant 3N \end{cases} \qquad (3-36)
$$

线性约束为

$$
\begin{cases} |a_y(i)| \leqslant a_{y\max} \\ |a_z(i)| \leqslant a_{z\max} \end{cases} \qquad (3-37)
$$

从参数化的过程可知,离散的节点个数 N 越多,得到的未知变量个数、线性和非线性不等式就越多,即得到的 NLP 问题的规模越大。

3. 优化策略

通过参数化,原弹道优化这一连续时间最优控制问题转化为非线性规划问题,即在满足弹载合成孔径雷达成像约束、导弹运动学方程约束的基础上,求一组偏航加速度序列使得目标函数值最小。偏航加速度序列是一个离散常数序列,离散节点通常为数十个,因此该 NLP 问题实质上是一个多元变量寻优问题,既含有线性约束,也含有非线性约束。在常用的 NLP 问题求解方法中,遗传算法作为模拟生物环境中遗传和进化过程而形成的一种概率搜索算法,与基于导数的解析法和其他启发搜索一样,形式上也是一种迭代方法。与传统的例如基于梯度的优化算法相比,有如下优点[41-50]:首先,它在优化过程中直接以适应度作为搜索信息,搜索过程不依赖于优化问题本身的数学性质,如连续性、可微性等,适合于离散空间的求解;其次,它同时对搜索空间中的多个解进行评估,具有较好的全局搜索性能,同时具有很强的稳健性,在求解非连续、多峰及含噪声的最优化问题时,它能够以很大的可能性收敛到最优解和近似最优解;最后,遗传算法本身易于实现并行化,算法效率高,适合处理复杂的多极值非连续目标函数的优化问题,适合于对前述弹道优化问题进行多变量的指令加速度寻优。作为一种实用、高效、稳健性强的优化算法,Porter 和 Mohamed[43] 将遗传算法应用到多变量控制系统的设计中,李克婧[44] 将改进型实数编码遗传算法用在内弹道优化问题求解中,都取得了满意结果。

标准遗传算法采用二进制编码、适应度比例选择、单点交叉、单点变异的操作算子,在求解前述弹道优化问题时,由于直接打靶法离散得到的 NLP 问题的优化变量为数十个,还有上百个等式、不等式约束,求解时采用标准遗传算法会遇到诸如收敛速度慢和早熟等问题,这使得在计算中需要很长时间才能找到最优解,而且很容易陷入局部极值。这里以二维弹道优化问题为例,采用实数编码、算术交叉算子、非均匀变异算子,增加了种群的多样性,提高了寻优效率,保证算法收敛于最优解。

1) 采用实数编码方案

经过离散化之后,NLP 有 N 个待优化变量,且均为高精度的实数,取值范围为 $a_y < |a_{ymax}|$。若是采用常规的二进制编码,一是要将实数离散化,会损失精度;若离散后每个变量对应 20 位的二进制码,则 N 个变量将使得染色体长度为 $20 \times N$。如此长的编码,使得优化搜索空

间急剧增大,不利于求解。实数编码方法,也称为浮点数编码方法,指个体的基因值用一个浮点数表示,该数是待优化变量的真实值,个体编码长度等于待优化变量个数。此编码方案适合表示范围较大、精度较高的数,改善了遗传算法的计算复杂性,提高了运算效率,并且适合处理复杂的约束条件。采用实数编码时,每个个体的基因直接用偏航加速度的真值 a_y 表征,编码的长度为待优化变量个数 N。

2)采用算术交叉算子

对实数编码的个体而言,交叉算子为算术交叉,即通过两个个体的线性组合产生新的个体。进行算术交叉后生成的子代个体始终位于两个父代个体之间,搜索范围扩大很有限,且搜索是随机的。为了向适应度改善的方向进行搜索,避免进化盲目性,提高进化速度,可采用下面的交叉算子。该交叉算子生成的子代个体位于适应度大的父代个体(较优个体)的两侧,而不是位于两个父代之间的区域。设交叉概率为 P_c,NP 为种群规模,将其中的 $NP \times P_c$ 个个体放入交配池。以交叉概率 P_c 对交配池中的个体进行如下交叉操作:

$$\begin{cases} x_{2i}^{t+1} = x_{2i}^t + r_i(x_{2i}^t + x_{2i+1}^t) \\ x_{2i+1}^{t+1} = x_{2i}^t - r_i(x_{2i}^t + x_{2i+1}^t) \end{cases}, \quad i = 1,2,\cdots,\frac{N}{2}-1 \quad (3-38)$$

式中: x_{2i}^t、x_{2i+1}^t 是父代中的双亲,其中 x_{2i}^t 的适应度大于 x_{2i+1}^t 的适应度; x_{2i}^{t+1}、x_{2i+1}^{t+1} 是经过交叉操作产生的子代个体; r_i 是一个在 $[0,1]$ 上服从均匀分布的随机数。

3)采用非均匀变异算子

变异算子的作用是以一定的概率替换父代染色体的某个或者某几个基因,其本质是一种局部搜索能力,是为提高寻优精度、增加细调能力而设计的。通过变异操作可保持种群的多样性,有效避免早熟现象的发生。对于父代 x,若其基因 x_i 被选出进行变异,则子代为 $x' = [x_1, \cdots, x_i, \cdots, x_n]$。常用的变异算子有均匀变异算子、边界变异算子、非均匀变异算子、多点非均匀变异算子等。对于前述弹道优化问题,可采用以下的非均匀变异算子:

$$x_i^{t+1} = \begin{cases} x_i^t + \Delta(t, x_i^u - x_i^t), & \delta > 0.5 \\ x_i^t - \Delta(t, x_i^t - x_i^l), & \delta \leq 0.5 \end{cases} \quad (3-39)$$

式中:x_i^t、x_i^{t+1}分别是第 i 个元素变异前后的值;x_i^u、x_i^l分别为 x_i^t 的上下界;δ 为 $[0,1]$ 区间的一个随机数;函数 $\Delta(t,y)$ 返回 $[0,y]$ 中的某个值,表达式为

$$\Delta(t,y) = y \cdot r \cdot \left(1 - \frac{t}{T}\right)^b \qquad (3-40)$$

式中:r 为 $[0,1]$ 区间的随机数;t 为变异个体所处的进化代数;T 为最大代数;b 为确定不均匀度的参数,一般取 $b = 2 \sim 5$。$\Delta(t,y)$ 是遗传代数 t 的减函数,随着 t 的增加而趋于 0,该函数的性质使得遗传算法在初始迭代时,搜索均匀分布于整个解空间,迭代后期则使得搜索分布在某一局部范围内。

4)约束条件的处理

求解 NLP 问题时,约束条件的处理是关键,采用遗传算法求解含约束的优化问题时常用惩罚函数法。惩罚函数可以在每代的种群中保持部分不可行解,这样使得遗传算法的搜索可从可行域和不可行域两边达到最优解。在前述弹道优化中,将等式和不等式约束条件以惩罚项的形式加入到目标函数中,对于最优加速度,利用上下限进行限制,这样就使含约束的弹道优化问题变为无约束的优化问题,简化了求解过程。

遗传算法通用的求解步骤是固定的,不同之处在于根据求解背景设计恰当的编码,将实际问题映射为遗传算法的染色体,另外还要处理好约束,或者根据求解背景,减小搜索空间,从而提高求解速度。对于弹载合成孔径雷达末制导应用弹道优化问题,具体求解步骤主要包括以下步骤:

(1)种群初始化。设定场景及系统初始条件,包括导弹、目标的初始坐标,导弹速度等,在给定的过载范围内,采用实数编码的方法随机产生一定数目的个体,构成初始种群,种群规模为 100,染色体为偏航加速度控制序列,每个节点处的偏航加速度 a_y 即为一个基因。

(2)个体评价。即计算种群中每个偏航加速度控制序列的适应度,评估个体解的优劣。适应度函数选择要根据波束驻留时间表达式。在评估种群适应度时,采用线性评估,按从小到大的顺序对个体目标函数值进行排序,个体的目标函数值越小,适应度越高。

（3）执行选择算子。遗传算法中的选择操作是为了确定采用何种方法从父代中选择合适的进入下一代。为了保证适应度最好的偏航加速度控制序列尽可能地保留到下一代种群,这里采用最优保存策略,即当前群体中适应度最高的个体不参与交叉和变异运算,而是用它替换本代经过交叉、变异后产生的适应度最低的个体,这样可以防止最优的加速度序列遭到破坏。

（4）执行交叉算子。设交叉概率 $P_c = 0.9$,按式（3 - 38）对种群中偏航加速度控制序列某部分节点的加速度进行交叉运算。该算术交叉算子克服了后代个体生成区间的限制,扩大了算法的搜索空间,并保持了群体中个体的多样性,另外还对搜索方向进行了指导,有效提高了优化求解速度。

（5）执行变异算子。设变异概率 $P_m = 0.05$,按式（3 - 39）,对种群中偏航加速度控制序列少量节点的加速度进行变异操作。该非均匀变异算子能够在遗传过程中根据遗传代数变化自动调整变异算子大小,提高局部搜索能力,且有效避免早熟现象的发生。

（6）判断是否满足模型约束。将步骤（5）得到的子代加速度序列代入导弹运动学模型中,得到各个节点的导弹坐标、弹道偏角、弹目视线角等变量,进而判断是否满足弹道优化模型的约束。对于不满足约束的解,采用惩罚函数法处理,即对无对应可行解的个体计算目标函数时,处以一个惩罚函数,从而降低该个体的适应度,使该个体遗传的子代的概率降低。由于本优化模型中,目标函数值越小,个体的适应度越高,所以基于惩罚函数法的弹道优化目标函数值的调整方法为

$$J'(a_y) = \begin{cases} J(a_y), & a_y \text{满足约束条件} \\ J(a_y) + A, & a_y \text{不满足约束条件} \end{cases} \tag{3-41}$$

式中:A 为常数,这里取 $A = 6000$。

（7）最大遗传代数设为500,若已达到预先设定的进化代数,或者适应度函数的精度达到设定要求,则输出种群中适应度最高的偏航加速度控制序列作为最优解,否则继续执行步骤（2）。

3.4.2 基于 SQP 算法的优化策略

SQP 是求解静态含约束最优化问题的优秀算法之一[51-54],在 NLP 求解中得到了广泛应用,与其他优化算法相比,具有坚实的理论基础,收敛性好,计算效率高,边界搜索能力强。SQP 算法的基本思想如下:在某个近似解处,将原 NLP 问题简化为一个二次规划问题,求取最优解;否则,用近似解代替构成一个新的二次规划问题,继续迭代。需要指出的是,SQP 算法是静态最优化算法,应用于最优控制问题之前需要对原始问题进行参数化离散处理。

对于一个含约束的 NLP 问题,有如下形式[51]:

$$\min_x f(x)$$

s. t.

$$
\begin{aligned}
g_i(x) &= 0, & i &= 1,2,\cdots,m_e \\
g_i(x) &\leqslant 0, & i &= m_e+1,\cdots,m
\end{aligned}
\tag{3-42}
$$

式中:$x = [x_1, x_2, \cdots, x_n]$ 为待优化向量;$f(x)$ 为目标函数;$G(x) = [g_1(x), g_2(x), \cdots, g_m(x)]$ 为函数向量。当 $i = 1 \sim m_e$ 时,$g_i(x)$ 为等式约束,当 $i = (m_e+1) \sim m$ 时,$g_i(x)$ 为不等式约束;$f(x)$ 和 $g(x)$ 为线性或者非线性函数。

该算法通过以下 Lagrange 函数的二次近似求解二次规划(Quadratic Programming, QP)子问题:

$$L(x, \lambda) = f(x) + \sum_{i=1}^{m} \lambda_i g_i(x) \tag{3-43}$$

式中:λ_i 为 Lagrange 因子。

通过将非线性约束条件线性化后可以得到 QP 子问题,其目标函数为

$$\min_{d \in \Re^n} \frac{1}{2} d^{\mathrm{T}} \boldsymbol{H}_k d + (\nabla f(x_k))^{\mathrm{T}} d \tag{3-44}$$

约束为

$$
\begin{aligned}
(\nabla g_i(x))^{\mathrm{T}} d + g_i(x) &= 0, & i &= 1,2,\cdots,m_e \\
(\nabla g_i(x))^{\mathrm{T}} d + g_i(x) &\leqslant 0, & i &= m_e+1, m_e+2,\cdots,m
\end{aligned}
\tag{3-45}
$$

式中:d 是全变量搜索方向;符号 ∇ 表示梯度;矩阵 $\boldsymbol{H}_k$ 是 Lagrange 函数的 Hessian 矩阵的正定拟牛顿近似,可以采用常用的拟牛顿法中的 BFGS(Broyden, Fletcher, Goldfard, and Shanno)进行计算。式(3-44)可以通过任何 QP 算法求解。得到的解用在新的迭代方程中:

$$x_{k+1} = x_k + \alpha_k \boldsymbol{d}_k \qquad (3-46)$$

式中:$\boldsymbol{d}_k$ 表示 x_k 指向 x_{k+1} 的一个向量;标量步长参数 α_k 通过合适的线性搜索过程来确定,从而使得某一指标函数得到足够的减小量。

SQP 算法的实现主要分为三步:

(1)更新 Lagrange 函数的 Hessian 矩阵:

$$\boldsymbol{H}_{k+1} = \boldsymbol{H}_k + \frac{q_k q_k^{\mathrm{T}}}{q_k^{\mathrm{T}} s_k} - \frac{\boldsymbol{H}_k^{\mathrm{T}} s_k^{\mathrm{T}} s_k \boldsymbol{H}_k}{s_k^{\mathrm{T}} \boldsymbol{H}_k s_k} \qquad (3-47)$$

式中

$$s_k = x_{k+1} - x_k$$

$$q_k = \left(\nabla f(x_{k+1}) + \sum_{i=1}^{m} \lambda_i \cdot \nabla g_i(x_{k+1}) \right) - \\ \left(\nabla f(x_k) + \sum_{i=1}^{m} \lambda_i \cdot \nabla g_i(x_k) \right) \qquad (3-48)$$

在每一次迭代中,采用 BFGS 方法计算 Lagrange 函数的 Hessian 矩阵的正定拟牛顿近似值。只要保证 $q_k^{\mathrm{T}} s_k$ 为正,并且 $\boldsymbol{H}$ 初始化为正定矩阵,则 Hessian 矩阵一直保持正定。

(2)求解 QP 子问题。SQP 方法的每一次主迭代都需要求解形如式(3-48)所示的一个 QP 子问题,其目标函数为

$$\min_{d \in \Re^n} q(d) = \frac{1}{2} d^{\mathrm{T}} \boldsymbol{H} d + c^{\mathrm{T}} d \qquad (3-49)$$

约束条件为

$$A_i d = b_i, \quad i = 1, 2, \cdots, m_{\mathrm{e}} \\ A_i d \leqslant b_i, \quad i = m_{\mathrm{e}} + 1, m_{\mathrm{e}} + 2, \cdots, m \qquad (3-50)$$

式中:A_i 为矩阵 $\boldsymbol{A} \in \Re^{m \times n}$ 的第 i 行。

求解过程分为两步:首先计算求解的可行点;其次是产生可行点的一个迭代序列,这个序列收敛到问题的解。

(3)一维搜索和目标函数计算。求解 QP 子问题会得到一个向量 d_k,由它可以得到新的迭代如式(3-46)所示,α_k 的每次取值必须保证指标函数有足够的减小量,目标函数为

$$\psi(x) = f(x) + \sum_{i=1}^{m_e} r_i \cdot g_i(x) + \sum_{i=m_e+1}^{m} r_i \cdot \max[0, g_i(x)]$$

$$(3-51)$$

式中:r_i 是惩罚因子,表达式为

$$r_i = (r_{k+1})_i = \max_i\left\{\lambda_i, \frac{(r_k)_i + \lambda_i}{2}\right\}, \qquad i = 1, 2, \cdots, m \qquad (3-52)$$

从 SQP 算法求解弹道优化的原理可知,离散点的个数和每个离散点上状态、控制变量的初值是影响弹道优化求解的一个重要问题。如果离散节点太少,则在实际控制中会产生很大的误差;若增加离散节点个数,将导致状态变量、控制变量个数成倍增加,相应的微分方程个数和约束方程的个数也成倍增加,导致优化模型求解速度下降。另外,在节点增多时,面对很多的非线性约束方程,每个离散点上状态变量、控制变量的初值的选择也是个难题。如果初值不符合要求,之后的优化计算就没有意义了。基于打靶法的 OTIS 与 POST 等弹道优化软件均有辅助选择初值的过程。现行的初值选取方法大致可分为四类,即猜测法,基于制导律的次优解法[55],基于哈密尔顿函数的间接法,基于模拟退火算法、遗传算法等的启发式方法等。这里采用基于猜测法的串行优化策略,如图 3-8 所示。分析弹道优化模型可知,若给定满足过载的初始加速度 a_y,其积分得到的弹道在各个节点上还要满足等效斜视角 σ_v 约束和 ψ_{DBS} 约束。当节点较少时,恰当的初始加速度值可以观测得到。

基于串行优化策略的 SQP 法弹道优化求解步骤如下:

(1)构造设计变量初值生成器。以较少的节点 N_0,例如 $N_0 = 5$,采用直接打靶法将原连续时间的弹道优化问题离散为 NLP 问题,选择满足模型约束的初值,然后采用 SQP 算法求解,得到 K 个节点上的最优

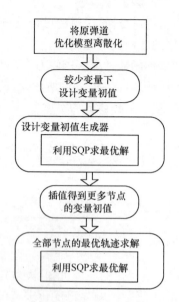

图 3 – 8　基于 SQP 算法的串行优化求解策略

加速度 a_y。

（2）由可行解求解最优解。设定离散节点数 N，对 N_0 节点的最优加速度序列进行插值，得到 N 节点的加速度序列，将该序列作为弹道优化问题的初始可行解，然后采用 SQP 算法求解，得到 N 个节点上的最优加速度 a_y。

3.4.3　基于 Radau 伪谱法的优化策略

采用 Radau 伪谱法（RPM）将原连续最优控制问题变为 NLP 问题，需要进行以下步骤[16,29]：

（1）时域变换。因为 LGR 点分布在 $[-1,1]$ 上，因此采用 RPM 进行弹道优化时，需要将时间区间 $t \in [t_0, t_f]$ 转换到 $\tau \in [-1,1]$，即对时间 t 作变换：

$$\tau = \frac{2t}{t_f - t_0} - \frac{t_f + t_0}{t_f - t_0} \qquad (3-53)$$

（2）对状态变量近似。在本弹道优化问题中，状态变量有导弹坐标 (x,y) 和弹道偏角 ψ。与其他谱方法相同，RPM 对状态变量的近似也是采用一系列插值多项式实现的,其不同之处是选择了非均匀分布的 LGR 点作为插值点。设由 K 个 LGR 点组成的点集为 $\kappa = \{\tau_1, \cdots, \tau_K\} \in [-1,1)$,通过这些点构成 K 个 Lagrange 插值多项式 $L_i(\tau)$,并以此为基函数构造状态变量的近似表达式,即

$$x(\tau) \approx X(\tau) = \sum_{i=0}^{K} L_i(\tau) x(\tau_i) \qquad (3-54)$$

式中

$$L_i(\tau) = \prod_{j=0, j \neq i}^{N} \frac{\tau - \tau_j}{\tau_i - \tau_j} \qquad (3-55)$$

使用 Lagrange 插值多项式使得在所有节点处的近似状态等于真实状态,即

$$x(\tau_i) = X(\tau_i), \quad i = 1, 2, \cdots, K \qquad (3-56)$$

状态变量经过插值可以表示为 K 个 Lagrange 插值多项式 $L_i(\tau)$ 的线性组合,$L_i(\tau)$ 的系数为 $x(\tau)$ 在第 i 个节点的值。将本弹道优化的自变量代入,得

$$\begin{bmatrix} x(\tau) \\ y(\tau) \\ \psi(\tau) \end{bmatrix} = \sum_{i=0}^{K} L_i(\tau) \cdot \begin{bmatrix} x(\tau_i) \\ y(\tau_i) \\ \psi(\tau_i) \end{bmatrix} \qquad (3-57)$$

(3) 将运动学方程转化为微分代数方程。为了避免在 NLP 求解中出现求解微分方程的步骤,伪谱方法借助对状态变量的高精度近似,通过对近似的状态变量进行求导,将运动学方程转化为微分代数方程。对近似状态方程求导,得

$$\dot{x}(\tau_k) \approx \dot{X}(\tau_k) = \sum_{i=0}^{K} D_{ki} X(\tau_i), \quad k = 1, 2, \cdots, K \qquad (3-58)$$

式中:微分矩阵 $\boldsymbol{D} \in \Re^{K \times (K+1)}$ 可以离线确定,即

$$D_{ki} = \dot{L}_i(\tau_k) = \sum_{l=0}^{N} \frac{\displaystyle\prod_{j=0, j \neq i, l}^{N} \tau_k - \tau_j}{\displaystyle\prod_{j=0, j \neq i}^{N} \tau_i - \tau_j} \qquad (3-59)$$

式中:$\tau_k(k=1,2,\cdots,K)$为点集κ;$\tau_i(k=1,\cdots,K)$为点集κ_0。利用式(3-58)和最优控制模型的运动学方程约束式(3-14),在点集κ上,运动学方程约束变换为代数约束:

$$\sum_{i=0}^{K} D_{ki} X(\tau_i) - \frac{t_f - t_0}{2} f(X(\tau_k), U(\tau_k), \tau_k; t_0) = 0 \quad (3-60)$$

式中:$k=1,\cdots,K$。

结合本弹道优化问题,式(3-60)变为

$$\begin{cases} \sum_{i=0}^{K} D_{ki} x(\tau_i) - \dfrac{t_f - t_0}{2} \cdot V\cos\gamma\cos\psi(\tau_i) = 0 \\[2mm] \sum_{i=0}^{K} D_{ki} y(\tau_i) - \dfrac{t_f - t_0}{2} \cdot V\cos\gamma\sin\psi(\tau_i) = 0 \\[2mm] \sum_{i=0}^{K} D_{ki} \psi(\tau_i) - \dfrac{t_f - t_0}{2} \cdot \dfrac{V}{a_y(\tau_i)} = 0 \end{cases} \quad (3-61)$$

(4)对控制变量近似。在式(3-60)中用到控制变量的离散值$U(\tau_k)$,由于Radau伪谱法未用到控制变量的导数,在任何节点上满足

$$u(\tau_k) = U_k, \quad k=1,2,\cdots,K \quad (3-62)$$

这一近似对任何NLP问题都是等价的。但是为了形式上的统一,以K个Lagrange插值多项式$\tilde{L}_i(\tau)$为基函数来构造控制变量的近似表达式:

$$u(\tau) \approx U(\tau) = \sum_{i=1}^{K} \tilde{L}_i(\tau) U(\tau_i) \quad (3-63)$$

式中:$\tau_i \in [-1,1)$$(i=1,\cdots,K)$为$K$个LGR点。

(5)对性能指标函数近似。对于前述弹道优化问题,指标函数中没有终端约束,只有积分项,属于Lagrange问题。利用Gauss积分对指标函数近似得到Radau伪谱法中的近似性能指标函数:

$$J = \frac{t_f - t_0}{2} \sum_{k=1}^{K} w_k g(X_k, U_k, \tau_k; t_0) \quad (3-64)$$

式中:w_k为Gauss权重。结合本弹道优化问题,有

$$g(X_k, U_k, \tau_k; t_0) = \left(\frac{\lambda R(\tau_k)}{2V\rho_a \cos\gamma \mid \sin\psi_{\text{DBS}}(\tau_k) \mid} \right)^2 \qquad (3-65)$$

通过上述数学变换,基于 Radau 伪谱法的最优控制问题可以描述为:求离散节点上的状态 $X_i(i=0,\cdots,K)$ 和控制变量 $U_k(k=1,\cdots,K)$,使得性能指标最小,并满足代数方程约束和原始最优控制问题的边界条件

$$\Phi(X_0, t_0, X_f, t_f) = 0 \qquad (3-66)$$

路径约束

$$C(X_k, U_k, \tau_k; t_0, t_f) \leqslant 0, \quad k = 1, 2, \cdots, K \qquad (3-67)$$

从而将原最优控制问题转化为一个 NLP 问题,即

$$\min_{y \in \Re^M} F(y)$$

s. t.

$$g_i(y) \geqslant 0, \quad i = 1, 2, \cdots, p$$
$$h_j(y) = 0, \quad j = 1, 2, \cdots, l \qquad (3-68)$$

式中:y 为包含状态变量和控制变量的变量;p 为不等式约束个数;l 为等式约束个数。

3.5 弹道优化仿真

本节结合某类导弹攻击场景进行弹载合成孔径雷达末制导应用的弹道优化仿真。选取仿真参数时主要参考了国内外公开出版的有关文献。

3.5.1 基于遗传算法的仿真

仿真参数设置如表 3-3 所示。

优化计算采用的计算机 CPU 为 1.73GHz/Pentium Dual、操作系统为 Windows XP,仿真软件采用 MathWorks 公司的 MATLAB 2010a。基于实数编码遗传算法的弹载合成孔径雷达末制导应用弹道优化结果如图 3-9 所示。优化之后,目标函数值为 4.018,求解时间平均为 16min。

表 3 – 3　仿真参数

参　数	数　值
波长 λ/cm	3
方位分辨率 ρ_a/m	1
SAR 成像时间 t_f/s	14
离散节点个数 N	40
最大视线角 $\sigma_{v\_\max}/(°)$	45
导弹最大加速度 $a_{\max}/(\text{m/s}^2)$	60
导弹速度 $V/(\text{m/s})$	700
初始偏航角 $\psi_0/(°)$	90
导弹最大作用距离 R/km	40

图 3 – 9(a)为采用遗传算法优化求解得到的最优弹道在水平面上的投影,目标在(6km,15km)处。初始时刻导弹位于(0km,0km)处,沿 Y 轴飞行,由于要使波束驻留时间最小,所以导弹向 X 负半轴方向机动,这与导弹速度矢量方向逐渐指向目标的常规弹道不同。因此采用弹载合成孔径雷达后导弹在获得方位高分辨率的同时,飞行时间将增加。图 3 – 9(b)是优化得到的最优偏航加速度 a_y,从图中可以看出,导弹飞行过程中 a_y 始终小于最大过载 $6g$,满足设定的加速度约束。该加速度序列虽然能使指标函数最小,且具有一定的变化规律,但是其相邻两点跳动幅度很大,这不利于工程实现。图 3 – 9(c)为优化弹道上导弹运动的前置角 σ_v 随时间的变化曲线。由图可知,弹道各节点处均小于最大视角约束45°,说明通过遗传算法优化得到的弹道满足模型的非线性约束。

由图 3 – 9 可知,遗传算法可用于弹载合成孔径雷达末制导应用的弹道优化,且优化结果对应的线性约束和非线性约束均满足模型要求。不足之处是求解速度太慢,不利于弹道的实时在线优化,且优化得到的最优偏航加速度序列稳定性差,不利于工程实现。

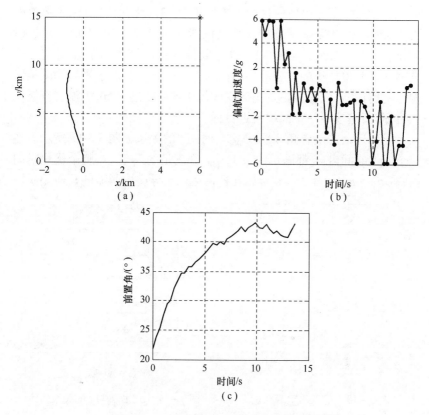

图 3-9 基于遗传算法的弹道优化结果

(a)水平投影；(b)a_y 与 t 的关系曲线；(c)σ_v 与 t 的关系曲线。

3.5.2 基于 SQP 算法的仿真

1. 二维弹道仿真

猜测初始值时节点数为 $N=5$，其他仿真参数设置见表 3-3。优化计算采用的计算机 CPU 为 1.73GHz/Pentium Dual，操作系统为 Windows XP，仿真软件采用 MathWorks 公司的 MATLAB 2010a，并使用了其 SQP 求解器。整个求解过程共迭代 13062 次，耗时 16.171s，比遗传算法求解要快。

加速度都为 0，即零控方式下，导弹以 $\psi=90°$ 平飞时，通过 4 阶

Runge - Kutta 积分得到的目标函数值为 5.339;优化后,目标函数值变为 3.956。优化后的弹道在水平面的投影如图 3 – 10 所示。初始时刻,$\sigma_v = 29.50°$,$\psi_{DBS} = 21.80°$,符合成像约束。导弹为了在指定方位分辨率下获得更小的波束驻留时间,开始横向机动,由于受到约束的影响,并没有按合成孔径雷达正侧视成像所需的轨迹飞行,也没有直接飞向目标,而是按照一条曲线接近目标。

导弹运动的前置角 σ_v 及 ψ_{DBS} 与时间 t 的关系如图 3 – 11 所示。在整个成像时间内 σ_v 都满足约束 1,ψ_{DBS} 都满足约束 2。在整个优化时间内,有 $\sigma_v > \psi_{DBS}$,满足弹载合成孔径雷达末制导应用所需的几何关系。

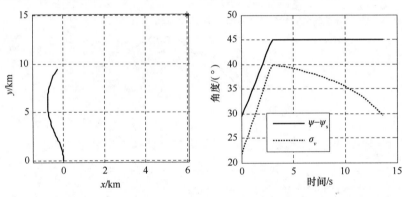

图 3 – 10　基于 SQP 算法的　　　图 3 – 11　σ_v、ψ_{DBS} 与 t 的关系曲线
　　　优化弹道水平投影

导弹瞬时偏航加速度 a_y 与时间 t 的关系曲线如图 3 – 12 所示。要想得到整个飞行过程中需要的加速度值,需要对这些离散加速度值进行拟合。

2. 三维弹道仿真

三维弹道优化时,运动学模型采用模型 2,仿真中导弹初始位置为 (0km,0km,6km),目标位置为 (6km,15km,0km),其他仿真参数如表 3 – 4 所示。

仿真环境与二维弹道优化相同,整个求解过程共迭代 10067 次,耗时 14.94s。加速度 a_y、a_z 都为 0,即零控方式下,导弹以 $\psi = 90°$、$\gamma = 0°$ 平飞时,通过 Runge - Kutta 积分得到的目标函数值为 5.339;优化后目

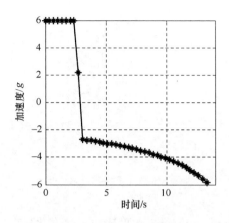

图 3-12　a_y 与 t 的关系图

表 3-4　仿真参数

参　数	数值	参　数	数值
波长 λ/m	0.03	参考面积 $S_{\mathrm{Ref}}/(\mathrm{m}^2)$	$\frac{\pi}{4}0.41^2$
方位分辨率 $cr_{\mathrm{spot}}/\mathrm{m}$	1	推力 $\mathrm{T/N}$	13500
SAR 成像时间 $t_{\mathrm{f}}/\mathrm{s}$	14	阻力系数 C_{D0}	0.03
离散节点个数 N	40	诱导阻力系数 k	0.03
最大视线角 $\sigma_{v\_max}/(°)$	45	海平面的空气密度 $\rho_0(\mathrm{kg/m}^3)$	1.225
导弹最大偏航加速度 $a_{ymax}/(\mathrm{m/s}^2)$	60	海平面温度 T_0/K	286.16
导弹最大俯仰加速度 $a_{zmax}/(\mathrm{m/s}^2)$	60	递减率 $L(\mathrm{Lapse})$	0.0065
导弹速度 V m/s	700	气体常数 $R/(\mathrm{J/(kg \cdot K)})$	287.26
初始偏航角 $\psi_0/(°)$	90	诱导升力系数的导数 $C_{L\alpha}$	50
初始偏航角 $\gamma_0/(°)$	0	导弹质量 m/kg	500

标函数值变为 3.272,小于二维弹道的最优目标函数值。优化后的三维弹道如图 3-13 所示,其水平投影如图 3-14(a)所示,垂直投影如图 3-14(b)所示。

初始时刻,$\sigma_v = 29.50°$,$\psi_{\mathrm{DBS}} = 21.80°$,符合成像约束。导弹为了

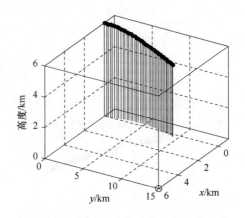

图 3 – 13　基于 SQP 算法的三维优化弹道

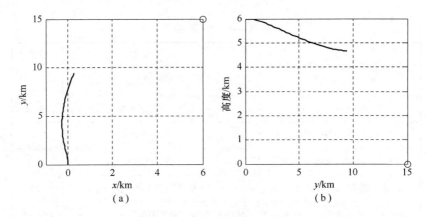

图 3 – 14　三维弹道投影

（a）*XOY* 面投影；（b）*YOZ* 面投影。

在指定方位分辨率下获得更小的波束驻留时间，开始横向机动，由于受到四个约束的影响，沿一条曲线接近目标。从图 3 – 14 可以看出，导弹的飞行高度始终大于 $z = 500\mathrm{m}$，满足约束 4。

导弹运动的前置角 σ_v 及 ψ_{DBS} 随时间 t 的变化曲线如图 3 – 15 所示。从图 3 – 15 可以看出，σ_v 在整个成像时间内都满足约束 1，ψ_{DBS} 在整个成像时间内都满足约束 2。

导弹瞬时加速度随时间 t 的变化曲线如图 3 – 16 所示。从图中可看出，在整个成像阶段，加速度均小于最大过载 $6g$，满足约束 3。

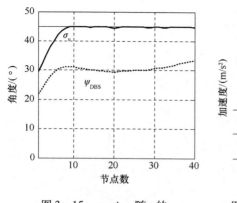

图 3 - 15　σ_v、ψ_{DBS} 随 t 的
变化曲线

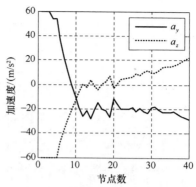

图 3 - 16　瞬时加速度 a_y 随 t 的
变化曲线

3.5.3　基于 Radau 伪谱法的仿真

1. 仿真结果

假定导弹初始位置为(0km, 0km, 6km),目标的位置为(6km, 15km, 0km)处,其他参数的设置如表 3 - 3 所示。优化计算采用的计算机 CPU 为 1.73GHz/Pentium Dual、操作系统为 Windows XP,仿真软件采用 MathWorks 公司的 MATLAB 2010a,NLP 求解器采用 Stanford 开发的 SNOPT 软件包。

采用以上参数,求得优化后的目标函数值为 3.949。若导弹以偏航加速度 $a_y = 0$、$\psi = 90°$ 平飞时通过 Lagrange 积分得到的目标函数值为 5.342,积分区间是 Radau 伪谱法产生的离散时间点组成的区间。可见,弹道优化之后,目标函数值大大降低。整个计算过程耗时 5.25s,与基于遗传算法、SQP 算法的优化策略相比,Radau 伪谱法求解速度更快。

仿真结果如图 3 - 17 所示。其中优化弹道的水平投影如图 3 - 17(a) 所示,导弹的飞行偏角 ψ 随时间的变化曲线如图 3 - 17(b) 所示。导弹运动的前置角 σ_v 及 ψ_{DBS} 与时间 t 的关系如图 3 - 17(c) 所示。从图中可以看出,σ_v 在整个成像时间内都满足约束 1,且在 3.5 ~ 14s 期间,σ_v 达到最大值;ψ_{DBS} 在整个成像时间内都满足约束 2。导弹瞬时加速度

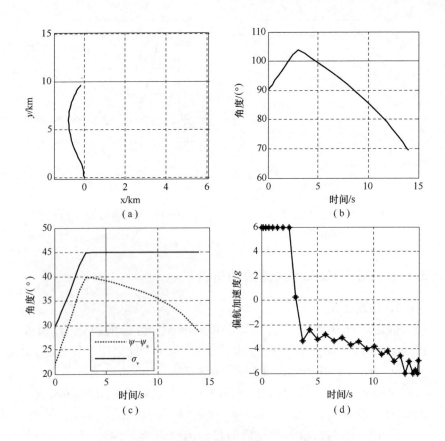

图 3 - 17　基于 Radau 伪谱法的弹道优化结果

(a)优化弹道的水平投影；(b)ψ 与 t 的关系曲线；

(c)σ_v、ψ_{DBS} 与 t 的关系曲线；(d)a_y 与 t 的关系曲线。

a_y 与时间 t 的关系曲线如图 3 - 17(d)所示。如果对导弹加速度瞬时变化率进行限制,可以得到更为平滑的加速度曲线。

2. 仿真有效性验证

为了验证结果的有效性,将 RPM 得到的控制变量 a_y 代入导弹运动学方程中,通过数值积分,得到状态变量$[x_1,y_1,\psi_1]$,与 RPM 得到的状态变量$[X,Y,\psi]$进行比较。由于 RPM 得到的最优解是离散值,所以进行积分和误差比较时,要对控制变量、状态变量进行插值。这里采用三次样条插值,插值后在 $[t_0, t_f]$ 中共 5000 点,积分采用四阶 Runge – Kutta 方法。得到的状态变量 x、y 的误差曲线 $\Delta x = x_1 - x$、$\Delta y = y_1 - y$ 随时间 t 的变化曲线如图 3 – 18 所示。由图 3 – 18 可知,Δx、Δy 非常小,两者的相对误差(定义为绝对误差/变量值)数量级为 $10^{-4} \sim 10^{-6}$。

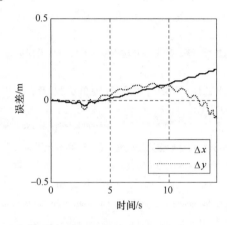

图 3 – 18 Δx、Δy 与 t 的关系图

采用遗传算法、SQP 算法、Radau 伪谱法求解弹载合成孔径雷达末制导应用的弹道优化问题,相应性能如表 3 – 5 所示。

表 3 – 5 不同优化算法的仿真结果比较

优化算法	遗传算法	SQP 算法	Radau 伪谱方法	hp – Radau 伪谱方法
求解速度	慢	较慢	较快	快
初值选取	困难	困难	容易	容易
初值敏感度	高	高	低	低

对于遗传算法,由于离散之后的变量个数多,所以解空间巨大,寻优时间长,得到的最优解也不平滑,无法满足弹载合成孔径雷达末制导应用时的弹道实时优化需求。对于 SQP 算法,求解速度快,优化弹道平滑,但是初值选择困难,优化结果受初值影响较大,且离散节点过多时,求解速度会降低。对于 Radau 伪谱法,求解速度快,优化弹道平滑,且对初值不敏感,显示了其优越的性能和广阔的应用前景。

参考文献

[1] 保铮,邢孟道,王彤. 雷达成像技术. 北京:电子工业出版社,2005.

[2] 秦玉亮,王建涛,王宏强,等. 弹载合成孔径雷达技术研究综述. 信号处理,2009,25 (4):630 - 635.

[3] 张刚,祝明波,赵振波,等. 弹载 SAR 应用模式及关键技术探讨. 飞航导弹,2011,9: 67 - 73.

[4] 杨立波,任笑真,杨汝良. 末制导合成孔径雷达信号分析及成像处理. 系统工程与电子 技术,2010,32(6):1176 - 1181.

[5] 秦玉亮. 弹载 SAR 制导技术研究. 长沙:国防科技大学,2008.

[6] 易予生. 弹载合成孔径雷达成像算法研究. 西安:西安电子科技大学,2009.

[7] 彭岁阳. 弹载合成孔径雷达成像关键技术研究. 长沙:国防科技大学,2011.

[8] 高烽. 雷达导引头概论. 北京:电子工业出版社,2010.

[9] Asif Farooq, David J N Limebeer. Trajectory Optimization for Air-to-Surface Missiles with Imaging Radars. Journal of Guidance, Control, and Dynamics, 2002, 25:876 - 887.

[10] Asif Farooq,David J N Limebeer. Optimal Trajectory Regulation for Radar Imaging Guidance. Journal of Guidance, Control, and Dynamics, 2008,31:1076 - 1092.

[11] Jeremy A Hodgson, David W Lee. Terminal Guidance Using a Doppler Beam Sharpening Radar. AIAA Guidance, Navigation and Control Conference and Exhibit, Austin, Texas, America, 2003:1 - 11.

[12] Jeremy A. Hodgson. Trajectory Optimization using Differential Inclusion to Minimize Uncertainty in Target Location Estimation. AIAA Guidance, Navigation and Control Conference and Exhibit. San Francisco, California, America, 2005:1 - 17.

[13] Zhao Hongzhong, Xie Huaying, Fu Qiang. Azimuth Resolution Acquisition through Trajectory Optimization for a SAR Seeker. APSAR, Xián, China, 2009:55 - 59.

[14] 谢华英,范红旗,赵宏钟,等. SAR 成像导引头的弹道设计与优化. 系统工程与电子 技术,2010, 32(2):332 - 337.

[15] 钱杏芳,林瑞雄,赵亚男. 导弹飞行力学. 北京:北京理工大学出版社,2006.

[16] Rao A V., Benson D A, Darby C L, et al. User's manual for GPOPS version 4. 0. (2011 - 10 - 1). http://www. gpops. org.

[17] 胡寿松. 自动控制原理.5 版. 北京:科学出版社,2007.

[18] Betts J T. Practical methods for optimal control and estimation using nonlinear programming

（Second edition）. USA：Society for Industrial and Applied Mathematics（SIAM）, 2010.

［19］陈聪, 关成启, 史宏亮. 飞行器轨迹优化的直接数值解法综述. 战术导弹控制技术, 2009, 31（2）：397 – 406.

［20］雍恩米, 陈磊, 唐国金. 飞行器轨迹优化数值方法综述. 宇航学报, 2008, 29（2）: 2008, 29（2）：397 – 406.

［21］David Benson. A Gauss Pseudospectral Transcription for Optimal Control. America：Massachusetts Institute of Technology, 2005.

［22］Geoffrey Todd Huntington. Advancement and Analysis of a Gauss Pseudospectral Transcription for Optimal Control Problems. America：Massachusetts Institute of Technology, 2007.

［23］Benson D A. A Gauss pseudospectral transcription for optimal control. America：Massachusetts Institute of Technology, 2005.

［24］Huntington G T. Advancement and analysis of a Gauss pseudospectral transcription for optimal control problems. America：Massachusetts Institute of Technology, 2007.

［25］雍恩米. 高超声速滑翔式再入飞行器轨迹优化与制导方法研究. 长沙：国防科技大学, 2008.

［26］杨希祥, 张为华. 基于 Gauss 伪谱法的固体运载火箭上升段轨迹快速优化研究. 宇航学报, 2011, 32（1）：15 – 21.

［27］张煜, 张万鹏, 陈璟, 等. 基于 Gauss 伪谱法的 UCAV 对地攻击武器投放轨迹规划. 航空学报, 2011, 32（7）：1240 – 1251.

［28］Zhang Gang, Zhu Mingbo, Zhao Zhenbo, et al. Trajectory optimization for missile-borne SAR imaging phase via gauss pseudospectral method. Processings of 2011 IEEE CIE international conference on radar, 2011：867 – 870.

［29］Garg D. Advances in global pseudospectral methods for optimal control. America：University of FLORIDA, 2011.

［30］Darby C L. Hp-pseudospectral method for solving continuous-time nonlinear optimal control problem. America：University of FLORIDA, 2011.

［31］Darby C L, Hagera W W, Rao A V. Direct trajectory optimization using a variable low-order adaptive pseudospectral method. Jourenal of Spaceraft and rovkets, 2011, 48（3）：433 – 445.

［32］Garg D, Patterson M A, Hager W W, et al. A unified framework for the numerical solution of optimal control problems using pseudospectral methods. Automatica, 2010, 46：1843 – 1851.

［33］Garg D, Hager W W, Rao A V. Pseudospectral methods for solving infinite-horizon optimal control problems. Automatica, 2011, 47：829 – 837.

[34] Garg D, Patterson M A, Hager W W, et al. An overview of three pesudospectral methods for the numerical solution of optimal control problems. AAS 2009.

[35] Garg D, Hager W, Rao A V. Pseudospectral methods for solving infinite-horizon optimal control problems. Automatica. 2011, 47(4): 829 – 837.

[36] Garg D, Patterson M, Hager W, et al. A unified framework for the numerical solution of optimal control problems using pseudospectral methods. Automatica. 2010, 46 (11): 1843 – 1851.

[37] Darby C L, Hager W W, Anil V R. An hp-adaptive pseudospectral method for solving optimal control problems. Optimal control applications and methods, 2011, 32(4):476 – 502.

[38] Darby C L, Hager W W, Anil V R. A preliminary analysis of a variable-order approach to solving optiaml control problems using pseudospectral methods. AIAA/AAS Astrodynamics Specialist Conference, 2010.

[39] Darby C L, Hager W W, Anil V R. Direct trajectory optimization using a variable low-order adaptive pseudospectral method. Journal of Spacecraft and Rockets, 2011, 48 (3): 433 – 445.

[40] Rao A V, Benson D, Darby C, et al. Algorithm 902: GPOPS, Matlab software for solving multiple-phase optimal control problems using the Gauss pseudospectral method. ACM Transactions on Mathematical Software, 2010, 37(2): 1 – 39.

[41] Mathews J H, Fink K D. 数值方法(matlab 版). 周璐, 陈渝, 钱方, 译. 北京: 电子工业出版社, 2009:376 – 377.

[42] 周明, 孙树栋. 遗传算法原理及其应用. 北京: 国防工业出版社, 1999.

[43] 雷英杰, 张善文, 李续武, 等. Matlab 遗传算法工具箱及应用. 西安: 西安电子科技大学出版社, 2005.

[44] 李克婧, 张小兵. 改进型实数编码遗传算法在内弹道优化中的应用. 弹道学报, 2009, 21(3): 19 – 22.

[45] 龚纯, 王正林. 精通 Matlab 最优化计算. 北京: 电子工业出版社, 2009: 313 – 321.

[46] 潘伟, 刁华宗, 井元. 一种改进的实数自适应遗传算法. 控制与决策, 2006, 21(7): 792 – 795.

[47] 郑生荣, 赖家美, 刘国亮, 等. 一种改进的实数编码混合遗传算法. 计算机应用, 2006, 26(8): 1959 – 1962.

[48] 倪金林. 实数编码下的混合算子遗传算法在非线性问题的应用. 合肥: 合肥工业大学, 2007.

[49] 陶海坤, 谭磊, 曹树良. 遗传算法的改进及其在流体机械领域的应用. 排灌机械工程学报, 2010, 28(5): 428 – 433.

88

[50] 任远, 崔平远, 栾恩杰. 基于退火遗传算法的小推力轨道优化问题研究. 宇航学报, 2007, 28(1): 162 - 166.

[51] The MathWorks Inc. Optimization Toolbox 6 User's Guide Version 6.0. 2011, 4.

[52] 李瑜, 杨志红, 崔乃刚. 助推 - 滑翔导弹弹道优化研究. 宇航学报, 2008, 29(1): 66 - 71.

[53] 孙军伟, 乔栋, 崔平远. 基于 SQP 方法的常推力月球软着陆轨道优化方法. 宇航学报, 2006, 27(1).

[54] 李瑜. 助推 - 滑翔导弹弹道优化与制导方法研究. 哈尔滨: 哈尔滨工业大学, 2009.

[55] Markl A W. An initial guess generator for launch and reentry vehicle trajectory optimization. Germany: University Stuttgart, 2001.

第4章 弹载合成孔径雷达成像

4.1 概 述

成像环节利用弹载合成孔径雷达接收的回波重建反映目标场景后向散射特性的灰度图像,是导弹能够借助景象匹配实现精确制导的前提。与机载和星载情况相比,弹载合成孔径雷达及其成像具有以下特点:

(1)由于弹上条件限制,弹载合成孔径雷达天线孔径小,波束宽,多普勒带宽大。

(2)弹载平台运动速度快,运动变化剧烈。

(3)导弹在飞行过程中会存在俯冲运动,具有较大的垂直方向速度,末制导跟踪过程中,导弹不仅具有垂直方向的速度,还会具有三维加速度,这种加速度是由制导控制系统主动产生的,比机载系统中飞行状态不稳定产生的扰动加速度大很多。

(4)在中制导段对同一区域进行多次成像或者(和)在末制导段对攻击目标区域成像时,弹载合成孔径雷达通常会工作在大斜视模式。

(5)弹载合成孔径雷达通常仅需要对参考区域或者攻击目标区域成像,而机载或星载合成孔径雷达通常是连续成像。

弹载合成孔径雷达天线孔径小,方位理论分辨率很高,远大于实际需求。机载系统中,通常采用方位预滤波减小多普勒带宽,降低数据率,然后再采用 RD、CS 等算法进行成像。采用这种方式成像,数据获取时间较长,例如,为了对方位向 1km 区域成像,导弹至少要飞行 1km 加一个合成孔径长度的距离,由于导弹运动变化较剧烈,数据采集时间长会增加运动补偿的难度,甚至导致无法成像,而在末制导段,制导系统需要快速获取目标信息,这种成像方式更不可取。另外,由于弹上资源有限,方位预滤波还会增加额外的处理负担,不利于弹上实现。

采用子孔径成像,可在满足方位分辨率的前提下,减小数据采集时间和成像延时,降低处理难度和负担,是弹载合成孔径雷达一种有效的成像方式。

本章介绍弹载合成孔径雷达成像技术。4.1节概述了弹载合成孔径雷达成像的特点和要求,4.2节介绍了弹载合成孔径雷达回波信号特性,4.3节讨论了子孔径成像的常用算法及改进,4.4节和4.5节分别讨论了大斜视成像和俯冲弹道成像问题。

4.2　成像几何关系与回波信号特性

4.2.1　平飞弹道

1. 成像几何关系与回波信号模型

平飞弹道弹载合成孔径雷达成像几何关系如图4-1所示。设雷达沿 y 轴方向运动,速度大小为 v ,斜视角为 θ_c ,点目标 B 的视线距离为 R_c 。在慢时间零时刻,雷达位于 A 点,波束中心穿过 P 点,点目标 B 与 P 点的方位距离为 y_n ,点目标 B 的方位坐标 $y_a = y_c + y_n$ 。

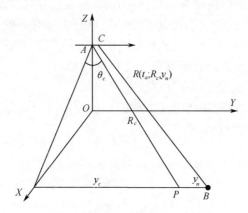

图4-1　平飞弹道弹载合成孔径雷达成像几何关系

经过 t_a 后,雷达位于 C 处,点目标 B 的瞬时斜距 BC 可表示为

$$R(t_a;R_c,y_n) = \sqrt{R_c^2 - 2R_c\sin\theta_c(vt_a - y_n) + (vt_a - y_n)^2},$$

$$-\frac{T_a}{2} \leqslant t_a \leqslant \frac{T_a}{2} \tag{4-1}$$

式中：T_a 为子孔径积累时间。

设合成孔径雷达发射线性调频信号，相干接收后，点目标 B 的基带回波信号为

$$s(t_r, t_a) = \mathrm{rect}(t_a/T_a) w_r(t_r - 2R(t_a; R_c, y_n)/c) w_a(t_a - y_n/v)$$
$$\exp\{\mathrm{j}\pi k_r(t_r - 2R(t_a; R_c, y_n)/c)^2 -$$
$$\mathrm{j}4\pi R(t_a; R_c, y_n)/\lambda\} \tag{4-2}$$

式中：c 为光速；t_r 为距离向时间；k_r 和 λ 为发射信号的调频斜率和波长；$\mathrm{rect}(t_a)$ 为单位矩形窗函数；$w_r(t_r)$ 为发射信号包络；$w_a(t_a)$ 为方位包络。

2. 距离徙动

对于全孔径接收数据，同一距离上不同方位的目标，具有相同的距离变化历程，目标间只是存在方位时延，在距离多普勒域，所有目标的轨迹相同，距离徙动校正通常在多普勒域进行。

子孔径成像时，相同距离上方位不同的目标，距离变化历程不同，但完全照射区域内的目标，方位时间的变化区间相同，可以在时域分析和校正距离徙动，称之为距离徙动的时域分析和时域校正；另一方面，在距离多普勒域，不同方位的目标处于同一距离徙动轨迹的不同频段，也可在距离多普勒域对所有目标进行统一距离徙动分析和校正，称之为距离徙动的频域分析和频域校正。

对于时域分析，通常距离方程的二次近似可以满足分析要求。将式(4-1)作二次近似，有

$$R(t_a; R_c, y_n) = R_c - \sin\theta_c(vt_a - y_n) + \frac{\cos^2\theta_c}{2R_c}(vt_a - y_n)^2,$$

$$-\frac{T_a}{2} \leqslant t_a \leqslant \frac{T_a}{2} \tag{4-3}$$

距离徙动为

$$R_m(t_a; R_c, y_n) = -v\sin\theta_c t_a - \frac{\cos^2\theta_c}{R_c}y_n vt_a + \frac{\cos^2\theta_c}{2R_c}v^2 t_a^2 \tag{4-4}$$

92

图 4 - 2 为不同方位目标的距离徙动情况,计算条件为:$R_c =$ 10km;斜视角 $\theta_c = 3°$;波长 $\lambda = 2.17\text{cm}$;天线方位向孔径 $D_a = 0.2\text{m}$;导弹速度 $v = 500\text{m/s}$;积累时间 $T_a = 218\text{ms}$(方位分辨率为 1m)。图 4 - 3 为不同斜距目标的距离徙动差 ΔR_{m2}。

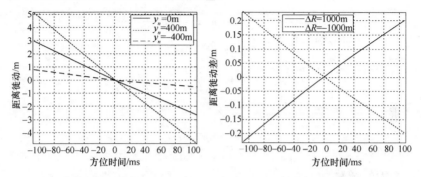

图 4 - 2　不同方位目标的距离徙动　图 4 - 3　不同斜距目标的距离徙动差

由图 4 - 2 可见,距离徙动线性分量占优,不同方位目标的距离徙动差异很大。由于时域校正只能以 $y_n = 0$ 的目标为参考,不同方位目标的距离徙动差是影响成像性能的因素,由式(4 - 4)可得目标 B 与参考目标的距离徙动差为

$$\Delta R_{m1} = -\frac{\cos^2\theta_c}{R_c} y_n v t_a \qquad (4-5)$$

式(4 - 5)表示的是中心斜距处的距离徙动差,而距离徙动还是斜距的函数,忽略斜视角随斜距的变化,则 y_n 相同,距离为 $R_c + \Delta R$ 的目标与目标 B 的距离徙动差近似为

$$\Delta R_{m2} = \frac{\cos^2\theta_c}{R_c^2} \Delta R y_n v t_a - \frac{\cos^2\theta_c}{2R_c^2} \Delta R v^2 t_a^2 \qquad (4-6)$$

式中:$\Delta R = \pm 1\text{km}$,$y_n = 400\text{m}$,其他条件与图 4 - 2 相同。

任意目标与参考目标的距离徙动差为 ΔR_{m1} 与 ΔR_{m2} 之和,实际上 ΔR_{m2} 相对于 ΔR_{m1} 要小得多,从图 4 - 2 和图 4 - 3 也可看出这一点。忽略 ΔR_{m2},则任意目标与参考目标的距离徙动差总量可表示为

$$\Delta R_{mt} = -\frac{\cos^2\theta_c}{R_c} y_n v T_a \qquad (4-7)$$

由式(4-7)可知,T_a 一定时,距离徙动差随斜视角的增加而减小。将 T_a 由分辨率 ρ_a 表示,则式(4-7)变为

$$\Delta R_{mt} = -\frac{\lambda}{2\rho_a}y_n \qquad (4-8)$$

可见,方位分辨率一定时,距离徙动差与斜视角无关。

对于频域分析,距离徙动方程为

$$R_{rd}(f_a) = R_c\cos\theta_c\left(\frac{1}{D(f_a)} - \frac{1}{D(f_c)}\right) \qquad (4-9)$$

式中

$$D(f_a) = \sqrt{1 - \frac{c^2 f_a^2}{4v^2 f_0^2}}$$

f_a 为方位频率。

斜距 $R_c + \Delta R$ 处与成像中心 R_c 处的距离徙动差为

$$\Delta R\cos\theta_c\left(\frac{1}{D(f_a)} - \frac{1}{D(f_c)}\right)$$

图 4-4 为中心斜距处的距离徙动情况,斜视角 θ_c 为 1°和 10°,其他条件同图 4-2。图 4-5 为 $\Delta R = \pm 1\mathrm{km}$ 时的距离徙动差。

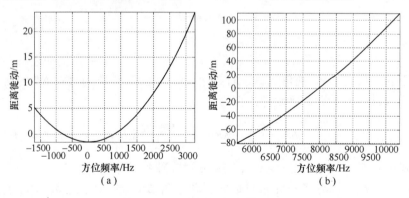

图 4-4 中心斜距处的距离徙动

(a) $\theta_c = 1°$; (b) $\theta_c = 10°$。

由图 4-4 和图 4-5 可见,距离徙动和距离徙动差都较大,必须进行校正。常用的 ECS 算法能高效地对两者进行处理,4.3.2 节将对其

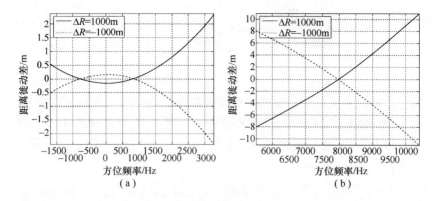

图 4 - 5　距离徙动差

（a）$\theta_c = 1°$；（b）$\theta_c = 10°$。

进行详细讨论。

　　要指出的是，虽然总体距离徙动差较大，但是单个目标个体的频率范围只是整个谱宽的一部分，按照上文参数计算，约为 1/10。满足一定条件时，距离徙动差几乎不影响方位向压缩，只是造成目标位置偏移，这种偏移可通过图像域的几何校正消除。

3. 相位补偿条件

　　子孔径成像方位压缩基于方位 Dechirp 原理，要求同一距离上的方位信号为调频斜率一致的线性调频信号，本书称为方位向信号表现一致线性调频特性。这一条件等价于能够对距离方程进行二次近似，对于宽波束下的大区域成像，该条件通常不能满足，需要进行相位补偿。

　　将式（4 - 1）在 $vt_a = y_n$ 处二次展开，有

$$R(t_a; R_c, y_n) = R_c - \sin\theta_c(vt_a - y_n) + \frac{\cos^2\theta_c}{2R_c}(vt_a - y_n)^2 + e(t_a, y_n)$$

$$(4 - 10)$$

式中：$e(t_a, y_n)$ 为二次近似引入的距离误差。

$$e(t_a, y_n) = R(t_a; R_c, y_n) - R_c + \sin\theta_c(vt_a - y_n) - \frac{\cos^2\theta_c}{2R_c}(vt_a - y_n)^2$$

$$(4 - 11)$$

95

二次近似引入的相位误差为

$$p_e(t_a, y_n) = \frac{-4\pi}{\lambda} e(t_a, y_n) \qquad (4-12)$$

图 4-6 为不同方位目标的相位误差情况,斜视角 θ_c 为 1°和 10°, 其他条件同上文。该相位误差包含常数项、一次项、二次项及高次项, 其中,常数项对压缩没有影响,而高次项通常很小,可忽略不计,一次项 会导致 Dechirp 成像后目标压缩位置偏移,二次项会导致成像结果主 瓣展宽,旁瓣升高,甚至散焦。

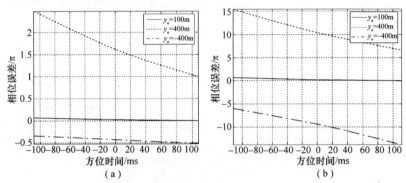

图 4-6　不同方位目标的相位误差
(a) $\theta_c = 1°$;(b) $\theta_c = 10°$。

相位误差的一次项 p_{e1} 和二次项 p_{e2} 分别为

$$
\begin{aligned}
p_{e1}(t_a, y_n) &= \frac{-4\pi}{\lambda} \frac{\partial e}{\partial t_a}\bigg|_{t_a=0} t_a \\
&= \frac{-4\pi}{\lambda}\left(-\frac{R_c\sin\theta_c + y_n}{\sqrt{R_c^2 - 2R_c\sin\theta_c y_n + y_n^2}} + \sin\theta_c + \frac{\cos^2\theta_c}{R_c}y_n\right)vt_a
\end{aligned}
$$
$$(4-13)$$

$$
\begin{aligned}
p_{e2}(t_a, y_n) &= \frac{-4\pi}{\lambda}\frac{1}{2}\frac{\partial^2 e}{\partial^2 t_a}\bigg|_{t_a=0} t_a^2 \\
&= \frac{-2\pi}{\lambda}\left(\frac{R_c^2\cos^2\theta_c}{(R_c^2 - 2R_c\sin\theta_c y_n + y_n^2)^{3/2}} - \frac{\cos^2\theta_c}{R_c}\right)v^2 t_a^2 \quad (4-14)
\end{aligned}
$$

96

在积累时间内,相位误差的积累量为

$$p_1(y_n) = |p_{e1}(T_a/2, y_n) - p_{e1}(-T_a/2, y_n)| \qquad (4-15)$$

$$p_2(y_n) = |p_{e2}(T_a/2, y_n) - p_{e2}(0, y_n)| \qquad (4-16)$$

图 4-7 和图 4-8 分别为一次和二次相位误差积累量随 y_n 的变化情况。

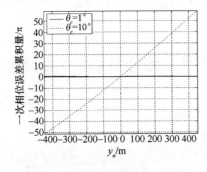
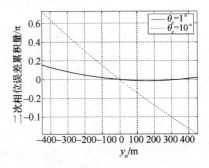

图 4-7　一次相位误差积累量　　　图 4-8　二次相位误差积累量

若要求目标偏移小于一个分辨单元,主瓣展宽不超过 10%,则距离方程可以二次展开的条件为

$$\max p_1(y_n) < 2\pi \qquad (4-17)$$

$$\max p_2(y_n) < 0.5\pi \qquad (4-18)$$

如果上述条件不能满足,则不能直接对方位向信号进行 Dechirp 成像,而要增加额外的相位补偿。ECS(Extended Chirp Scaling) 以及下文要讨论的改进 ECS,扩展 RD(Extended Range Doppler) 和带时域去走动的扩展 RD 算法通过距离多普勒域的相位修正,能补偿距离方程二次近似产生的相位误差,使方位向信号表现一致线性调频特性,而 SPECAN (Spectral Analysis) 算法对此无能为力。

4. 分辨率

距离分辨率 ρ_r 与发射信号带宽 B 有关,即

$$\rho_r = \frac{0.886c}{2B} \qquad (4-19)$$

方位分辨率可由 Dechirp 成像结果推导。经过距离徙动校正,相

位补偿之后,方位向信号可表示为

$$S(t_a) = \text{rect}\left(\frac{t_a}{T_a}\right)\exp\left\{-j\pi\frac{2v^2}{\lambda R_c}\cos^2\theta_c(t_a - y_n/v)^2\right\} \quad (4-20)$$

方位去斜参考函数为

$$H(t_a) = \text{rect}\left(\frac{t_a}{T_a}\right)\exp\left\{j\pi\frac{2v^2}{\lambda R_c}\cos^2\theta_c t_a^2\right\} \quad (4-21)$$

去斜之后,进行傅里叶变换,可得

$$F(f_a) = \text{sinc}\left[T_a\left(f_a - \frac{2v^2}{\lambda R_c}\cos^2\theta_c\frac{y_n}{v}\right)\right] \quad (4-22)$$

令$\dfrac{\lambda R_c}{2v\cos^2\theta_c}f_a = y$,对式(4-22)做变量代换,得

$$F(y) = \text{sinc}\left[\frac{2v\cos^2\theta_c}{\lambda R_c}T_a(y - y_n)\right] \quad (4-23)$$

由式(4-23)可得方位分辨率为

$$\rho_a = \frac{0.886\lambda R_c}{T_a 2v\cos^2\theta_c} \quad (4-24)$$

由式(4-24)可知,方位分辨率与距离有关,这是子孔径成像特点之一。

从理论上讲,对于子孔径成像,应讨论距离横向分辨率,当斜视角较大时,更要区分距离横向和方位向。距离横向分辨率为

$$\rho_{cr} = \rho_a\cos\theta_c = \frac{0.886\lambda R_c}{T_a 2v\cos\theta_c} \quad (4-25)$$

5. 方位 FFT 长度及输出间隔

设方位 FFT 的长度为 N,则频率间隔为

$$\Delta f_a = \frac{\text{prf}}{N} \quad (4-26)$$

式中:prf 为脉冲重复频率。

由式(4-24)可得方位输出间隔为

98

$$\Delta y = \frac{\lambda R_c}{2v\cos^2\theta_c}\frac{\text{prf}}{N} \qquad\qquad (4-27)$$

由式(4-27)可知,方位输出间隔随距离变化,为保证图像输出间隔一致,需增加额外的处理。

如果方位 FFT 的长度 N 等于信号长度,即

$$N = \text{prf}\cdot T_a \qquad\qquad (4-28)$$

将式(4-28)代入式(4-27),可得

$$\Delta y = \frac{\lambda R_c}{T_a 2v\cos^2\theta_c} \qquad\qquad (4-29)$$

对比式(4-29)和式(4-24)可知,方位输出间隔与分辨率相差 0.886 的系数。所以,与全孔径成像不同,单纯改变脉冲重复频率不能改变方位向输出间隔,为了保证一定的输出过采样,通常要在方位向补零。

4.2.2 俯冲弹道

合成孔径雷达以最短斜距相同的目标为方位处理对象,导弹匀速平飞时,不同方位的目标处于同一距离变化曲线和多普勒相位历史的不同部分。等速俯冲时,地平面相对于导弹速度方向是倾斜的,加速俯冲时,导弹还有三维加速度,这些都导致同一斜距上目标的多普勒中心频率、多普勒调频斜率不相同[6],方位向不再具有时移不变性,单点目标的信号特性不能表征整个回波信号。下面给出一个可表示任意点目标的信号模型,并分析回波信号特性。

1. 成像几何关系与回波信号模型

此处讨论加速俯冲情况,将等速俯冲作为加速俯冲的特例。这里,将初始距离相同的目标作为方位处理的对象,初始距离指成像中心时刻目标与雷达的距离,初始距离相同的目标位于一条圆弧上,不同目标的方位角不同。

图4-9为俯冲弹道弹载合成孔径雷达成像几何关系。曲线 BC 为成像期间导弹运动轨迹,成像中心时刻(零时刻),导弹位于 A 点,高度为 h,波束中心照射地面点目标 P。O 为 A 在水平面上的投影,P 的

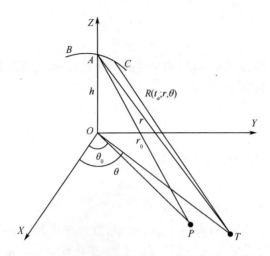

图 4-9 俯冲弹道弹载合成孔径雷达成像几何关系

方位角为 θ_0, P 到 A 点的距离为 r_0。零时刻导弹速度 $\boldsymbol{v} = [v_x, v_y, v_z]^T$, 加速度 $\boldsymbol{a} = [a_x, a_y, a_z]^T$。

以方位角 θ 和到 A 点的距离 r 表示任意点目标 T,则点目标 T 的位置向量为

$$\boldsymbol{p}_T = [\sqrt{r^2 - h^2}\cos\theta, \sqrt{r^2 - h^2}\sin\theta, 0]^T \qquad (4-30)$$

由于积累时间短,导弹加速度的变化影响很小,可忽略不计,成像过程中导弹位置向量 $\boldsymbol{p}_M$ 可表示为

$$\boldsymbol{p}_M = \boldsymbol{v}t_a + 0.5\boldsymbol{a}t_a^2 + [0,0,h]^T, \quad -T_a/2 \leqslant t_a \leqslant T_a/2 \qquad (4-31)$$

式中:t_a 为方位时间;T_a 为子孔径积累时间。

导弹与任意点目标 T 的距离为

$$R(t_a; r, \theta) = \| \boldsymbol{p}_T - \boldsymbol{p}_M \|$$

$$= \sqrt{r^2 - 2rv_{\theta r}t_a + v^2 t_a^2 - ra_{\theta r}t_a^2 + avt_a^3 + 0.25a^2 t_a^4}$$

$$\qquad (4-32)$$

式中

$$v = \sqrt{v_x^2 + v_y^2 + v_z^2} \qquad (4-33)$$

100

$$a = \sqrt{a_x^2 + a_y^2 + a_z^2} \qquad (4-34)$$

$$v_{\theta r} = v_x \frac{\sqrt{r^2 - h^2}}{r} \cos\theta + v_y \frac{\sqrt{r^2 - h^2}}{r} \sin\theta + v_z \frac{-h}{r} \qquad (4-35)$$

$$a_{\theta r} = a_x \frac{\sqrt{r^2 - h^2}}{r} \cos\theta + a_y \frac{\sqrt{r^2 - h^2}}{r} \sin\theta + a_z \frac{-h}{r} \qquad (4-36)$$

式(4-32)与通常的单点目标距离方程的不同之处在于它表示了地面上所有目标的距离变化关系,且对于所有目标,t_a 的变化区间都相同。

设合成孔径雷达发射线性调频信号,相干接收后,点目标 T 的基带回波信号为

$$s(t_r, t_a; r, \theta) = w_r(t_r - 2R(t_a; r, \theta)/c) \mathrm{rect}(t_a/T_a)$$

$$\exp\{j\pi k_r(t_r - 2R(t_a; r, \theta)/c)^2\}$$

$$\exp\{-j4\pi R(t_a; r, \theta)/\lambda\} \qquad (4-37)$$

式(4-37)忽略了天线方向图的影响,式中相关符号的定义与上文相同。

2. 距离方程近似

将式(4-32)在 $t_a = 0$ 处泰勒展开,忽略三次以上的高阶项,有

$$R(t_a; r, \theta) = r - v_{\theta r} t_a + \frac{v^2 - v_{\theta r}^2}{2r} t_a^2 - \frac{a_{\theta r}}{2} t_a^2 \qquad (4-38)$$

与平飞弹道弹载合成孔径雷达的距离方程二次近似不同,式(4-38)泰勒展开的时间点对所有目标都是在 $t_a = 0$ 处,其近似误差很小。

图4-10为距离方程近似误差情况,其中,(a)为 $\theta = \theta_0$ 时距离方程近似误差随距离 r 的变化关系,(b)为 $r = r_0$ 时距离方程近似误差随方位角 θ 的变化关系,计算条件为:$\lambda = 2.17\mathrm{cm}$;$D_a = 0.2\mathrm{m}$;$h = 1\mathrm{km}$;$r_0 = 5\mathrm{km}$;$\theta_0 = 60°$;$v = [0, 469.85, -171.01]^\mathrm{T}\mathrm{m/s}$;$a = [48.99, 3.50, 9.61]^\mathrm{T}\mathrm{m/s}^2$;$T_a = 231\mathrm{ms}$(方位分辨率为1m)。

由图4-10可见,距离方程近似误差远远小于波长,因此,式(4-38)对于距离徙动和方位相位分析都是足够精确的。

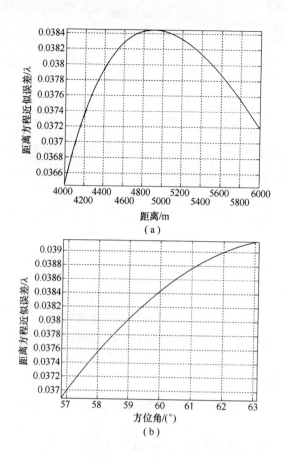

图 4 - 10　距离方程近似误差

(a) $\theta=\theta_0$; (b) $r=r_0$。

3. 距离徙动

任意点目标 T 的距离徙动为

$$R_{\mathrm{m}}(t_a;r,\theta) = R(t_a;r,\theta) - R(0;r,\theta)$$

$$= -v_{\theta r}t_a + \frac{v^2-v_{\theta r}^2}{2r}t_a^2 - \frac{a_{\theta r}}{2}t_a^2 \qquad (4-39)$$

不同目标的距离徙动不同,以点目标 P 为参考,点目标 T 与点目标 P 的距离徙动差为

$$\Delta R_m(t_a;r,\theta) = R_m(t_a;r,\theta) - R_m(t_a;r_0,\theta_0)$$

$$= \frac{\partial R_m(t_a;r,\theta)}{\partial \theta}\bigg|_{(r_0,\theta_0)} (\theta - \theta_0) +$$

$$\frac{\partial R_m(t_a;r,\theta)}{\partial r}\bigg|_{(r_0,\theta_0)} (r - r_0) \qquad (4-40)$$

对于距离徙动差分析,二次项通常很小,可忽略不计。化简式(4-39),并忽略 t_a^2 项,有

$$\Delta R_m(t_a;r,\theta) = \frac{\sqrt{r_0^2 - h^2}}{r_0}(v_x \sin\theta_0 - v_y \cos\theta_0)(\theta - \theta_0)t_a -$$

$$\frac{h}{r_0^2}\left[\frac{h}{\sqrt{r_0^2 - h^2}}(v_x \cos\theta_0 + v_y \sin\theta_0) + v_z\right](r - r_0)t_a$$

$$(4-41)$$

将式(4-41)等号右边第一项记为 $\Delta R_{m\theta}(t_a;\theta)$,第二项记为 $\Delta R_{mr}(t_a;r)$,则

$$\Delta R_m(t_a;r,\theta) = \Delta R_{m\theta}(t_a;\theta) + \Delta R_{mr}(t_a;r) \qquad (4-42)$$

以点目标 P 为参考,在方位时域进行统一距离徙动校正时,$\Delta R_{mr}(t_a;r)$ 和 $\Delta R_{m\theta}(t_a;\theta)$ 限制了距离向和方位向的成像宽度。通常 $\Delta R_{mr}(t_a;r)$ 很小,可忽略不计,实际上,即使在当距离向成像幅宽很大、空变距离徙动差不可忽略时,也可进行距离向分块处理。下面主要讨论 $\Delta R_{m\theta}(t_a;\theta)$。

$\Delta R_{m\theta}(t_a;\theta)$ 表示不同方位角目标的距离徙动差,其大小决定了可进行统一距离徙动校正的方位宽度。若要求 $\Delta R_{m\theta}(t_a;\theta)$ 小于半个距离分辨单元,则

$$|\Delta\theta| = |\theta - \theta_0| < \frac{r_0}{T_a \sqrt{r_0^2 - h^2}} \frac{\rho_r}{|v_x \sin\theta_0 - v_y \cos\theta_0|} \qquad (4-43)$$

式中:ρ_r 为距离分辨率。

由于所有目标的方位时间变化区间相同,如果方位向成像宽度不满足式(4-43),则不能像距离向那样进行分块处理。4.5 节给出的改

103

进 SPECAN 算法可解决这一问题。

4. 相位特性

点目标 T 的回波相位为

$$p(t_a;r,\theta) = -\frac{4\pi}{\lambda}\left(r - v_{\theta r}t_a + \frac{v^2 - v_{\theta r}^2}{2r}t_a^2 - \frac{a_{\theta r}}{2}t_a^2\right) \qquad (4-44)$$

调频斜率为

$$f_a(r,\theta) = \frac{2}{\lambda}\left(\frac{v_{\theta r}^2 - v^2}{r} + a_{\theta r}\right) \qquad (4-45)$$

目标 T 与点目标 P 的调频斜率差为

$$\Delta f_a = \left.\frac{\partial f_a(r,\theta)}{\partial \theta}\right|_{(r_0,\theta_0)}(\theta - \theta_0) + \left.\frac{\partial f_a(r,\theta)}{\partial r}\right|_{(r_0,\theta_0)}(r - r_0) \quad (4-46)$$

式中

$$\frac{\partial f_a(r,\theta)}{\partial \theta} = \frac{2}{\lambda r^2}\sqrt{r^2-h^2}\left[2v_{\theta r}(v_y\cos\theta - v_x\sin\theta) + r(a_y\cos\theta - a_x\sin\theta)\right]$$

$$(4-47)$$

$$\frac{\partial f_a(r,\theta)}{\partial r} = \frac{4v_{\theta r}h}{\lambda r^3}\left[\frac{h}{\sqrt{r^2-h^2}}(v_x\cos\theta + v_y\sin\theta) + v_z\right] +$$

$$\frac{2h}{\lambda r^2}\left[\frac{h}{\sqrt{r^2-h^2}}(a_x\cos\theta + a_y\sin\theta) + a_z\right] - \frac{2(v_{\theta r}^2 - v^2)}{\lambda r^2}$$

$$(4-48)$$

将式(4-48)右边第一项记为 $\Delta f_{a\theta}$,第二项记为 Δf_{ar}。由于方位压缩可适应调频斜率随距离的变换,Δf_{ar} 通常用于分析距离向聚焦深度,$\Delta f_{a\theta}$ 决定了方位向批处理的聚焦深度,本书主要分析 $\Delta f_{a\theta}$。

由调频斜率差产生的相位差为

$$\Delta p = \frac{\pi}{4}\Delta f_{a\theta}T_a^2 \qquad (4-49)$$

若要求相位差小于 0.5π,可得

104

$$|\Delta\theta| < \frac{\lambda r_0^2}{T_a^2 \sqrt{r_0^2 - h^2}} |2v_{\theta_0 r_0}(v_y\cos\theta_0 - v_x\sin\theta_0) +$$
$$r_0(a_y\cos\theta - a_x\sin\theta_0)|^{-1} \qquad (4-50)$$

式中

$$v_{\theta_0 r_0} = v_x \frac{\sqrt{r_0^2 - h^2}}{r_0}\cos\theta_0 + v_y \frac{\sqrt{r_0^2 - h^2}}{r_0}\sin\theta_0 + v_z \frac{-h}{r_0} \quad (4-51)$$

5. 方位分辨率

任意点目标 T 的多普勒频率为

$$f_d = \frac{2v_{\theta r}}{\lambda} \qquad (4-52)$$

初始距离相同,方位角不同的目标的多普勒频率不同。在初始距离为 r 的距离环带上,方位角为 $\theta_0 + \delta\theta$ 的目标与方位角为 θ_0 的目标的多普勒频率差为

$$\delta f_d = \frac{2\sqrt{r^2 - h^2}}{\lambda r}(v_y\cos\theta_0 - v_x\sin\theta_0)\delta\theta \qquad (4-53)$$

积累时间为 T_a,则频率分辨率为

$$\rho_f = \frac{0.886}{T_a} \qquad (4-54)$$

令 $\delta f_d = \rho_f$,可得距离 r 处的方位(角)分辨率为

$$\rho_\theta = \frac{0.886\lambda r}{2T_a\sqrt{r^2 - h^2}(v_y\cos\theta_0 - v_x\sin\theta_0)} \qquad (4-55)$$

4.3 子孔径成像常用算法及改进

4.3.1 SPECAN 算法

SPECAN 算法[1]是处理子孔径数据的高效算法。在成像精度要求不高时,弹载合成孔径雷达可采用这一算法[2,3]。

1. 算法流程

SPECAN 算法成像流程如图 4-11 所示。

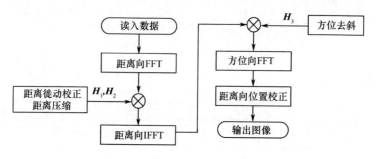

图 4 – 11　SPECAN 算法成像流程

1) 距离向 FFT、距离压缩与距离徙动校正

对式(4 – 2)进行距离向傅里叶变换,有

$$S_1(f_r, t_a) = W_r(f_r)\,\mathrm{rect}(t_a/T_a)\,w_a(t_a - y_n/v)$$

$$\exp\{-\mathrm{j}\pi f_r^2/k_r - \mathrm{j}4\pi(f_0 + f_r)R(t_a; R_c, y_n)/c\}$$

$$(4 - 56)$$

式中:$W_r(f_r) = w_r(f_r/k_r)$ 为距离频谱的包络。

将式(4 – 3)表示的距离方程代入式(4 – 56),有

$$S_1(f_r, t_a) = W_r(f_r)\,\mathrm{rect}(t_a/T_a)\,w_a(t_a - y_n/v)\exp\{-\mathrm{j}\pi f_r^2/k_r\} \cdot$$

$$\exp\left\{-\mathrm{j}4\pi\frac{f_0 + f_r}{c}\Big[R_c - \sin\theta_c(vt_a - y_n) +\right.$$

$$\left.\frac{\cos^2\theta_c}{2R_c}(vt_a - y_n)^2\Big]\right\}$$

$$(4 - 57)$$

式中:f_0 为载频。

距离压缩参考函数为

$$H_1(f_r) = \exp\{\mathrm{j}\pi f_r^2/k_r\} \qquad (4 - 58)$$

校正距离徙动的相位因子为

$$H_2(t_a) = \exp\left\{\mathrm{j}4\pi\frac{f_r}{c}\Big[-v\sin\theta_c t_a + \frac{\cos^2\theta_c}{2R_{\mathrm{ref}}}vt_a^2\Big]\right\} \qquad (4 - 59)$$

式中:R_{ref} 为距离徙动校正参考斜距,这里 $R_{\mathrm{ref}} = R_c$。

经上述处理后的信号为

$$S_2(f_r, t_a) = W_r(f_r) \text{rect}(t_a/T_a) w_a(t_a - y_n/v) \cdot$$

$$\exp\left\{ -j4\pi \frac{f_r}{c} \Big[R_c + \sin\theta_c y_n + \frac{\cos^2\theta_c}{2R_c} y_n^2 + \frac{\cos^2\theta_c}{R_c} y_n v t_a \Big] \right\} \cdot$$

$$\exp\left\{ -j4\pi \frac{f_0}{c} \Big[R_c - \sin\theta_c (v t_a - y_n) + \frac{\cos^2\theta_c}{2R_c} (v t_a - y_n)^2 \Big] \right\}$$

$$(4-60)$$

2）距离向 IFFT

忽略式(4-60)第一个指数项中的 t_a 相关项,并对其进行距离向傅里叶逆变换,有

$$S_3(t_r, t_a) = \text{sinc}\left[t_r - \frac{2}{c}\Big(R_c + \sin\theta_c y_n + \frac{\cos^2\theta_c}{2R_c} y_n^2 \Big) \right] \text{rect}\left(\frac{t_a}{T_a}\right) w_a\left(t_a - \frac{y_n}{v}\right)$$

$$\exp\left\{ -j \frac{4\pi}{\lambda} \Big[R_c - \sin\theta_c (v t_a - y_n) + \frac{\cos^2\theta_c}{2R_c} (v t_a - y_n)^2 \Big] \right\}$$

$$(4-61)$$

3）方位去斜及 FFT

方位去斜参考函数为

$$H_3(R_c, f_c) = \exp\left\{ j\pi \frac{2v^2}{\lambda R_c} \cos^2\theta_c t_a^2 \right\} \tag{4-62}$$

去斜之后,进行傅里叶变换,可得

$$S_3(t_r, f_a) = \text{sinc}\left[t_r - \frac{2}{c}\Big(R_c + \sin\theta_c y_n + \frac{\cos^2\theta_c}{2R_c} y_n^2 \Big) \right] \cdot$$

$$\text{sinc}\left[T\Big(f_a - \frac{2v}{\lambda}\sin\theta_c - \frac{2v\cos^2\theta_c}{\lambda R_c} y_n \Big) \right] \tag{4-63}$$

4）距离向位置校正

由式(4-63)可知,目标在图像中的距离向坐标为 $R_c + y_n \sin\theta_c + 0.5 y_n^2 \cos^2\theta_c / R_c$,需要将其校正到 R_c 处。位置校正可通过距离时域插值完成,如果 $0.5 y_n^2 \cos^2\theta_c / R_c$ 这一项可忽略,或者将其用 $0.5 y_n^2 \cos^2\theta_c / R_{\text{ref}}$ 代

替,则位置校正可通过距离频域相位相乘来完成。

2. 算法应用条件

由以上成像流程可知,SPECAN 算法是一种低精度低分辨率成像算法,算法应用要满足较多的限制条件。

SPECAN 算法在方位时域校正距离徙动,最大距离徙动校正误差应小于一个分辨单元,限制条件为

$$\max\left|\frac{\lambda y_n}{2\rho_a}\right| < \rho_r \qquad (4-64)$$

SPECAN 算法不能补偿距离方程二次近似产生的相位误差,算法应用要满足以下条件:

$$\max p_1(y_n) < 2\pi \qquad (4-65)$$

$$\max p_2(y_n) < 0.5\pi \qquad (4-66)$$

由于一次相位误差引起目标方位压缩位置偏移,二次相位误差导致压缩结果主瓣展宽,旁瓣升高。实际上,如果增加额外的处理,目标方位向压缩位置偏移可在图像域校正,因此,式(4-65)的限制条件可放宽。

距离徙动校正后,在信号域,距离为 R_c 的目标,处于距离单元 $R_c + y_n\sin\theta_c + 0.5y_n^2\cos^2\theta_c/R_c$,这将导致同一距离单元内的目标的斜距不同,方位去斜函数失配,因此 SPECAN 算法还有方位聚焦深度的问题。

4.3.2 ECS 算法

ECS 算法[4] 通过距离 Chirp Scaling 和二维频域处理校正距离徙动,通过方位 Chirp Scaling 操作解决方位向输出间隔随距离变化的问题,并使方位向信号表现一致线性调频特性,是一种子孔径成像的精确算法,可应用于弹载合成孔径雷达[5-8, 14, 15]。

1. 算法流程

ECS 算法成像流程如图 4-12 所示。

1) 方位向 FFT 及距离向 Chirp Scaling

通过方位 FFT 将式(4-1)表示的回波信号变换到距离多普勒域,

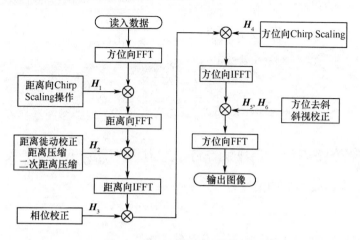

图 4 – 12　ECS 算法成像流程

变换后的信号表达式为

$$S_1(t_r, f_a) = w_r\left(t_r - \frac{2R(f_a)}{c}\right) W_{a1}(f_a)\, W_{a2}(f_a)\; \cdot$$

$$\exp\left\{\mathrm{j}\pi k_m\left(t_r - \frac{2R(f_a)}{c}\right)^2\right\}\; \cdot$$

$$\exp\left\{-\mathrm{j}\,\frac{4\pi R_c\cos\theta_c}{\lambda}D(f_a)\right\}\exp\left\{-\mathrm{j}2\pi f_a\,\frac{y_n + R_c\sin\theta_c}{v}\right\}$$

$$(4-67)$$

式中

$$k_m = \frac{k_r}{1 - k_r/k_{\mathrm{src}}} \tag{4-68}$$

$$k_{\mathrm{src}} = \frac{2v^2 f_0^3 D^3(f_a)}{cR_c\cos\theta_c f_a^2} \tag{4-69}$$

$$D(f_a) = \sqrt{1 - \frac{c^2 f_a^2}{4v^2 f_0^2}} \tag{4-70}$$

$$W_{a1}(f_a) = \mathrm{rect}\left(\frac{y_n + R_c\sin\theta_c}{T_a v} - \frac{cR_c\cos\theta_c f_a}{T_a 2v^2 f_0 D(f_a)}\right) \tag{4-71}$$

109

$$W_{a2}(f_a) = w_a\left(\frac{R_c\sin\theta_c}{v} - \frac{cR_c\cos\theta_c f_a}{2v^2 f_0 D(f_a)}\right) \qquad (4-72)$$

$$R(f_a) = \frac{R_c\cos\theta_c}{D(f_a)} \qquad (4-73)$$

设 CS 操作的参考距离为 $R_{\text{ref},r}$，参考频率为 f_{ref}，则变标方程为

$$H_1(t_r,f_a) = \exp\left\{j\pi k_m\left(\frac{D(f_{\text{ref}})}{D(f_a)}-1\right)\left(t_r - \frac{2R_{\text{ref},r}\cos\theta_c}{cD(f_a)}\right)^2\right\} \quad (4-74)$$

Chirp Scaling 之后的信号为

$$S_2(t_r,f_a) = w_r(t_r - 2R(f_a)/c)\,W_{a1}(f_a)\,W_{a2}(f_a)\;\cdot$$

$$\exp\left\{j\pi k_m\left(t_r - \frac{2R(f_a)}{c}\right)^2\right\}\cdot$$

$$\exp\left\{-j\frac{4\pi R_c\cos\theta_c}{\lambda}D(f_a)\right\}\exp\left\{-j2\pi f_a\frac{y_n+R_c\sin\theta_c}{v}\right\}\cdot$$

$$\exp\left\{j\pi k_m\left(\frac{D(f_{\text{ref}})}{D(f_a)}-1\right)\left(t_r - \frac{2R_{\text{ref},r}\cos\theta_c}{cD(f_a)}\right)^2\right\} \qquad (4-75)$$

2）距离向 FFT 及距离压缩，二次距离压缩和距离徙动校正

距离向 FFT 将数据从距离多普勒域变换到二维频域。根据驻定相位原理，二维频域信号表达式为

$$S_3(f_r,f_a) = W_r(f_r)\,W_{a1}(f_a)\,W_{a2}(f_a)\;\cdot$$

$$\exp\left\{-j\frac{4\pi}{c}R_{\text{ref}}\cos\theta_c\left(\frac{1}{D(f_a)}-\frac{1}{D(f_{\text{ref}})}\right)f_r\right\}\cdot$$

$$\exp\left\{-j\pi\frac{D(f_a)}{k_m D(f_{\text{ref}})}f_r^2\right\}\exp\left\{-j\frac{4\pi R_c\cos\theta_c}{cD(f_{\text{ref}})}f_r\right\}\cdot$$

$$\exp\left\{-j\frac{4\pi R_c\cos\theta_c}{\lambda}D(f_a)\right\}\exp\left\{-j2\pi f_a\frac{y_n+R_c\sin\theta_c}{v}\right\}\cdot$$

$$\exp\left\{j\pi k_m\left(1-\frac{D(f_a)}{D(f_{\text{ref}})}\right)\left(\frac{2R_c\cos\theta_c}{cD(f_a)}-\frac{2R_{\text{ref},r}\cos\theta_c}{cD(f_a)}\right)^2\right\}$$

$$(4-76)$$

补偿式(4-76)的第一个指数项可完成距离单元徙动校正,补偿第二个指数项可完成距离压缩和二次距离压缩。实现距离单元徙动校正,距离压缩和二次距离压缩的参考函数 H_2 为

$$H_2(f_r,f_a) = \exp\left\{ j\pi \frac{D(f_a)}{k_m D(f_{ref})} f_r^2 \right\} \cdot$$

$$\exp\left\{ j\pi \frac{4\pi}{c} R_{ref,r} \cos\theta_c \left(\frac{1}{D(f_a)} - \frac{1}{D(f_{ref})} \right) f_r \right\} \quad (4-77)$$

经过上述处理后的信号为

$$S_4(t_r,f_a) = W_r(f_r) W_{a1}(f_a) W_{a2}(f_a) \exp\left\{ -j2\pi f_a \frac{y_n + R_c \sin\theta_c}{v} \right\} \cdot$$

$$\exp\left\{ -j \frac{4\pi R_c \cos\theta_c}{\lambda} D(f_a) \right\} \exp\left\{ -j \frac{4\pi R_c \cos\theta_c}{c D(f_{ref})} f_r \right\} \cdot$$

$$\exp\left\{ j\pi k_m \left(1 - \frac{D(f_a)}{D(f_{ref})} \right) \left(\frac{2R_c \cos\theta_c}{c D(f_a)} - \frac{2R_{ref,r} \cos\theta_c}{c D(f_a)} \right)^2 \right\}$$

$$(4-78)$$

3) 距离向 IFFT 及相位校正

通过距离向 IFFT 将信号变换到距离多普勒域,变换后的信号表达式为

$$S_5(t_r,f_a) = \mathrm{sinc}\left(t_r - \frac{2R_c \cos\theta_c}{c D(f_{ref})} \right) W_{a1}(f_a) W_{a2}(f_a) \cdot$$

$$\exp\left\{ -j2\pi f_a \frac{y_n + R_c \sin\theta_c}{v} \right\} \exp\left\{ -j \frac{4\pi R_c \cos\theta_c}{\lambda} D(f_a) \right\} \cdot$$

$$\exp\left\{ j\pi k_m \left(1 - \frac{D(f_a)}{D(f_{ref})} \right) \left(\frac{2R_c \cos\theta_c}{c D(f_a)} - \frac{2R_{ref,r} \cos\theta_c}{c D(f_a)} \right)^2 \right\}$$

$$(4-79)$$

式(4-79)中的第三个指数项是由距离向 Chirp Scaling 所产生的无用相位,校正该相位的因子为

$$H_3(R_c,f_a) = \exp\left\{ -j\pi k_m \left(1 - \frac{D(f_a)}{D(f_{ref})} \right) \left(\frac{2R_c \cos\theta_c}{c D(f_a)} - \frac{2R_{ref,r} \cos\theta_c}{c D(f_a)} \right)^2 \right\}$$

$$(4-80)$$

校正后的信号为

$$S_6(t_r, f_a) = \text{sinc}\left(t_r - \frac{2R_c\cos\theta_c}{cD(f_{\text{ref}})}\right)W_{a1}(f_a)W_{a2}(f_a)$$

$$\exp\left\{-j2\pi f_a\frac{y_n + R_c\sin\theta_c}{v}\right\}\exp\left\{-j\frac{4\pi R_c\cos\theta_c}{\lambda}D(f_a)\right\}$$

$$(4-81)$$

4) 方位向 Chirp Scaling

方位向 Chirp Scaling 补偿方位高次相位,使方位向信号表现一致线性调频特性,并调整方位调频斜率,使方位向输出间隔一致。

将 $D(f_a)$ 在 $f_a = f_c$ 处泰勒展开,有

$$D(f_a) = \cos\theta_c - \frac{c}{2vf_0}\frac{\sin\theta_c}{\cos\theta_c}(f_a - f_c) - \frac{1}{\cos^3\theta_c}\left(\frac{c}{2vf_0}\right)^2\frac{1}{2}(f_a - f_c)^2 + e$$

$$(4-82)$$

式中:e 表示高次项误差,由式(4-82)可得

$$e = D(f_a) - \cos\theta_c + \frac{\lambda}{2v}\frac{\sin\theta_c}{\cos\theta_c}(f_a - f_c) + \frac{1}{\cos^3\theta_c}\left(\frac{\lambda}{2v}\right)^2\frac{1}{2}(f_a - f_c)^2$$

$$(4-83)$$

因此,补偿高次项相位误差的相位因子为

$$\varphi_1 = \exp\left\{j\frac{4\pi R_c\cos\theta_c}{\lambda}e\right\} \qquad (4-84)$$

为了保证方位向输出间隔一致,乘以以下频域线性调频信号:

$$\varphi_2 = \exp\left\{-j\pi\frac{\lambda(R_c - R_{\text{ref},a})}{2v^2\cos^2\theta_c}(f_a - f_c)^2\right\} \qquad (4-85)$$

式中:$R_{\text{ref},a}$ 为方位 CS 参考距离。

将 φ_1、φ_2 合并,可得方位向 Chirp Scaling 相位因子为

$$H_4(R_c, f_a) = \exp\left\{j\frac{4\pi R_c\cos\theta_c}{\lambda}(D(f_a) - \cos\theta_c)\right\}\cdot$$

$$\exp\left\{j2\pi\frac{R_c}{v}\sin\theta_c(f_a - f_c)\right\}\exp\left\{j\pi\frac{\lambda R_{\text{ref},a}}{2v^2\cos^2\theta_c}(f_a - f_c)^2\right\}$$

$$(4-86)$$

112

处理后的信号为

$$S_7(t_r, f_a) = \text{sinc}\left[B\left(t_r - \frac{2R_c\cos\theta_c}{cD(f_{\text{ref}})}\right)\right]W_{a1}(f_a)\,W_{a2}(f_a)\exp\left\{-\text{j}\frac{4\pi}{\lambda}R_c\right\}\cdot$$

$$\exp\left\{-\text{j}2\pi\frac{y_n}{v}f_a + \text{j}\pi\frac{\lambda R_{\text{ref},a}}{2v^2\cos^2\theta_c}(f_a - f_c)^2\right\} \qquad (4-87)$$

5) 方位 IFFT 及方位去斜和斜视校正

方位 IFFT 将信号变换到二维时域,变换后的信号为

$$S_8(t_r, t_a) = \text{sinc}\left[B\left(t_r - \frac{2R_c\cos\theta_c}{cD(f_{\text{ref}})}\right)\right]\exp\left\{-\text{j}\frac{4\pi}{\lambda}R_c\right\}\cdot$$

$$\text{rect}\left[\frac{vt_a - (1-\beta)y_n}{\beta vT_a}\right]w_a\left(\frac{vt_a - y_n}{v\beta}\right)\cdot$$

$$\exp\left\{\text{j}2\pi f_c\left(t_a - \frac{y_n}{v}\right)\right\}\exp\left\{-\text{j}\pi k_{\text{ref}}\left(t_a - \frac{y_n}{v}\right)^2\right\} \qquad (4-88)$$

式中

$$\beta = \frac{R_{\text{ref},a}}{R_c}; k_{\text{ref}} = \frac{2v^2\cos^2\theta_c}{\lambda R_{\text{ref},a}}$$

方位去斜(Dechirp)用以补偿式(4-88)的二次相位项,这里,在去斜的同时补偿多普勒中心频率,去斜函数为

$$H_5(t_a) = \exp\left\{\text{j}\pi k_{\text{ref}}t_a^2 - \text{j}2\pi f_c t_a\right\} \qquad (4-89)$$

去斜成像后,y_n 相同的目标在图像中处于同一方位线,图像的两个方向不正交。为了使方位相同的目标在图像中处于同一方位线,可在去斜的同时乘以以下相位因子(本书称为斜视校正因子):

$$H_6(t_a) = \exp\left\{\text{j}2\pi k_{\text{ref}}\frac{R_c}{v}\sin\theta_c t_a\right\} \qquad (4-90)$$

6) 方位 FFT

最后进行方位向傅里叶变换,可得成像结果为

$$S_8(t_r, f_a) = \exp\left\{-\text{j}\frac{4\pi}{\lambda}R_c\right\}\exp\left\{-\text{j}\frac{4\pi}{\lambda}y_n\sin\theta_c\right\}\exp\left\{-\text{j}\pi k_{\text{ref}}\frac{y_n^2}{v^2}\right\}\cdot$$

$$\exp\left\{-\text{j}2\pi(1-\beta)\frac{y_n}{v}f_a\right\}\text{sinc}\left[B\left(t_r - \frac{2R_c}{c}\right)\right]\cdot$$

$$\text{sinc}\left[\beta T_a\left(f_a - k_{\text{ref}}\frac{y_a}{v}\right)\right] \qquad (4-91)$$

式中：$y_a = y_n + R_c\sin\theta_c$ 为目标的方位坐标。

2. 仿真实验

按照上述成像流程仿真成像，仿真参数如表 4 - 1 所示。

表 4 - 1 仿真参数

参　数	数值	参　数	数值
波长 λ/cm	2.17	天线方位孔径 D_a/m	0.2
带宽 B/MHz	150	重频 prf/Hz	6000
采样频率 f_s/MHz	180	积累时间 T_a/ms	218
信号时宽 T_s/μs	2	高度 h/km	3
导弹速度 v/(m/s)	500	参考距离 R_c/km	10
斜视角 θ_c/(°)	1		

在地面上以波束中心指向点 P 为中心，200m(x 向) × 200m(y 向) 的矩形区域内设置九个点目标进行仿真，结果图 4 - 13(a)所示。

在相同参数下进行斜视角为 10°，积累时间为 224ms 的仿真成像，结果如图 4 - 13(b)所示。

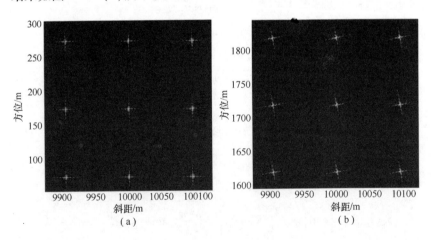

图 4 - 13 ECS 算法成像结果

(a) $\theta_c = 1°$；(b) $\theta_c = 10°$。

4.3.3 改进 ECS 算法

ECS 算法中的调频斜率一致化调整会产生大量补零问题,影响算法的实时性。本书对此进行了改进,在补偿方位向高次相位时,不进行调频斜率调整,采用 SCFT(Scaled Fourier Transform)校正方位向输出间隔随距离变化的扇形畸变,克服了 ECS 算法需要大量补零的不足,仿真验证了算法的有效性。

1. ECS 算法的补零问题

由式(4-91)可知,经过方位向调频斜率调整,信号变换到方位时域后,一方面,信号时宽发生变化,另一方面,信号出现时延。信号展宽程度与目标距离有关,信号时延大小与目标的距离和方位都有关。这种不一致的展宽和时延导致方位向信号能量分布在一个比 T_a 大得多的范围内。

在距离 $R = R_{\text{ref},a} + \Delta R$ 处,方位 IFFT 后,信号总的持续时间为

$$T'_a = \frac{R_{\text{ref},a}}{R} T_a + \frac{2\lambda}{D_a v \cos\theta_c} |\Delta R| \qquad (4-92)$$

按表 4-1 所示参数计算,$R_{\text{ref},a}$ 取中心斜距,$\Delta R = 1\text{km}$ 时,$T'_a = 633.6\text{ms}$,近似为原来信号长度的三倍。如果进行方位向 2m 分辨率成像,信号长度会展宽到原来的五倍。

信号能量分布在方位向的展宽要求 ECS 算法在一步处理前对信号补零,否则,方位向 IFFT 之后,T_a 范围之外的信号能量就会卷绕进 T_a 内,导致最终成像结果中目标峰值降低,主瓣展宽,并出现严重的虚假目标。而方位向补零导致算法效率降低,实时性变差。

2. 算法流程

方位向调频斜率的一致化调整是出现上述问题的根本原因,本节算法在补偿方位向高次相位时不进行调频斜率调整,采用 SCFT 校正方位向输出间隔随距离变化的扇形畸变。算法流程如图 4-14 所示。

方位向高次相位补偿之前的处理流程与 ECS 算法相同,不进行调

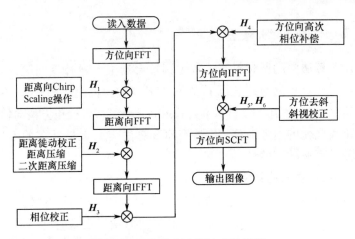

图 4 - 14　改进 ECS 算法成像流程

频斜率一致化调整的方位向高次相位补偿信号 H_4 为

$$H_4(R_c,f_a) = \exp\left\{ j\frac{4\pi R_c\cos\theta_c}{\lambda}(D(f_a) - \cos\theta_c) \right\} \cdot$$

$$\exp\left\{ j2\pi\frac{R_c\sin\theta_c}{v}(f_a - f_c) \right\}\exp\left\{ j\pi\frac{\lambda R_c}{2v^2\cos^2\theta_c}(f_a - f_c)^2 \right\}$$

$$(4 - 93)$$

方位 IFFT 之后的信号为

$$S_8(t_r,t_a) = \mathrm{sinc}\left[B\left(t_r - \frac{2R_c\cos\theta_c}{cD(f_{\mathrm{ref}})} \right) \right]\exp\left\{ -j\frac{4\pi}{\lambda}R_c \right\}\mathrm{rect}\left(\frac{t_a}{T_a} \right) \cdot$$

$$w_a\left(\frac{vt_a - y_n}{v} \right)\exp\left\{ j2\pi f_c\left(t_a - \frac{y_n}{v} \right) \right\}\exp\left\{ -j\pi k_c\left(t_a - \frac{y_n}{v} \right)^2 \right\}$$

$$(4 - 94)$$

式中

$$k_c = \frac{2v^2\cos^2\theta_c}{\lambda R_c}$$

方位去斜参考信号 H_5 变为

$$H_5(R_c,t_a) = \exp\{ j\pi k_c t_a^2 - j2\pi f_c t_a \} \qquad (4 - 95)$$

斜视校正相位因子 H_6 变为

116

$$H_6(t_a) = \exp\left\{ j2\pi k_c \frac{R_c}{v}\sin\theta_c t_a \right\} \qquad (4-96)$$

方位 SCFT 变换的表达式为

$$S_8(t_r, f_a) = \mathrm{SCFT}[S_7(t_r, t_a)]$$

$$= \int S_7(t_r, t_a)\exp\{-j2\pi\alpha f_a t_a\}\,dt_a \qquad (4-97)$$

式中:α 为变标因子。

SCFT 可由 Chirp-z 变换高效实现[9],Chirp-z 变换将上述积分转化成卷积

$$S_8(t_r, f_a) = \exp\{-j\pi\alpha f_a^2\}\left[\,(S_7(t_r, f_a)\right.$$

$$\left.\exp\{-j\pi\alpha f_a^2\})\otimes\exp\{j\pi\alpha f_a^2\}\,\right] \qquad (4-98)$$

式中:$S_7(t_r, f_a)$ 即为 $S_7(t_r, t_a)$,只是以变量 f_a 代替了变量 t_a。

式(4-97)中的卷积可由 FFT 来实现。通过 FFT 实现 Chirp-z 变换的流程如图 4-15 所示。

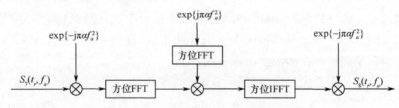

图 4-15 FFT 实现 Chirp-z 变换流程

方位向变标傅里叶变换后,可得成像结果为

$$S_8(t_r, f_a) = \exp\left\{-j\frac{4\pi R_c}{\lambda}\right\}\exp\left\{-j4\pi\frac{y_n\sin\theta_c}{\lambda}\right\}\exp\left\{-j\pi\frac{k_c y_n^2}{v^2}\right\}\cdot$$

$$\mathrm{sinc}\left[B\left(t_r - \frac{2R_c}{c}\right)\right]\mathrm{sinc}\left[T_a\left(\alpha f_a - k_c\frac{y_a}{v}\right)\right] \qquad (4-99)$$

令

$$\frac{\alpha}{k_c}f_a = t_a' \qquad (4-100)$$

则式(4-99)为

$$S_8(t_r, t_a') = \exp\left\{-\mathrm{j}\frac{4\pi R_c}{\lambda}\right\}\exp\left\{-\mathrm{j}4\pi\frac{y_n\sin\theta_c}{\lambda}\right\}\exp\left\{-\mathrm{j}\pi\frac{k_c y_n^2}{v^2}\right\}\cdot$$

$$\mathrm{sinc}\left[B\left(t_r - \frac{2R_c}{c}\right)\right]\mathrm{sinc}\left[k_c T_a\left(t_a' - \frac{y_a}{v}\right)\right] \quad\quad (4-101)$$

3. 参考距离的选择

N 点的 SCFT 输出的是 z 平面单位圆上间隔为 $2\pi\alpha/N$ 的采样点频谱。经过 SCFT,方位向的输出间隔为

$$\Delta y = v\frac{prf}{N}\frac{\alpha}{k_c} \quad\quad (4-102)$$

保证 α/k_c 为定值,则可保持方位向输出间隔均匀。保证 α/k_c 为定值的方法是令

$$\alpha = \frac{R_{\mathrm{ref,sc}}}{R_c} \qu\quad (4-103)$$

式中:$R_{\mathrm{ref,sc}}$ 为方位变标傅里叶变换参考距离。设方位向过采样率为 ε,则当 $\alpha < \varepsilon^{-1}$ 时,SCFT 输出频率范围小于目标带宽,导致目标丢失;当 $\alpha > 1$ 时,SCFT 输出频率范围大于采样频率,出现频率卷绕;当 $\alpha > 2 - \varepsilon^{-1}$ 时,某些目标在图像上出现多次。

为保证不丢失目标,应保证 $\alpha > \varepsilon^{-1}$,也即

$$R_{\mathrm{ref,sc}} > \varepsilon^{-1}R_{\mathrm{f}} \quad\quad (4-104)$$

式中:R_{f} 为成像最大斜距。

此时,对于斜距

$$R_c < \frac{\varepsilon R_{\mathrm{ref}}}{2\varepsilon - 1} \quad\quad (4-105)$$

的区域,应从图像中删除由频率卷绕产生的相应虚假目标。

对扇形成像区域的矩形图像输出是产生上述问题的根本原因。实际上,这里所讨论的参考距离选择问题在 ECS 算法中同样存在,所不同的是这一改进算法会出现虚假目标和目标丢失,而在 ECS 算法中会出现目标混叠。ECS 算法输出频率范围等于采样频率即脉冲重复频率,但调频斜率的一致化调整使信号带宽发生变化,当 $\beta < 2 - \varepsilon^{-1}$ 时就

118

会出现目标混叠。

4. 仿真及结果分析

设置地面上大小为200m(x向)×400m(y向)的目标点阵进行仿真成像,点阵中心的斜距为9km,方位为−100m。仿真参数如表4−2所示,成像结果如图4−16(a)所示。为说明ECS算法在不补零情况下的目标卷绕问题,在相同条件下,采用ECS算法成像,结果如图4−16(b)所示。

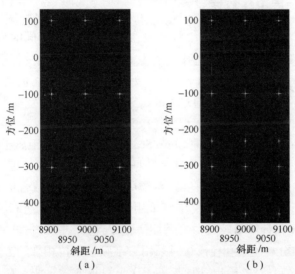

图4−16 改进ECS算法与ECS成像结果

(a) 改进ECS算法成像结果;(b) ECS算法成像结果。

由图4−16可见,改进ECS算法能将目标压缩到正确位置,而ECS算法出现严重的虚假目标。

斜距为9km的三个点目标方位向性能指标如表4−2所示。

表4−2 改进ECS(IECS)算法与ECS算法性能比较(未加权)

目标	峰值(dB)		主瓣宽度(m)		峰值旁瓣比(dB)		积分旁瓣比(dB)	
	IECS	ECS	IECS	ECS	IECS	ECS	IECS	ECS
目标1	42.84	41.01	0.807	1.302	−12.89	−13.20	−10.33	−10.18
目标2	42.87	42.12	0.802	0.995	−13.08	−13.12	−10.26	−10.15
目标3	42.85	43.03	0.802	0.807	−13.00	−12.96	−10.29	−10.18

由表 4 - 2 可见,对于改进 ECS 算法,三个点目标压缩性能一致,对于 ECS 算法,目标 1 和目标 2 产生了虚假目标,其峰值降低,主瓣展宽。

由以上仿真结果可看出,改进 ECS 算法可得到良好的成像结果,并能克服 ECS 算法中调频斜率一致化调整所导致的大量补零问题。

4.3.4 扩展 RD 算法

子孔径成像时,在距离多普勒域,距离相同方位不同的目标,对应不同的频段,因此可以像全孔径成像算法一样在频域校正距离徙动。经典的 RD 和 CS 算法采用了不同的处理方法校正距离徙动,RD 算法采用插值的方法,CS 算法通过 Chirp Scaling 操作校正空变距离徙动,通过在距离频域乘以线性相位因子校正一致距离徙动。

改进 ECS 算法的距离向 Chirp Scaling 操作需要在距离压缩前对数据转置,只能在完全接收到子孔径数据后才能进行成像处理,影响成像实时性。RD 算法在机载和星载系统中应用广泛,弹载合成孔径雷达子孔径成像中的距离徙动校正可采用 RD 算法的方式进行,但 RD 算法的插值操作计算量较大,并会引进成像误差。

4.2 节分析了子孔径成像时采用二维频域相位相乘的方式校正距离徙动的限制条件,给出一种扩展 RD 小斜视成像算法。在二维频域乘以线性相位因子校正距离徙动,并进行距离压缩和二次距离压缩;在距离多普勒域补偿高次相位;在二维时域方位去斜,通过 SCFT 完成方位压缩,并校正目标距离向压缩位置。这一算法没有插值和 CS 操作,复杂度低,实时性强,仿真验证了算法的有效性。

1. 距离向幅宽

采用参考距离 R_{ref} 的距离徙动方程进行统一距离徙动校正,会限制距离向成像幅宽,但子孔径成像的限制条件与全孔径成像有所不同。

参考距离处的距离徙动方程为

$$R_{\text{m}}(f_a) = R_{\text{ref}}\cos\theta_c\left(\frac{1}{D(f_a)} - \frac{1}{D(f_c)}\right) \tag{4-106}$$

$R = R_{\text{ref}} + \Delta R$ 斜距与参考斜距处的距离徙动差为

$$\Delta R_{\mathrm{m}}(f_a) = \Delta R\cos\theta_c\left(\frac{1}{D(f_a)} - \frac{1}{D(f_c)}\right) \qquad (4-107)$$

对于全孔径成像,要求式(4-107)小于一个距离分辨单元。对于子孔径成像,目标个体所对应的频率范围只是整个谱宽的一部分,考察方位向成像区域边缘处的目标,其距离徙动差总量为

$$\Delta R_{\mathrm{mt}} = \Delta R_{\mathrm{m}}(f_{\mathrm{h}}) - \Delta R_{\mathrm{m}}(f_{\mathrm{l}}) \qquad (4-108)$$

式中:f_{h}、f_{l} 为目标所占频带的最高和最低频率。

如果式(4-108)小于一个距离分辨单元,则可认为距离徙动差不影响方位处理,只是造成目标位置偏移,这种偏移可通过图像域中的位置校正来消除。

综上所述,距离向成像幅宽的限制条件为

$$|\Delta R| < \frac{\rho_r}{\cos\theta_c}\left(\frac{1}{D(f_{\mathrm{h}})} - \frac{1}{D(f_{\mathrm{l}})}\right)^{-1} \qquad (4-109)$$

在 $\rho_r = 1\mathrm{m}$,$\rho_a = 1\mathrm{m}$,导弹速度 $v = 500\mathrm{m/s}$,斜视角 $\theta_c = 1°$,波长 $\lambda = 2.17\mathrm{cm}$,天线方位向孔径 $D_a = 0.2\mathrm{m}$ 条件下计算,可得 $|\Delta R| < 1.4\mathrm{km}$。

$|\Delta R| < 1.4\mathrm{km}$,也即斜距幅宽可达 $2.8\mathrm{km}$,通常可满足弹载合成孔径雷达成像要求。如果 $|\Delta R|$ 的范围小于成像幅宽要求,可进行距离向分块处理。

$\Delta R = 1\mathrm{km}$ 时,ΔR_{m} 的最大值约为 $2\mathrm{m}$,即目标距离向压缩位置的偏移很小。

2. 算法流程

算法流程如图4-17所示。

1)距离 FFT 及距离压缩

对式(4-2)进行距离向傅里叶变换,有

$$S_1(f_r,t_a) = W_r(f_r)\mathrm{rect}(t_a/T_a)w_a(t_a - y_n/v) \cdot$$

$$\exp\{-\mathrm{j}\pi f_r^2/k_r - \mathrm{j}4\pi(f_0 + f_r)R(t_a;R_c,y_n)/c\} \qquad (4-110)$$

距离压缩参考函数为

$$H_1(f_r) = \exp\{\mathrm{j}\pi f_r^2/k_r\} \qquad (4-111)$$

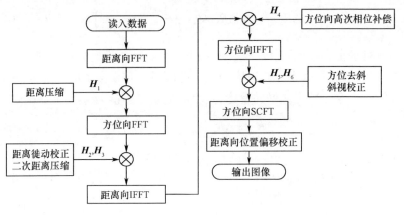

图 4 – 17   扩展 RD 算法成像流程

距离压缩后的信号为

$$S_2(f_r, t_a) = W_r(f_r) \, \mathrm{rect}(t_a/T_a) \, w_a(t_a - y_n/v) \, \cdot$$

$$\exp\{-j4\pi(f_0 + f_r) R(t_a; R_c, y_n)/c\} \quad (4-112)$$

2）方位 FFT 及距离徙动校正和二次距离压缩

对 $S_2(f_r, t_a)$ 进行方位向傅里叶变换，根据驻定相位原理，二维频域信号表达式为

$$S_3(f_r, f_a) = W_r(f_r) W_{a1}(f_a) W_{a2}(f_a) \exp\{j\theta(f_r, f_a)\} \quad (4-113)$$

式中

$$\theta(f_r, f_a) = -\frac{4\pi R_c \cos\theta_c}{\lambda} \left(D(f_a) + \frac{f_r}{f_0 D(f_a)} - \frac{c^2 f_a^2}{8v^2 f_0^4 D^3(f_a)} f_r^2 \right) -$$

$$2\pi f_a \frac{y_n + R_c \sin\theta_c}{v} \quad (4-114)$$

采用参考距离 R_{ref} 处的距离徙动方程在二维频域进行距离徙动校正，距离徙动校正因子为

$$H_2(f_a) = \exp\left\{ j \frac{4\pi R_{\mathrm{ref}} \cos\theta_c}{c} \left(\frac{1}{D(f_a)} - \frac{1}{D(f_c)} \right) f_r \right\} \quad (4-115)$$

二次距离压缩参考函数为

$$H_3(f_a) = \exp\left\{ -\mathrm{j}\pi f_r^2/k_{\mathrm{src}} \right\} \qquad (4-116)$$

距离徙动校正误差可忽略时,可用目标的中心多普勒频率代替式(4-116)中的 f_a。经过上述处理,二维频域中的信号为

$$S_4(f_r,f_a) = W_r(f_r) W_{a1}(f_a) W_{a2}(f_a) \exp\left\{ -\mathrm{j}\frac{4\pi R_c}{c}f_r \right\} \cdot$$

$$\exp\left\{ -\mathrm{j}\frac{4\pi(R_c - R_{\mathrm{ref}})\cos\theta_c}{c}\left(\frac{1}{D(f_m)} - \frac{1}{D(f_c)}\right)f_r \right\} \cdot$$

$$\exp\left\{ -\mathrm{j}\frac{4\pi R_c\cos\theta_c f_0}{c}D(f_a) - \mathrm{j}2\pi\frac{y_n + R_c\sin\theta_c}{v}f_a \right\}$$

$$(4-117)$$

式中

$$f_{\mathrm{m}} = \frac{2v^2}{\lambda R_c}\cos^2\theta_c\frac{y_n}{v}$$

为目标的多普勒中心频率。

3) 距离向傅里叶逆变换及方位高次相位补偿

对 $S_4(f_r,f_a)$ 进行距离向傅里叶逆变换,得

$$S_5(t_r,f_a) = \mathrm{sinc}\left[B(t_r - 2R_c'/c) \right] W_{a1}(f_a) W_{a2}(f_a) \cdot$$

$$\exp\left\{ -\mathrm{j}\frac{4\pi R_c\cos\theta_c}{\lambda}D(f_a) - \mathrm{j}2\pi\frac{y_n + R_c\sin\theta_c}{v}f_a \right\} \quad (4-118)$$

式中

$$R_c' = R_c + (R_c - R_{\mathrm{ref}})\cos\theta_c\left(\frac{1}{D(f_m)} - \frac{1}{D(f_c)}\right)$$

由于 $D(f_a)$ 的非线性调频特性,直接将 $S_5(t_r,f_a)$ 变换到方位时域后进行 Dechirp 成像误差很大。这一步补偿方位高次相位,使方位向信号表现线性调频特性,补偿函数与式(4-86)相同,为

$$H_4(R_c,f_a) = \exp\left\{ \mathrm{j}\frac{4\pi R_c\cos\theta_c}{\lambda}(D(f_a) - \cos\theta_c) \right\} \cdot$$

$$\exp\left\{ \mathrm{j}2\pi\frac{R_c\sin\theta_c}{v}(f_a - f_c) \right\}\exp\left\{ \mathrm{j}\pi k_c^{-1}(f_a - f_c)^2 \right\}$$

$$(4-119)$$

式中

$$k_c = \frac{2v^2 \cos^2 \theta_c}{\lambda R_c}$$

处理后的信号为

$$S_6(t_r, f_a) = \mathrm{sinc}\left[B(t_r - 2R_c/c) \right] W_{a1}(f_a) W_{a2}(f_a) \exp\left\{ -\mathrm{j}\frac{4\pi R_c}{\lambda} \right\} \cdot$$

$$\exp\left\{ -\mathrm{j}2\pi \frac{y_n}{v} f_a + \mathrm{j}\pi k_c (f_a - f_c)^2 \right\} \qquad (4-120)$$

4)方位 IFFT,方位去斜和斜视校正,方位 SCFT

这部分的处理与改进 ECS 算法相同,这里不再赘述。相关表达式如下:

二维时域信号为

$$S_7(t_r, t_a) = \mathrm{sinc}\left[B(t_r - 2R_c'/c) \right] \exp\left\{ -\mathrm{j}4\pi R_c/\lambda \right\} \cdot$$

$$\mathrm{rect}(t_a/T_a) w_a(t_a - y_n/v) \cdot$$

$$\exp\left\{ \mathrm{j}2\pi f_c (t_a - y_n/v) \right\} \exp\left\{ -\mathrm{j}\pi k_c (t_a - y_n/v)^2 \right\}$$

$$\qquad (4-121)$$

方位去斜参考信号 H_5 为

$$H_5(R_c, t_a) = \exp\left\{ \mathrm{j}\pi k_c t_a^2 - \mathrm{j}2\pi f_c t_a \right\} \qquad (4-122)$$

斜视校正相位因子 H_6 为

$$H_6(t_a) = \exp\left\{ \mathrm{j}2\pi k_c \frac{R_c}{v} \sin\theta_c t_a \right\} \qquad (4-123)$$

经方位 SCFT 和变量代换后,可得成像结果为

$$S_8(t_r, t_a') = \exp\left\{ -\mathrm{j}\frac{4\pi R_c}{\lambda} \right\} \exp\left\{ -\mathrm{j}4\pi \frac{y_n \sin\theta_c}{\lambda} \right\} \exp\left\{ -\mathrm{j}\pi \frac{k_c y_n^2}{v^2} \right\} \cdot$$

$$\mathrm{sinc}\left[B\left(t_r - \frac{2R_c'}{c} \right) \right] \mathrm{sinc}\left[k_c T_a \left(t_a' - \frac{y_a}{v} \right) \right] \qquad (4-124)$$

5)距离向位置偏移校正

由式(4-124)可知,目标在图像中出现在

124

$$R'_c = R_c + (R_c - R_{ref}) \cos\theta_c \left(\frac{1}{D(f_m)} - \frac{1}{D(f_c)} \right) \quad (4-125)$$

由式(4-125)可得

$$R_c = \frac{R'_c + R_{ref}\gamma}{1 + \gamma} \quad (4-126)$$

式中

$$\gamma = \cos\theta_c \left(\frac{1}{D(f_m)} - \frac{1}{D(f_c)} \right) \quad (4-127)$$

f_m 可由目标方位向压缩位置得出,根据式(4-124),有

$$f_m = \frac{2v}{\lambda R_c} \cos^2\theta_c [y - R_c \sin\theta_c] + f_c \quad (4-128)$$

R_c 与 R'_c 相差很小,可以用 R'_c 计算式(4-128)。

根据式(4-126)将目标距离向压缩位置校正到 R_c。位置偏移校正通过插值实现,实际上该位置偏移量很小,可采用最简单的最近邻域插值。实际应用中,通常会按照参考图像和图像匹配的要求将图像输出到一个特定的坐标系中,并进行图像分辨率调整,即图像输出过程中,也要进行插值操作,可将上述位置偏移校正插值与图像输出插值合并进行,所以,该位置偏移校正处理几乎不增加计算量。

3. 仿真及结果分析

在地面上设置三块大小为 $200m(x$ 向$) \times 200m(y$ 向$)$ 的目标点阵进行仿真成像,三块点阵中心的斜距分别为 9km、10km、11km;方位分别为 -100m、200m 和 600m。仿真参数如表 4-1 所示,成像结果如图 4-18 所示。

三个成像区域中心点目标的成像性能指标如表 4-3 所示。

由表 4-3 可知,对于区域 1 和区域 2,方位向和距离向成像性能指标与理论值一致,对于区域 3,方位和距离分辨率略有展宽,这主要是由距离徙动校正误差导致的。区域 3 的目标多普勒频率大,高频处距离徙动差变化较大,因此,其性能指标略有下降,但主瓣展宽很小,小于 5%,可忽略。

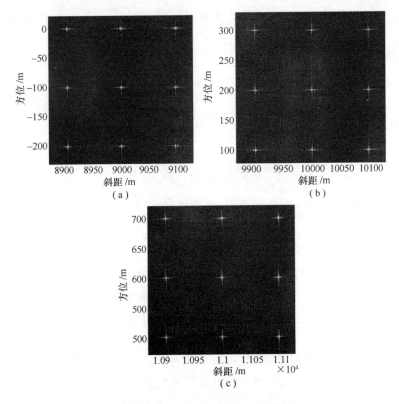

图 4 – 18 扩展 RD 算法成像结果

(a)近距处图像；(b)参考斜距处图像；(c)远距处图像。

表 4 – 3 扩展 RD 算法成像结果性能指标

目标	方位向				距离向		
	IRW/m	IRW*/m	PSLR/dB	ISLR/dB	IRW/m	PSLR/dB	ISLR/dB
区域1	0.802	0.797	- 13.06	- 10.37	0.891	- 12.94	- 10.54
区域2	0.890	0.886	- 13.16	- 10.11	0.880	- 13.54	- 10.22
区域3	1.02	0.974	- 13.80	- 11.12	0.911	- 13.92	- 11.26
注:IRW*为主瓣宽度理论值							

由以上仿真结果可看出,本节给出的扩展 RD 算法可实现小斜视角下的子孔径成像,成像性能良好,并能适应较宽测绘带。相比于 ECS

和改进 ECS 算法,扩展 RD 算法复杂度低,实时性强。

4.4 大斜视成像

4.4.1 概述

弹载合成孔径雷达在对参考区域进行多次成像或者(和)在对攻击目标区域进行成像时常工作在大斜视模式。

大斜视条件下,距离向和方位向严重耦合,二维频域中的二阶以上耦合相位,导致距离徙动校正及相位补偿误差很大,ECS、改进 ECS 和扩展 RD 等算法性能急剧下降。

本节分析时域去距离走动对二维耦合和距离徙动的影响,给出一种带时域去走动的扩展 RD 成像算法。在方位时域校正距离徙动的公共线性项;在二维频域校正剩余距离徙动;在距离多普勒域补偿高次相位;在二维时域进行方位去斜,并通过 SCFT 完成方位压缩。这一算法解决了大斜视条件下的子孔径成像问题,且复杂度低,延时小。仿真验证了算法的有效性。

4.4.2 时域去走动影响分析

1. 时域去走动对二维耦合的影响

时域去距离走动是大斜视成像常采用的降耦合方法[10-12],下面分析时域去走动对二维耦合的影响。

距离走动即距离徙动的公共线性项为

$$\Delta R_w(t_a) = -\frac{\partial R(t_a;R_c,y_n)}{\partial t_a}\bigg|_{vt_a=y_n} \quad t_a = v\sin\theta_c t_a \quad (4-129)$$

方位时域去走动,可通过在距离频域乘以线性相位因子完成。将距离走动校正后的信号变换到二维频域,信号表达式为

$$S_3(f_r,f_a) = W_r(f_r)W_{a1}(f_a)W_{a2}(f_a)\exp\{\mathrm{j}\theta(f_r,f_a)\} \quad (4-130)$$

式中

$$\theta(f_r,f_a) = -\frac{4\pi R_c\cos\theta_c}{\lambda}\sqrt{D^2(f_a) + \frac{f_r^2}{f_0^2}\cos^2\theta_c + \frac{2f_r}{f_0}\left(1 - \frac{cf_a}{2vf_0}\sin\theta_c\right)} -$$

$$2\pi \frac{y_n + R_c\sin\theta_c}{v}f_a - 4\pi \frac{y_n + R_c\sin\theta_c}{c}\sin\theta_c f_r - \pi f_r^2/k_r$$

$$(4-131)$$

式(4-130)中的方位窗函数忽略了距离频率相关项,其表达式与上文相同。

不进行距离走动校正时,二维频域信号为

$$S_3'(f_r,f_a) = W_r(f_r)W_{a1}(f_a)W_{a2}(f_a)\exp\{j\theta'(f_r,f_a)\} \quad (4-132)$$

式中

$$\theta'(f_r,f_a) = -\frac{4\pi R_c\cos\theta_c}{\lambda}\sqrt{D^2(f_a) + 2f_r/f_0 + (f_r/f_0)^2} -$$

$$2\pi \frac{y_n + r\sin\theta_c}{v}f_a - \pi f_r^2/k_r \qquad (4-133)$$

ECS 算法距离多普勒谱是对二维频谱二次近似后得到的,对于式(4-132),二阶以上耦合相位可忽略的条件为

$$1 - \frac{c^2f_a^2}{4v^2f_0^2} \gg \left| \frac{f_r^2}{f_0^2} + \frac{2f_r}{f_0} \right| \qquad (4-134)$$

该条件在大斜视时不能满足[13],二阶以上耦合相位项不可忽略。对于式(4-133),二阶以上耦合相位项可忽略的条件为

$$1 - \frac{c^2f_a^2}{4v^2f_0^2} \gg \left| \frac{f_r^2}{f_0^2}\cos^2\theta_c + \frac{2f_r}{f_0}\left(1 - \frac{cf_a}{2vf_0}\sin\theta_c\right) \right| \qquad (4-135)$$

式(4-135)可近似为

$$1 \gg \left| \frac{f_r^2}{f_0^2} + \frac{2f_r}{f_0} \right| \qquad (4-136)$$

由式(4-136)可知,时域去走动后,二阶以上耦合相位项可忽略的条件与斜视角几乎无关。

对式(4-133)二次展开,有

$$\theta_a(f_r,f_a) = -\frac{4\pi R_c\cos\theta_c}{\lambda}\left[D(f_a) + \frac{1 - \frac{cf_a}{2vf_0}\sin\theta_c}{f_0 D(f_a)}f_r - \frac{\left(\frac{cf_a}{2vf_0} - \sin\theta_c\right)^2}{2f_0^2 D^3(f_a)}f_r^2 \right] -$$

128

$$2\pi \frac{y_n + R_c \sin\theta_c}{v} f_a - 2\pi \frac{2y_n}{c} \sin\theta_c f_r - 2\pi \frac{2R_c}{c} \sin^2\theta_c f_r - \pi f_r^2 / k_r$$

$$(4-137)$$

二阶耦合相位为

$$\theta_{\mathrm{td}} = \frac{\pi R_c \cos\theta_c c (f_a - f_c)^2}{2v^2 f_0^3 D^3(f_a)} f_r^2 \qquad (4-138)$$

对于式(4 – 133),二阶耦合相位为

$$\theta_{\mathrm{td}}' = \frac{\pi R_c \cos\theta_c c f_a^2}{2v^2 f_0^3 D^3(f_a)} f_r^2 \qquad (4-139)$$

斜视角较大时,即时域去走动后,二阶耦合相位大大减小。

2. 时域去走动对距离徙动的影响

将信号变换到距离多普勒域,有

$$S_{\mathrm{rd}}(t_r, f_a) = w_r \big[t_r - 2(R_c + y_n \sin\theta_c + R_m(f_a))/c \big] W_{a1}(f_a) W_{a2}(f_a) \cdot$$

$$\exp\{ \mathrm{j}\pi k_m' [t_r - 2(R_c + y_n \sin\theta_c + R_m'(f_a))/c]^2 \} \cdot$$

$$\exp\{ -\mathrm{j}4\pi R_c \cos\theta_c D(f_a)/c - \mathrm{j}2\pi (y_n + R_c \sin\theta_c) f_a / v \}$$

$$(4-140)$$

式中

$$k_m' = \frac{k_r}{1 - k_r / k_{\mathrm{src}}'} \qquad (4-141)$$

$$\frac{1}{k_{\mathrm{src}}'} = \frac{2\pi R_c \cos\theta_c}{\lambda f_0^2 D^3(f_a)} \left(\frac{c f_a}{2v f_0} - \sin\theta_c \right)^2 \qquad (4-142)$$

$R_m'(f_a)$ 为距离多普勒域中的距离徙动方程,有

$$R_m'(f_a) = \frac{R_c \cos\theta_c}{D(f_a)} \left(1 - \frac{\lambda f_a}{2v} \sin\theta_c \right) - R_c \cos^2\theta_c \qquad (4-143)$$

$R_c + \Delta R$ 斜距与成像中心斜距 R_c 处的距离徙动差为

$$\Delta R_m'(f_a) = \Delta R \left[\frac{\cos\theta_c}{D(f_a)} \left(1 - \frac{\lambda f_a}{2v} \sin\theta_c \right) - \cos^2\theta_c \right] \qquad (4-144)$$

图 4 - 19 为时域去走动后,中心斜距处的距离徙动情况,计算条件为:天线方位向孔径 $D_a = 0.2\text{m}$;导弹速度 $v = 500\text{m/s}$;斜视角 θ_c 为 30°和 60°。

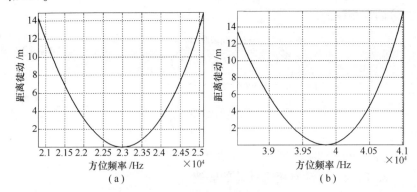

图 4 - 19   中心斜距处的距离徙动

(a) $\theta_c = 30°$;(b) $\theta_c = 60°$。

图 4 - 20 为 $\Delta R = \pm 1\text{km}$ 时的距离徙动差。

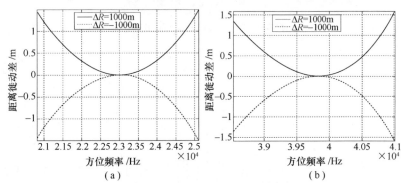

图 4 - 20   距离徙动差

(a) $\theta_c = 30°$;(b) $\theta_c = 60°$。

由图 4 - 19 和图 4 - 20 可看出,距离徙动以及距离徙动差都较小,且与斜视角几乎不相关。

时域去走动后,距离多普勒域的空变距离徙动大大降低。距离向成像幅宽的限制条件为

$$|\Delta R| < \frac{\rho_r}{\cos\theta_c}\left(\frac{1 - \frac{\lambda f_h}{2v}\sin\theta_c}{D(f_h)} - \frac{1 - \frac{\lambda f_l}{2v}\sin\theta_c}{D(f_l)}\right)^{-1} \quad (4-145)$$

式中:f_h、f_l 为目标个体所占频带的最高最低频率。

在 $\rho_r = 2\text{m}$、$\rho_{cr} = 2\text{m}$、$v = 500\text{m/s}$、$\theta_c = 60°$、$\lambda = 2.17\text{cm}$、$D_a = 0.2\text{m}$ 条件下,$|\Delta R| < 5.6\text{km}$。实际上,由于多普勒中心频率随斜距变化,$\Delta R$ 的范围要小一些。

空变距离徙动大大降低,距离徙动校正可在二维频域统一进行,并且在最大空变距离徙动小于一个距离分辨单元时,还可省去目标距离向压缩位置偏移校正处理。

4.4.3 算法流程

根据傅里叶变换的性质,方位时域距离走动可在距离频域乘以相位因子实现,因此,本节算法首先将信号变换到距离频域,在距离频域完成距离走动校正后,将信号变换到二维频域,在二维频域进行剩余距离徙动校正,距离压缩及二次距离压缩,之后再将信号变换到距离多普勒域,为避免调频斜率一致化调整所带来的补零问题,采用改进 ECS 算法的方位处理方式,补偿高次相位,最后进行方位 Dechirp 和 SCFT 成像。成像流程如图 4-21 所示。

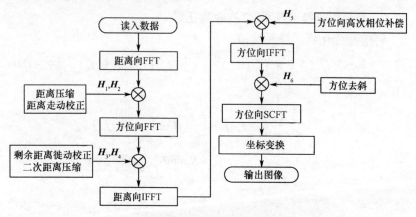

图 4-21 带时域去走动的扩展 RD 算法成像流程

1. 距离向 FFT 及距离走动校正

将回波信号变换到距离频域,有

$$S_1(f_r,t_a) = W_r(f_r)\mathrm{rect}(t_a/T_a)w_a(t_a - y_n/v) \cdot$$

$$\exp\{-\mathrm{j}\pi f_r^2/k_r - \mathrm{j}4\pi(f_0 + f_r)R(t_a;R_c,y_n)/c\}$$

$$(4-146)$$

距离压缩参考函数为

$$H_1(f_r) = \exp\{\mathrm{j}\pi f_r^2/k_r\} \qquad (4-147)$$

方位时域距离走动校正可通过在距离频域乘以线性相位完成,距离走动校正因子为

$$H_2(t_a,f_r) = \exp\left\{-\mathrm{j}\frac{4\pi}{c}v\sin\theta_c t_a f_r\right\} \qquad (4-148)$$

处理后的信号为

$$S_2(f_r,t_a) = W_r(f_r)\mathrm{rect}(t_a/T_a)w_a(t_a - y_n/v) \cdot$$

$$\exp\left\{-\mathrm{j}\frac{4\pi}{c}(f_0 + f_r)R(t_a;R_c,y_n)\right\}$$

$$\exp\left\{-\mathrm{j}\frac{4\pi}{c}v\sin\theta_c t_a f_r\right\} \qquad (4-149)$$

2. 剩余距离徙动校正,二次距离压缩

将信号变化到二维频域,有

$$S_3(f_r,f_a) = W_r(f_r)W_{a1}(f_a)W_{a2}(f_a)\exp\{\mathrm{j}\theta(f_r,f_a)\} \quad (4-150)$$

式中

$$\theta(f_r,f_a) = -\frac{4\pi}{c}R'_m(f_a)f_r - \frac{4\pi}{c}(R_c + y_n\sin\theta_c)f_r +$$

$$\pi\frac{1}{k'_{\mathrm{src}}}f_r^2 - 2\pi\frac{y_n + R_c\sin\theta_c}{v}f_a - \frac{4\pi R_c\cos\theta_c}{\lambda}D(f_a)$$

$$(4-151)$$

校正剩余距离徙动的相位因子为

132

$$H_3(f_r, f_a) = \exp\left\{ j\frac{4\pi}{c} R'_{\mathrm{m}}(f_a) f_r \right\} \qquad (4-152)$$

二次距离压缩的参考函数为

$$H_4(f_r, f_a) = \exp\left\{ j\pi \frac{1}{k'_{\mathrm{src}}} f_r^2 \right\} \qquad (4-153)$$

处理后的信号为

$$S_4(f_r, f_a) = W_r(f_r) W_{a1}(f_a) W_{a2}(f_a) \cdot$$

$$\exp\left\{ -j\frac{4\pi R_c \cos\theta_c}{\lambda} D(f_a) - j2\pi \frac{y_n + R_c \sin\theta_c}{v} f_a \right\} \cdot$$

$$\exp\left\{ -j2\pi \frac{2R_c}{c} f_r - j2\pi \frac{2y_n \sin\theta_c}{c} f_r \right\} \qquad (4-154)$$

3. 距离向 IFFT 及方位向高次相位补偿

对 $S_4(f_r, f_a)$ 进行距离向傅里叶逆变换,得

$$S_5(t_r, f_a) = \mathrm{sinc}\left[B\left(t_r - \frac{2R_c}{c} - \frac{2y_n \sin\theta_c}{c} \right) \right] W_{a1}(f_a) W_{a2}(f_a) \cdot$$

$$\exp\left\{ -j\frac{4\pi R_c \cos\theta_c}{\lambda} D(f_a) - j2\pi \frac{y_n + R_c \sin\theta_c}{v} f_a \right\}$$

$$(4-155)$$

补偿方位向高次相位,使方位向信号表现线性调频特性,补偿函数为

$$H_4(R_c, f_a) = \exp\left\{ j\frac{4\pi R_c \cos\theta_c}{\lambda} (D(f_a) - \cos\theta_c) \right\} \cdot$$

$$\exp\left\{ j2\pi \frac{R_c}{v} \sin\theta_c (f_a - f_c) \right\} \exp\left\{ j\pi k_c^{-1} (f_a - f_c)^2 \right\}$$

$$(4-156)$$

经上述处理后的信号为

$$S_6(t_r, f_a) = \mathrm{sinc}\left[B\left(t_r - \frac{2R_c}{c} - \frac{2y_n \sin\theta_c}{c} \right) \right] W_{a1}(f_a) W_{a2}(f_a) \cdot$$

133

$$\exp\left\{-j\frac{4\pi R_c}{\lambda}\right\}\exp\left\{-j2\pi\frac{y_n}{v}f_a+j\pi k_c^{-1}(f_a-f_c)^2\right\}$$

$$(4-157)$$

4. 方位 IFFT 及方位去斜

首先对 $S_6(t_r,f_a)$ 进行方位向傅里叶逆变换,根据驻定相位原理,可得二维时域的信号表达式为

$$S_7(t_r,t_a)=\text{sinc}\left[B\left(t_r-\frac{2R_c}{c}-\frac{2y_n\sin\theta_c}{c}\right)\right]\exp\left\{-j\frac{4\pi R_c}{\lambda}\right\}\cdot$$

$$\text{rect}\left(\frac{t_a}{T_a}\right)w_a\left(t_a-\frac{y_n}{v}\right)\exp\{j2\pi f_c(t_a-y_n\sin\theta_c)\}\cdot$$

$$\exp\{-j\pi k_c(t_a-y_n/v)^2\} \qquad (4-158)$$

Dechirp 和多普勒中心频率补偿参考函数 H_5 为

$$H_5(R_c,t_a)=\exp\{j\pi k_c t_a^2-j2\pi f_c t_a\} \qquad (4-159)$$

5. 方位 SCFT

最后进行方位向变标傅里叶变换,得成像结果为

$$S_8(t_r,t_a')=\exp\left\{-j\frac{4\pi R_c}{\lambda}\right\}\exp\left\{-j4\pi\frac{y_n\sin\theta_c}{\lambda}\right\}\exp\left\{-j\pi\frac{k_c y_n^2}{v^2}\right\}\cdot$$

$$\text{sinc}\left[B\left(t_r-\frac{2R_c}{c}-\frac{2y_n\sin\theta_c}{c}\right)\right]\text{sinc}\left[k_c T_a\left(t_a'-\frac{y_n}{v}\right)\right]$$

$$(4-160)$$

令

$$\frac{v}{k_{\text{ref}}}f_a=r_c \qquad (4-161)$$

$$\frac{c}{2}t_r=r_d \qquad (4-162)$$

变量代换后,可得

$$S_8(r_d,r_c)=\exp\left\{-j\frac{4\pi R_c}{\lambda}\right\}\exp\left\{-j4\pi\frac{y_n\sin\theta_c}{\lambda}\right\}\exp\left\{-j\pi\frac{k_c y_n^2}{v^2}\right\}\cdot$$

$$\text{sinc}\left[\frac{2B}{c}(r_d-R_c-y_n\sin\theta_c)\right]\text{sinc}\left[\frac{k_c T_a}{v}(r_c-y_n)\right]$$

$$(4-163)$$

134

6. 坐标变换

由式（4 – 163）可知，成像后，目标在图像域的坐标为$(R_c + y_n\sin\theta_c,$ $y_n)$，而$(R_c + y_n\sin\theta_c, y_n\cos\theta_c)$为目标在视线方向—距离横向坐标系中的坐标，也即将图像的两个坐标轴相互垂直，方位坐标乘以系数$\cos\theta_c$，所得图像坐标即为目标视线方向—距离横向坐标。

通常情况下，合成孔径雷达图像坐标为距离—方位坐标，但大斜视时，以距离横向代替方位向更为合理。弹载合成孔径雷达图像通常用于图像匹配，因此，还要根据系统需求决定是否对图像进行旋转。

4.4.4 时域去走动产生的新问题

时域去走动处理导致目标被压缩到$R_c + y_n\sin\theta_c$，而不是R_c，从而产生方位聚焦深度问题。由式（4 – 155）可知，距离为r_1、方位为y_1的目标被压缩到距离单元$r_2 = r_1 + y_1\sin\theta_c$处，其方位高次相位补偿信号实际为

$$H_4(r_2, f_a) = \exp\left\{ j\frac{4\pi r_2\cos\theta_c}{\lambda}(D(f_a) - \cos\theta_c) \right\} \cdot$$
$$\exp\left\{ j2\pi\frac{r_2}{v}\sin\theta_c(f_a - f_c) \right\}\exp\left\{ j\pi\frac{\lambda r_2}{2v^2\cos^2\theta_c}(f_a - f_c)^2 \right\}$$
$$(4 - 164)$$

补偿后的信号为

$$S_6(t_r, f_a) = \text{sinc}\left[B\left(t_r - \frac{2r_1}{c} - \frac{2y_1\sin\theta_c}{c} \right) \right] W_{a1}(f_a)W_{a2}(f_a) \cdot$$
$$\exp\left\{ -j\frac{4\pi r_1}{\lambda} - j2\pi\frac{y_1}{v}f_a \right\}\exp\left\{ j\pi\frac{\lambda r_1}{2v^2\cos^2\theta_c}(f_a - f_c)^2 \right\}$$
$$(4 - 165)$$

方位向高次相位补偿后，信号保持了r_1距离处的调频斜率，而方位向 Dechirp 只能采用距离单元r_2的调频斜率，即H_5为

$$H_5(R_2, t_a) = \exp\left\{ j\pi\frac{2v^2\cos^2\theta_c}{\lambda r_2}t_a^2 - j2\pi f_c t_a \right\} \qquad (4 - 166)$$

Dechirp 调频斜率与信号调频斜率之差将导致压缩主瓣展宽，旁瓣升

135

高。若要求调频斜率误差导致的相位误差小于0.5π,可得y_1的范围为

$$|y_1| < \frac{\lambda r_1^2}{v^2 T_a^2 \cos^2\theta_c |\sin\theta_c|} \qquad (4-167)$$

对于全孔径数据成像,方位向聚焦深度限制了方位向批处理的数据长度,而对于子孔径成像,则限制了聚焦区域的大小。在$r_1 = 10$km,$\lambda = 2.17$cm,$v = 500$m/s,$\theta_c = 60°$,$T_a = 182$ms条件下,$|y_1| < 1.2$km,大于波束完全照射区域,成像中可不考虑该问题,否则,可采用分次聚焦的方法对波束完全照射区域成像。

另一方面,方位SCFT采用r_2生成变标因子,而不是r_1,而SCFT的特点在于,对于不同的距离单元,同一频率所对应的方位输出位置不同,因此,目标方位向压缩位置会产生偏移。经推导,目标最终在图像方位向的位置为

$$r_c = y_1 + \frac{\sin\theta_c}{r_2 - y_1\sin\theta_c}y_1^2 \qquad (4-168)$$

如果考虑r_2与r_1处的多普勒中心频率差,目标的方位坐标为

$$r_c = y_1 + \frac{\sin\theta_c'}{r_2 - y_1\sin\theta_c'}y_1^2 - \frac{h}{r_2^2}\tan^2\theta_c y_1 \qquad (4-169)$$

式中:θ_c'为距离r_2处的斜视角。

目标横向位置偏移可通过插值进行校正,如前所述,最终要将图像输出到一特定坐标系中,因此,可将该位置偏移校正插值与图像输出插值合并进行。

4.4.5 仿真分析

按照上述成像流程仿真成像,仿真参数如表4-4所示。

仿真表明ECS、改进ECS以及扩展RD等算法在大斜视式,性能急剧下降。二维耦合对三种算法的影响相似,这里以ECS为例进行仿真。

在地面上设置三块大小为200m(x_2向)×200m(y_2向)的目标点阵,三块点阵中心的斜距分别为9.8km、10km、10.2km;y_2向的坐标分别为-200m、0m和200m,其中,x_2向为天线指向的地面投影方向;y_2向为地面上与x_2垂直的方向。

表 4 - 4　仿真参数

参　数	数值	参　数	数值
波长 λ/cm	2.17	天线方位孔径 D_a/(m)	0.2
带宽 B/MHz	75	重频 prf/Hz	3000
采样频率 f_s/MHz	90	积累时间 T_a/ms	182
信号时宽 T_s/μs	2	高度 h/km	3
导弹速度 v/(m/s)	500	参考距离 R_c/km	10
斜视角 θ_c/(°)	60	斜距带宽 W_r/km	2.5

　　仿真结果如图 4 - 22 所示。从图 4 - 22 可看出,在 400m 较小的测绘幅宽内,目标压缩结果存在严重的展宽,且压缩位置出现误差。正

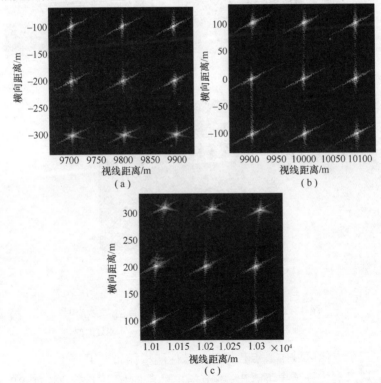

图 4 - 22　ECS 算法成像结果

(a)近距处图像;(b)参考距离处图像;(c)远距处图像。

137

如理论分析所指出的,大斜视角成像时,由于二维强耦合,二阶以上耦合相位导致距离徙动校正,方位相位补偿误差较大,算法性能急剧下降。

将三块点阵中心的斜距改为 9km、10km、11km,其他参数不变,采用带时域去走动的扩展 RD 算法成像,成像结果如图 4 – 23 所示。

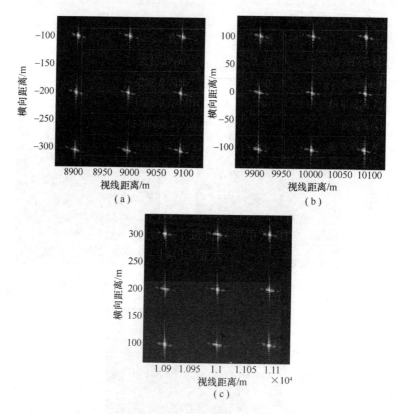

图 4 – 23　带时域去走动的扩展 RD 算法成像结果
(a)近距处图像;(b)参考距离处图像;(c)远距处图像。

三个成像区域中心点目标的成像性能指标如表 4 – 5 所示。

从以上仿真结果可看出,本节给出的带时域去走动的扩展 RD 算法能很好地实现大斜视条件下的宽测绘带、高分辨成像。这一算法没有插值和距离向 CS 操作,复杂度低,成像延时小。

138

表 4-5　带时域去走动的扩展 RD 算法成像结果性能指标(未加权)

目标	距离横向				视线距离向		
	IRW/m	IRW＊/m	PSLR/dB	ISLR/dB	IRW/m	PSLR/dB	ISLR/dB
区域 1	1.46	1.49	-12.43	-9.53	1.76	-14.27	-12.87
区域 2	1.78	1.77	-12.82	-10.41	1.77	-13.48	-11.79
区域 3	2.15	2.06	-12.65	-10.11	1.75	-13.87	-10.93
注:IRW＊为主瓣宽度理论值							

4.5　俯冲弹道成像

4.5.1　概述

目前,俯冲弹道弹载合成孔径雷达成像研究主要集中在距离方程方面[14-18],将垂直向速度和三维加速度引入距离方程,对其做合理的近似后,采用传统的 ECS、RD 等算法,修改相应的算法因子进行成像。但无论距离方程多么精确,这些算法中的距离方程都是波束中心处目标的距离变化方程,俯冲弹道弹载合成孔径雷达的回波信号模型与平飞弹道的模型有很大区别,主要是失去了方位时移不变性,这种距离方程没有普遍意义。因此,从原理上讲,不能在方位频域进行距离徙动校正和调频斜率差补偿,也即不能采用 RD、CS 等算法的处理方式,若采用这些算法,则成像场景受到很大限制[19]。

由 4.3.1 节的分析可知,SPECAN 算法的距离徙动校正和方位处理都是在时域进行,从多普勒分辨理论的角度分析,可认为 SPECAN 算法即是对初始距离相同的距离环带上的目标进行多普勒分辨成像,即可采用 SPECAN 算法处理的回波信号模型,但 SPECAN 算法是在平台平飞条件下推导的,对于俯冲弹道弹载合成孔径雷达成像,需要修正算法中的相位因子。

本节给出一种改进 SPECAN 成像算法,采用包含三个方向速度和加速度参数的相位因子进行距离徙动校正和相位补偿,将成像区域分为不同方位角带,分别进行频谱分析成像,由各成像结果合成整个成像区域的图像。算法可实现俯冲弹道弹载合成孔径雷达大区域、高分辨、大斜视成像,仿真验证了其有效性。

4.5.2 算法流程

算法成像流程如图 4-24 和图 4-25 所示,图中示例了将天线波束照射区域分为三个方位角带的情况。

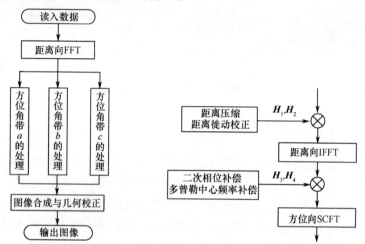

图 4-24 改进 SPECAN 算法流程   图 4-25 各方位角带的处理流程

1. 距离向 FFT

对式(4-37)进行距离向傅里叶变换,有

$$S_1(f_r,t_a) = W_r(f_r)\mathrm{rect}(t_a/T_a)\exp\{-\mathrm{j}\pi f_r^2/k_r\}\cdot$$
$$\exp\{-\mathrm{j}4\pi(f_0+f_r)R(t_a;r,\theta)/c\} \qquad (4-170)$$

2. 对 $\theta_0 \pm \Delta\theta$ 方位角带的处理

1)距离压缩,距离徙动校正及距离向 IFFT

距离压缩参考函数 H_1 为

$$H_1(f_r) = \exp\{\mathrm{j}\pi f_r^2/k_r\} \qquad (4-171)$$

以点目标 P 为参考进行距离徙动校正,在距离频域,校正距离徙动的相位因子 H_2 为

$$H_2(f_r,t_a) = \exp\left\{\mathrm{j}4\pi\frac{R_\mathrm{m}(t_a;r_0,\theta_0)}{c}f_r\right\} \qquad (4-172)$$

140

式中

$$R_{\mathrm{m}}(t_a;r_0,\theta_0) = -v_{\theta r}t_a + \frac{v^2 - v_{\theta_0 r_0}^2}{2r_0}t_a^2 - \frac{a_{\theta_0 r_0}}{2}t_a^2 \qquad (4-173)$$

$$a_{\theta_0 r_0} = a_x\frac{\sqrt{r_0^2 - h^2}}{r_0}\cos\theta_0 + a_y\frac{\sqrt{r_0^2 - h^2}}{r_0}\sin\theta_0 + a_z\frac{-h}{r_0} \qquad (4-174)$$

距离徙动校正后的信号为

$$S_2(f_r,t_a) = W_r(f_r)\mathrm{rect}(t_a/T_a)\ \cdot$$
$$\exp\left\{-\mathrm{j}\frac{4\pi}{\lambda}R(t_a;r,\theta)\right\}\exp\left\{-\mathrm{j}\frac{4\pi}{c}rf_r\right\} \qquad (4-175)$$

距离向 IFFT 之后的信号为

$$S_3(t_r,t_a) = \mathrm{sinc}\{B(t_r - 2r/c)\}\mathrm{rect}(t_a/T_a)\exp\{-\mathrm{j}4\pi r/\lambda\}\ \cdot$$
$$\exp\left\{-\mathrm{j}\frac{4\pi}{\lambda}\left(-v_{\theta r}t_a + \frac{v^2 - v_{\theta r}^2}{2r}t_a^2 - \frac{a_{\theta r}}{2}t_a^2\right)\right\} \qquad (4-176)$$

2）二次相位和多普勒中心频率补偿

二次相位补偿因子 H_3 为

$$H_3(r,t_a) = \exp\left\{\mathrm{j}\frac{4\pi}{\lambda}\left(\frac{v^2 - v_{\theta_0 r}^2}{2r}t_a^2 - \frac{a_{\theta_0 r}}{2}t_a^2\right)\right\} \qquad (4-177)$$

多普勒中心频率补偿因子 H_4 为

$$H_4(r,t_a) = \exp\{-\mathrm{j}4\pi v_{\theta_0 r}t_a/\lambda\} \qquad (4-178)$$

二次相位补偿后的信号为

$$S_4(t_r,t_a) = \mathrm{sinc}\{B(t_r - 2r/c)\}\mathrm{rect}(t_a/T_a)\ \cdot$$
$$\exp\{-\mathrm{j}4\pi r/\lambda\}\exp\{\mathrm{j}2\pi\Delta f_a t_a\} \qquad (4-179)$$

式中

$$\Delta f_a = \frac{2(v_{\theta r} - v_{\theta_0 r})}{\lambda} = 2\frac{\theta - \theta_0}{\lambda}\frac{\sqrt{r^2 - h^2}}{r}(v_y\cos\theta_0 - v_x\sin\theta_0) \qquad (4-180)$$

3）方位 CFT

若进行 FFT 成像,则频率间隔所对应的方位角间隔和弧长都随距离变化,为保证图像"方位向"输出间隔所对应的弧长相等,以 SCFT 代替 FFT 进行方位成像。方位 SCFT 之后的信号为

$$S_5(t_r, f_a) = \exp\{-j4\pi r/\lambda\} \text{sinc}[B(t_r - 2r/c)] \text{sinc}[T_a(\alpha f_a - \Delta f_a)]$$

$$(4-181)$$

式中变标因子

$$\alpha = \frac{r_{\text{ref}}}{r} \qquad\qquad (4-182)$$

式中:r_{ref} 为变标参考距离。

令

$$a = \frac{1}{2} \frac{\lambda r_{\text{ref}}}{v_y \cos\theta_0 - v_x \sin\theta_0} f_a \qquad\qquad (4-183)$$

则式(4-181)可表示为

$$S_5(t_r, a) = \exp\{-j4\pi r/\lambda\} \text{sinc}[B(t_r - 2r/c)]$$

$$\text{sinc}\left\{2\frac{v_y \cos\theta_0 - v_x \sin\theta_0}{\lambda r} T_a[a - \sqrt{r^2 - h^2}(\theta - \theta_0)]\right\}$$

$$(4-184)$$

"方位向"输出间隔所对应的弧长

$$\Delta a = \frac{1}{2} \frac{\lambda r_{\text{ref}}}{v_y \cos\theta_0 - v_x \sin\theta_0} \frac{\text{prf}}{N} \qquad\qquad (4-185)$$

为定值,即保证了方位向输出间隔均匀。下文中将 a 也称为方位。

3. 其他方位角带的处理

经过以上处理,可从回波数据中获得 $\theta_0 \pm \Delta\theta$ 范围内目标的聚焦图像,采用相同的处理方法,修改因子 H_2, H_3 就能获得波束照射区域内其他目标的聚焦图像。以针对方位角带 $[\theta_0 + \Delta\theta, \ \theta_0 + 3\Delta\theta]$ 的处理为例,距离徙动校正因子、二次相位补偿因子分别为

$$\begin{cases} H_2'(f_r, t_a) = \exp\left\{j4\pi \dfrac{R_m(t_a; r_0, \theta_0')}{c} f_r\right\} \\[3mm] H_3'(r, t_a) = \exp\left\{j\dfrac{4\pi}{\lambda}\left(\dfrac{v^2 - v_{\theta_0 r}^2}{2r} t_a^2 - \dfrac{a_{\theta_0 r}}{2} t_a^2\right)\right\} \end{cases} \qquad (4-186)$$

式中

$$\theta_0' = \theta_0 + 2\Delta\theta \qquad (4-187)$$

4. 图像合成与几何校正

针对 $\theta_0 \pm \Delta\theta$ 方位角带设置参数对回波信号进行处理后, $\theta_0 \pm \Delta\theta$ 范围外的目标的能量会分散在几个距离和方位单元。同样地,针对 $[\theta_0 + \Delta\theta, \ \theta_0 + 3\Delta\theta]$ 方位角带设置参数进行处理后,可获得该范围内目标的聚焦图像,而该范围外的目标的能量会分散到若干单元。

不同的方位角对应不同的多普勒频率,每次处理后,聚焦目标和散焦目标分别对应不同的方位频段,因此,从各处理结果中选取出相应聚焦频段并组合在一起,就可得到所有目标的聚焦图像。

针对方位角带 $[\theta_1, \theta_2]$ 设置参数进行处理所得结果中,聚焦频段的最低频率 f_L 和最高频率 f_H 分别为

$$\begin{cases} f_L = \dfrac{2}{\lambda r} \sqrt{r^2 - h^2} (v_y \cos\theta_0 - v_x \sin\theta_0)(\theta_1 - \theta_0) \\[3mm] f_H = \dfrac{2}{\lambda r} \sqrt{r^2 - h^2} (v_y \cos\theta_0 - v_x \sin\theta_0)(\theta_2 - \theta_0) \end{cases} \qquad (4-188)$$

根据式(4-183)中 f_a 与 a 的关系可得相应的 a 的范围。

将该频段内所有像素填充到输出图像的对应位置,就完成了图像合成处理。

图像中同一距离单元中的目标位于一圆弧带上,而通常要求图像坐标为直角坐标,在一定范围内,可认为这些目标位于与 θ_0 方向垂直的与圆弧相切的直线上。如果近似误差大于一个分辨单元,则须进行插值校正。

本节算法避免了平台的垂直运动所产生的几何失真,也没有 SPECAN 算法中的倾斜校直问题。算法中的相位因子包含了三个方向的速度和加速度参数,且相位因子的推导没有斜视角约束条件,因此,算法可实现俯冲弹道下的大斜视成像。算法分方位角带进行处理,可实现大区域、高分辨成像。

末制导条件下,成像距离较近,分次处理数目通常不会太大,每次处理中,主要包含一次距离向 IFFT 和一次方位向 SCFT,算法复杂度

143

低,运算量小。从以上处理流程可看出,针对各方位角带的处理的输入数据相同,处理流程相同,且相互之间没有影响,因此,该算法具有可并行处理的优势,若有必要,可采用并行处理提高算法效率。

为减小计算量,可用 FFT 代替 SCFT,而在图像输出中进行扇形畸变校正。

4.5.3　仿真分析

仿真参数如表 4 - 6 所示。

表 4 - 6　仿真参数

参　数	数值	参　数	数值
波长 λ/cm	2.17	天线方位孔径 D_a/(m)	0.2
带宽 B/MHz	150	重频 prf/Hz	3000
采样频率 f_s/MHz	180	积累时间 T_a/ms	231
信号时宽 T_s/μs	2	方位角 θ_0/(°)	60
速度 v/(m/s)	$[0,469.85,-171.01]^T$	中心距离 r_0/km	5
加速度 a/(m/s^2)	$[48.99,3.50,9.61]^T$	高度 h/km	1

在地面上设置九个点目标,其初始距离分别为 4850、4850、4850、5000、5000、5000、5150、5150、5150,单位为 m。方位角分别为 57.45、58.20、58.95、59.25、60.00、60.75、61.05、61.80、62.55,单位为(°)。

成像结果如图 4 - 26 所示,其中,(a)、(b)、(c)是三次不同处理所得图像,(d)是由三次处理结果合成的图像。

由图 4 - 26 中可见,(a)图下面,(b)图中间和(c)图上面的三个目标的能量集中在一个分辨单元内,而其他目标的能量分散在若干距离和方位单元,合成图像(d)中各目标能量都集中在一个分辨单元内。

按照从下到上、从左到右的顺序对图 4 - 26(d)中的目标编号,考察其成像性能,结果如表 4 - 7 所示。

由以上成像结果可见,本节给出的改进 SPECAN 算法能够实现俯冲弹道下的大区域、高分辨、大斜视成像。

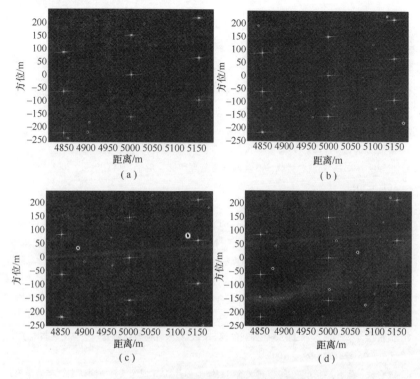

图 4 - 26　改进 SPECAN 算法成像结果

(a)针对方位角带(60 ±0. 9)°的处理结果; (b)针对方位角带(61. 8 ±0. 9)°的处理结果;
(c)针对方位角带(58. 2 ±0. 9)°的处理结果; (d)合成图像。

表 4 - 7　改进 SPECAN 算法方位向和距离向性能指标(未加权)

	目标编号	1	2	3	4	5	6	7	8	9
方位向	IRW/m	0. 879	0. 879	0. 874	0. 879	0. 874	0. 884	0. 947	0. 926	0. 921
	IRW*/m	0. 859	0. 859	0. 859	0. 886	0. 886	0. 886	0. 913	0. 913	0. 913
	PSLR/(- dB)	12. 51	12. 19	12. 56	11. 91	11. 98	11. 73	12. 02	12. 45	12. 40
	ISLR/(- dB)	10. 24	10. 01	10. 27	10. 09	9. 90	9. 79	10. 73	10. 51	10. 50
距离向	IRW/m	0. 911	0. 901	0. 896	0. 885	0. 880	0. 880	0. 911	0. 906	0. 890
	PSLR/(- dB)	14. 54	14. 30	14. 10	13. 11	13. 12	13. 55	13. 98	14. 29	14. 48
	ISLR/(- dB)	10. 90	11. 29	11. 47	10. 45	10. 76	11. 22	11. 03	11. 47	11. 65
注:IRW* 为主瓣宽度理论值										

参考文献

[1] Sack M Ito M R, Cumming I G. Application of Efficient Linear FM Matched Filtering Algorithms to SAR Processing[J]. IEE Proceedings-F, 1985, 132(1): 45 –57.

[2] 燕英, 周荫清, 李春升, 等. 弹载合成孔径雷达成像处理及定位误差分析. 电子与信息学报, 2002, 24(12): 1933 –1938.

[3] 贺知明, 朱江, 周波. 弹载SAR实时信号处理研究. 电子与信息学报, 2008, 30(4): 1011 –1013.

[4] Moreira A, Mittermayer J, Scheiber R. Extended Chirp Scaling Algorithm for Air-and Spaceborne SAR Data Processing in Stripmap and ScanSAR Imaging Modes. IEEE Trans. on Geoscience and Remote Sensing, 1996, 34(5): 1123 –1136.

[5] 房丽丽. 弹载合成孔径雷达成像与算法研究. 博士学位论文. 中国科学院电子学研究所, 2007.

[6] 俞根苗, 尚勇, 邓海涛, 等. 弹载侧视合成孔径雷达信号分析及成像研究. 电子学报, 2005, 33(5): 778 –782.

[7] 俞根苗, 邓海涛, 张长耀, 等. 弹载侧视SAR成像及几何校正研究. 系统工程与电子技术, 2006, 28(7): 997 –1001.

[8] 郭彩虹, 陈杰, 孙雨萌, 等. 超大前斜视空空弹载SAR成像实现方法研究. 宇航学报, 2006, 27(5): 880 –884.

[9] Rabiner L R, Schafer R W, Rader C M. The Chirp-Z Transform and Its Application. Bell System Tech. J., 1968, 48: 1249 –1292.

[10] 黄源宝, 保铮. 大斜视角SAR成像的一种新的二维可分离处理方法. 电子与信息学报, 2005, 27(1): 1 –5.

[11] 李悦丽, 梁甸农, 黎向阳. 一种改进方位向非线性CS大斜视角SAR成像算法. 国防科技大学学报, 2008, 30(5): 62 –67.

[12] 李悦丽, 梁甸农. 机载高波段SAR大斜视大场景成像算法研究. 电子与信息学报, 2008, 30(9): 2046 –2050.

[13] Gumming I G, Wong F H. 合成孔径雷达成像—算法与实现. 洪文, 胡东辉, 译. 北京: 电子工业出版社, 2007.

[14] 孙兵, 周荫清, 陈杰, 等. 基于恒加速度模型的斜视SAR成像CA-ECS算法. 电子学报, 2006, 34(9): 1595 –1599.

[15] 孙兵, 周荫清, 陈杰, 等. 基于俯冲模型的SAR成像处理和几何校正. 北京航空航天

大学学报, 2006, 32(4): 435 –439.

[16] 秦玉亮, 王建涛, 王宏强, 等. 基于距离 – 多普勒算法的俯冲弹道条件下弹载 SAR 成像. 电子与信息学报, 2009, 31(11): 2563 –2568.

[17] 房丽丽, 王岩飞. 俯冲加速运动状态下 SAR 信号分析及运动补偿. 电子与信息学报, 2008, 30(6): 1316 –1320.

[18] 易予生, 张林让, 刘楠. 基于级数反演的俯冲加速运动状态弹载 SAR 成像算法. 系统工程与电子技术, 2009, 31(12): 2863 –2866.

[19] 李悦丽. 弹载合成孔径雷达成像技术研究. 博士学位论文. 国防科技大学, 2008.

第5章 弹载合成孔径雷达 制导参考图制备

5.1 概　述

弹载合成孔径雷达成像匹配制导参考图,也称基准图,是指在景象匹配环节用来与弹载合成孔径雷达在导弹飞行过程中获取的实时图进行匹配而事先存储在导弹上的那些图像。用于目标的匹配识别的参考图,通常人们更习惯称其为目标参考模板。

弹载合成孔径雷达成像匹配制导时,为实现精确制导的目的,要求参考图具备特征明显、信息量大、可匹配性高等特性,在这种情况下,参考图的制备成为一项关键技术。

弹载合成孔径雷达制导参考图制备方法主要有两类[1]:一是基于合成孔径雷达图像模拟的制备方法,这种方法利用地理信息数据库和目标特性数据库模拟原始回波数据并进行成像处理生成参考图,或者根据合成孔径雷达模型生成参考图;二是基于遥感图像的制备方法,这种方法主要是通过处理光学或雷达遥感图像,从中提取图像特征,生成特征参考图。

本章介绍参考图与参考模板的制备技术。5.1节为概述。5.2节介绍参考图制备的一般考虑。5.3节介绍基于雷达图像模拟的参考图制备技术。5.4节介绍基于遥感图像的参考图制备技术。5.5节介绍参考模板的制备实例。

5.2　一般考虑

制备用于雷达景象匹配制导的参考图时需要考虑地面或目标实际

资料、导弹飞行轨迹和雷达成像参数。最基本的要求是制备出的参考图与弹载合成孔径雷达所成实时图在图像的几何特征和辐射特征方面要保持一定的一致性。

较之可见光和红外等光电手段,弹载合成孔径雷达的工作波长要比大气分子的尺寸长得多,云、雨和雾的影响不会严重降低实时图的质量,所以在制备弹载合成孔径雷达成像匹配制导用参考图时可以不考虑天气的影响。

实际应用中,参考图的制备一般主要考虑以下七个方面[2-5]:

(1)系统误差。弹载合成孔径雷达获取的实时图与参考图之间通常存在误差,在景象匹配系统中除全局误差在匹配处理过程中予以减小外,其他系统误差均需通过适当选取匹配算法或参考图制备策略予以减小。

(2)场景选择。场景的选择对参考图制备来说是十分重要的,信息丰富、冗余较少的参考图可以大大提高景象匹配系统的性能。

(3)地理信息数据库和目标特性数据库。详实的地理信息数据库和目标特性数据库为制备高性能的参考图提供了有力的数据支持,使得参考图制备过程中可以充分考虑目标与场景的各种成像特性。

(4)雷达图像模拟方法。雷达图像模拟方法的选择不仅使制备的参考图最大限度地接近弹载合成孔径雷达所生成的实时图,还可提高参考图制备的效率。

(5)特征提取。多样化的特征提取算法可以提高特征参考图制备的效能。

(6)任务规划。由任务规划中得到的导弹预定飞行轨迹,为参考图制备提供了趋于实际的成像几何,使制备的参考图更有针对性。

(7)分辨率。高分辨率的参考图不仅可以提高与实时图的匹配性能,同时也提高了对目标打击的精度。

5.3 基于雷达图像模拟的参考图制备

基于雷达图像模拟的参考图制备技术可以概括为两大类[1,8]:一类以特征模拟为基础,通过对雷达图像中阴影、透视收缩、叠掩等成像几何特性的模拟得到雷达图像制备参考图;另一类以信号模拟为基础,通过模拟弹载合成孔径雷达原始回波信号并进行成像处理获得雷达图像制备参考图[6-15]。

目前,Xpatch、Vega 等视景仿真软件已经成为模拟合成孔径雷达图像的重要辅助工具,利用这些软件生成的合成孔径雷达图像也可用于参考图的制备[9]。

5.3.1　一般步骤

基于雷达图像模拟制备参考图的过程见图 5-1。

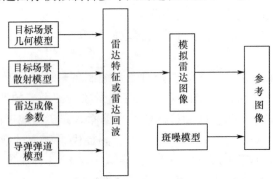

图 5-1　基于雷达图像模拟的参考图制备

如图 5-1 所示,基于雷达图像模拟制备参考图时通常需要导弹的弹道模型、目标或场景的三维模型和后向散射模型、点目标回波模型、斑噪模型,以及弹载合成孔径雷达系统参数和成像算法。其中,弹道模型和三维模型用于确定成像过程中的几何关系,获得斜距、局部入射角等重要参数,用于模拟合成孔径雷达图像的几何特性;后向散射模型、点目标回波模型和雷达系统参数用于确定合成孔径雷达原始回波信号;对原始回波信号应用成像算法可以得到光滑的合成孔径雷达图像;为使模拟图像更加趋于真实的合成孔径雷达图像,使用斑噪模型向光滑的合成孔径雷达图像加入斑点噪声。

5.3.2　地理信息数据库

在模拟地面场景的雷达图像时,需要从地理信息数据库中提取数

150

字地形高度数据,即数字高程模型(Digital Elevation Model,DEM)。输入这些数据的方法主要有两种:一种是用数字化仪将高程图按地面单元逐个输入;另一种是用摄像机输入高程图形,再通过对等高线插值得到整个模拟区内的高程数据[6]。

获取 DEM 数据的方法通常有两种:

(1)用航天、航空遥感影像立体像对提取 DEM。

(2)扫描现有地形图,将等高线数字化获取高程数据,生成 DEM。

用航天、航空遥感影像立体像对生成 DEM,最大的优点是数据更新快,但购买影像费用高;用高程数据生成 DEM,精度比立体像对生成的 DEM 高,但更新慢,周期长,仅对高程变化不大的地区适用。

5.3.3 目标特性数据库

目标特性数据库包括地物类型和不同雷达参数(波长、极化、入射角等)下目标的电特性,是一个庞大的数据库[6,7]。其中的数据可以是实验测得的经验数据,也可以是用理论模型算出的数据,或半经验半理论数据。

1. 目标特性

雷达图像的灰度变化与成像区域的平均散射系数密切相关。在其他成像条件(如波长、入射角、极化方式等)确定的情况下,雷达图像的灰度仅与目标的平均散射系数有关。关于目标特性,国内外有许多文献对一些典型目标的平均散射系数作了研究,并且给出了数据。

雷达图像中田地等地域目标轮廓比较突出、清晰;粗糙表面雷达回波强,光滑表面的回波弱;水面、机场跑道的回波弱,在雷达图像上具有暗标记;森林和自然植被区回波强,雷达图像上具有亮标记;桥梁、建筑物、城区由于角反射体效应,雷达图像上具有亮标记;山地回波强,雷达图像上具有亮标记;无作物赤地,雷达强波较有作物区回波弱,故雷达图像标记较暗;道路一般可看成光滑表面,但路边地域和树木的线性特性一般在雷达图像上呈现亮标记。

2. 目标特性数据库的建立

目标特性数据库通常包括目标类型、标志、雷达波极化方式、波段、入射角、平均散射系数、灰度级。其中:目标类型包括水、水泥路、柏油路、草地、农田、沙滩、城镇、桥梁、海洋等；雷达波极化方式有 HH、VV、HV、VH 四种；波段确定了雷达的波长；入射角从 0°到 90°；灰度级分为亮、暗、黑几个等级。可以通过将一些典型目标的平均散射系数收集起来，根据雷达成像的机理和典型目标特性建立典型目标特性的数据库。

5.3.4 雷达模型

基于雷达图像模拟技术制备参考图时需要使用雷达的点散射模型[7]。

雷达成像是雷达系统完成散射点（以分辨单元为尺度）与图像点（以像素大小为尺度）之间的变换。变换的主要内容是将散射点的雷达回波强度转换成图像强度，即将散射点的雷达散射截面积 σ 或散射系数 σ_0 转换成雷达图像的灰度值。影响 σ_0 的因素很多，因此需要一个数据库来储存各种目标的 σ_0 数据。此外，由于地面目标的高低起伏，使雷达波束相对于目标的本地入射角发生变化，因此，还需要上面讨论的地面高程数据库。

1. 点散射方程

假设发射功率为 P_t，发射天线增益为 G_t，则目标接收到的雷达功率为

$$P_{rs} = \frac{P_t G_t}{4\pi R_t^2} \cdot A_{rs} \qquad (5-1)$$

式中：A_{rs} 为目标的有效面积。

考虑到损耗因子 f_a，目标实际散射的能量为

$$P_{ts} = P_{rs}(1 - f_a) \qquad (5-2)$$

假设目标在接收方向散射能量的增益为 G_{ts}，那么接收机接收到的目标散射能量为

$$P_r = \frac{P_{ts} G_{ts}}{4\pi R_r^2} \cdot A_r \qquad (5-3)$$

式中：A_r 为接收天线的面积。

如此，可得

152

$$P_r = \frac{P_t G_t A_r}{(4\pi)^2 R_t^2 R_r^2} \cdot \left[A_{rs} (1 - f_a) G_{ts} \right] \qquad (5-4)$$

令 $\sigma = A_{rs}(1 - f_a)G_{ts}$，称为雷达散射截面积，则

$$P_r = \frac{P_t G_t A_r}{(4\pi)^2 R_t^2 R_r^2} \sigma \qquad (5-5)$$

对于单基地雷达，有

$$R_t = R_r = R$$

$$G_t = G_r = G$$

$$A_t = A_r = A$$

$$A = \lambda^2 \frac{G}{4\pi}$$

于是

$$P_r = \frac{P_t A^2}{(4\pi)\lambda^2 R^4} \sigma \qquad (5-6)$$

假定单位面积的雷达散射截面积（散射系数）为 σ_0，则

$$\sigma = \sigma_0 A_0$$

式中：A_0 为分辨单元面积，则

$$P_r = \frac{P_t A^2}{(4\pi)\lambda^2 R^2} \sigma_0 A_0 \qquad (5-7)$$

式（5-6）和式（5-7）就是点散射模型的基本数学表达式。

2. 灰度方程

为了模拟雷达图像，需要知道雷达回波与图像强度之间的定量关系，表示这一关系的方程称为灰度方程。

假设雷达系统的传递函数为 M，且为平方律检波，那么雷达系统输出的图像强度为

$$I = MP_r \qquad (5-8)$$

如果图像强度的动态范围为 g，将整个动态范围量化成 $(2^N - 1)$ 个等级，则图像的灰度级 G_R 与对应的图像强度 I 之间的关系为

$$G_R = \left(\frac{2^N - 1}{g} \right) I \qquad (5-9)$$

3. 分辨单元面积

考虑分辨单元相对于入射波有倾斜的一般情况，需要根据数字高程（地形等高线）图来求出分辨单元的倾角及本地入射角，以便确定分辨单元的实际面积和 σ_0 的具体数值[7]。

图 5 – 2 是倾斜平面上的一个分辨单元 ΔA，$\boldsymbol{n}$ 是其法向量。为简化几何特性的模拟，此处将避开繁琐的数学推导，只给出最终结果，并借助于一系列特例来说明该结果的可靠性。

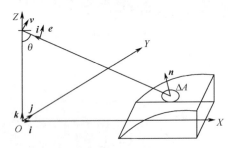

图 5 – 2　面元的几何关系

分辨单元的面积为

$$A_0 = \frac{\rho_r \rho_a}{|\sin\theta_0\cos\alpha_0 - \cos\theta_0\sin\theta|} \tag{5-10}$$

本地入射角为 γ_i，有

$$|\cos\gamma_i| = |\sin\theta_0\cos\alpha_0 - \cos\theta_0\sin\theta| \tag{5-11}$$

式中：ρ_a 和 ρ_r 分别为雷达在方位向和距离向的分辨率；α_0 为坡面坡向角；θ_0 为坡面倾角；θ 为雷达波束入射角。α_0 和 θ_0 实际上反映了面元 ΔA 相对于方位向和距离向的倾斜。

当面元处在 XOY 平面内，此时，坡倾角 $\theta_0 = 0$，$A_0 = \dfrac{\rho_r \rho_a}{|\sin\theta|}$；当面元只有方位向倾斜时坡向角 $\alpha_0 = 0$，$A_0 = \dfrac{\rho_r \rho_a}{|\cos\theta_0\sin\theta|}$；当面元为距离向倾斜时，坡向角 $\alpha_0 = \dfrac{\pi}{2}$，$A_0 = \dfrac{\rho_r \rho_a}{|\sin(\theta - \theta_0)|}$；当面元处在垂直面内时，坡倾角 $\theta_0 = \dfrac{\pi}{2}$，$A_0 = \dfrac{\rho_r \rho_a}{|\sin\alpha_0\cos\theta|}$。

154

5.3.5 雷达图像模拟

雷达图像模拟即根据地面实况或相关资料(地图或其他遥感资料)利用仿真手段产生一幅雷达图像[6]。也可以根据已有的雷达图像重新生成不同频率、不同极化的另一幅雷达图像。

雷达图像模拟一般可以分为计算分辨单元、计算本地入射角、计算阴影和叠掩、计算灰阶电平、存储记录和显示等 5 个步骤,流程如图 5-3(a)所示。分辨单元的法向量和雷达波束向量用于计算雷达波束的本地入射角,将本地入射角与阴影和叠掩的角度限定条件比较,判定是否发生阴影和叠掩。另外,将本地入射角代入后向散射模型可

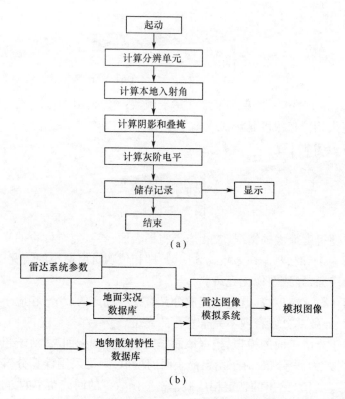

(a)

(b)

图 5-3 雷达图像模拟的流程及系统组成

(a)流程图;(b)系统组成框图。

以得到图像的灰阶电平。

雷达图像模拟系统的输入为雷达参数、地面实况数据和地物散射特性数据等参数,输出为模拟的雷达图像。系统组成如图 5 – 3(b)所示。

1. 分布目标模拟

按表面粗糙程度,分布目标可分为光滑、稍粗糙和粗糙三类。其雷达图像特征分别为无光斑、不完全发育光斑和完全发育光斑。在分析这类目标的回波特性时,通常采用随机正弦模型来描述散射体的相位随机性。

假设散射体的复散射系数的相位为 ϕ,则在随机正弦模型下 ϕ 满足如下概率密度函数:

$$P_\phi = \begin{cases} \dfrac{1}{2\pi I_0(v)} e^{v\cos\phi}, & |\phi| \leqslant \pi \\ 0, & |\phi| > \pi \end{cases} \qquad (5-12)$$

式中:$I_0(\cdot)$ 为第一类变态零阶贝塞尔函数;v 为表示相位随机度的参量,v 越大相位随机度越小。

当 $v = 0$ 时,有

$$P_\phi = \begin{cases} \dfrac{1}{2\pi}, & |\phi| \leqslant \pi \\ 0, & |\phi| > \pi \end{cases} \qquad (5-13)$$

即相位随机度最大的情况,它相应于粗糙表面,导致完全发育的光斑。

当 $v \to \infty$ 时,$P_\phi = \delta(\phi)$,为 δ 函数,即相位随机度最小的情况,相应于光滑表面,导致图像无光斑。

当 $0 < v < \infty$ 时,ϕ 既有随机成分又有某种确定的成分,相应于稍粗糙表面,导致部分发育或不完全发育的光斑。

对于光滑表面的模拟,根据镜面作用原理呈现无回波;对于粗糙表面的模拟,为 χ^2 分布;对于稍粗糙表面的模拟,则可采用计算分辨单元在由式(5 – 12)给出的特定相位概率密度函数下的回波功率的方法。

需要指出的是,根据上述分析,从图像效果来看,不完全发育的光斑相当于方差减小的完全发育的光斑。因此,一种适用于稍粗糙表面的近似模拟方法是增加对粗糙表面模拟时的样本数。

2. 硬目标模拟

对于几何尺寸小于分辨单元的硬目标,由于不涉及形状问题,模拟相对容易。但对于比分辨单元大得多的硬目标,由于其图像特征与邻近像元的状态有关,则比较复杂。在用"点散射"模型模拟硬目标时要特别注意那些含有硬目标边缘的分辨单元的回波,根据其与相邻目标构成的几何形状决定该单元的 σ 值。角反射器是这种形状中最重要、最普遍的一种。

3. 几何特征模拟

雷达图像是斜距图像,而地理图和地质图是地距图像(地理坐标),如 DEM 即为地理坐标。因此,雷达图像模拟时首先要把地距系统转为斜距系统。地距与斜距的关系详见 2.3.1 节。

在地形起伏区域,叠掩和阴影是雷达图像的主要几何特征,如图 5 - 4 所示。

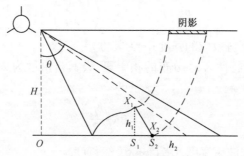

图 5 - 4   阴影几何图

假设地面上两点 X_1 和 X_2,其地距分别为 S_1 和 S_2,且 $S_1 < S_2$,雷达对这两点的入射角分别为 θ_1 和 θ_2,则

$$\cot\theta_1 = (H - h_1)/S_1 \qquad (5 - 14)$$

$$\cot\theta_2 = (H - h_2)/S_2 \qquad (5 - 15)$$

或

$$\theta_1 = \mathrm{arccot}\left(\frac{H - h_1}{S_1}\right), \quad \theta_2 = \mathrm{arccot}\left(\frac{H - h_2}{S_2}\right) \qquad (5 - 16)$$

157

因此,产生阴影的判断式为

$$\theta_2 < \theta_1$$

或

$$\Delta h > -\Delta S \cot\theta_1 \tag{5-17}$$

$$\Delta h = h_2 - h_1, \quad \Delta S = S_2 - S_1 \tag{5-18}$$

判断是否存在叠掩,主要考察相继成像的点的斜距是否减小,若减小则产生叠掩。即若 X_1、X_2 分别为当前成像的目标点,相应地距分别为 S_1、S_2,且 $S_1 < S_2$,相应斜距分别为 R_1、R_2,若 $R_1 > R_2$ 则必然发生叠掩。

4. 相干斑效应模拟

模拟雷达图像时通常还需考虑相干斑效应。模拟过程中一般采用两种模型:一是瑞利(Rayleigh)分布模型,二是 χ^2 分布模型。

大量研究工作表明,在合成孔径雷达图像中影响最大的是满足瑞利分布的相干斑效应,其概率密度为

$$p(A) = \frac{A}{\sigma^2} \cdot \exp\left(-\frac{A^2}{2\sigma^2}\right) \tag{5-19}$$

式中:A 为相干斑效应的强度;σ 为其方差。

对于统计特性为 χ^2 分布的相干斑,设其自由度为 $2N_S$,N_S 为独立样本数。

$$N_S = \beta R \Big/ \frac{L}{2} \tag{5-20}$$

式中:β 为天线波束宽度;L 为实际天线长度。

对于全聚焦合成孔径处理,$\beta R = L/2$,$N_S = 1$。真实孔径雷达的 N_S 要大得多,多视能增加合成孔径雷达图像的样本数。考虑相干斑效应后,被模拟的回波功率为

$$P_r = \frac{\overline{P}_r}{2N_S} x \tag{5-21}$$

式中:$\overline{P}_r$ 为点目标回波功率;x 为标准 $2N_S$ 自由度的 χ^2 分布。

当 N_S 较大时

$$P_r \cong \overline{P}_r\left(1 + \frac{R_N}{\sqrt{N_S}}\right) \tag{5-22}$$

158

式中:R_N 为零均值、单位方差的高斯随机变量。

5.4 基于遥感图像的参考图制备

基于遥感图像制备参考图,主要是通过对导弹发射前获得的侦察数据进行图像分割、边缘提取等处理提取目标或场景特征。侦察数据主要包括遥感图像和目标场景信息。典型遥感图像包括光学和合成孔径雷达侦察卫星所获取的遥感影像,其中在垂直视角 10°范围内拍摄的光学照片最具代表性。目标场景信息主要是目标的位置和大小、测量点的经纬度及图像的方向等。

5.4.1 一般步骤

基于遥感图像制备参考图主要包括预处理、匹配区选择、特征提取与分类和模板生成四个环节[16],如图 5-5 所示。其中,预处理环节完成遥感图像的数字化、降噪、分辨率调整等处理;匹配区选择环节完成瞄准点、攻击方向及模板区域中心的设置;特征提取与分类环节对匹配区内的图像使用边界和门限模板获得明显边缘特征和需要进一步分割的较大块图像,经过图像分割与边缘提取,可从待分割的较大块图像中提取出细小的边缘特征;模板生成环节完成对提取特征的筛选、合并和旋转处理,得到任务所需的参考图。另外,制备过程中还需进行雷达反射特性预测,即用一个雷达响应模型模拟目标场景的雷达反射,包括雷达阴影。

图 5-5 基于遥感图像的参考图制备

5.4.2 预处理

1. 遥感图像数字化

将指定目标区域的遥感图像(主要是光学图像)数字化,并对其分辨率进行调整,使得数字化遥感图像与生成实时图的弹载合成孔径雷达的分辨率相对应。按惯例,图像的上方为北。

2. 特征轮廓化

由于雷达图像与可见光图像仅存在宏观结构特征的相似性,通常采用 Canny 算子(9×9 点或 7×7 点模板)获得宏观特征轮廓。

Canny 边缘检测是用 $Q=0°$、$30°$、$60°$、$90°$、$120°$、$150°$六个方向的 Canny 算子模板对图像进行卷积运算,取最大值作为该点的绝对边缘增强图,对应的模板方向即为该点边缘的法线方向。对边缘增强图取门限,可得边缘二值图。

5.4.3 匹配区选择

在调整后的数字化遥感图像中选定某一区域作为匹配区,生成数字参考图,并进行瞄准点设置。

1. 设置瞄准点

粗糙瞄准点设置是选取数字参考图中的一个合适像素作为目标瞄准点。目标瞄准点的放置精度与数字化后图像的分辨率有关。选择粗糙瞄准点后,瞄准点区域的周围部分被放大以调节最终瞄准点,称为精细瞄准点设置,其精度一般比粗糙瞄准点设置模式高 5 倍。

2. 选择攻击方向

选择攻击方向时,主要考虑敌方防御方向或对感兴趣特征的遮挡,其他考虑包括垂直结构的重要边界效应对角度的敏感性,以及希望包含正交方向上的特征等。

3. 设置匹配区域中心

默认的匹配区域以目标瞄准点为中心。由于匹配时要求匹配区域在正交方向上包含足够的特征用于相关处理,以瞄准点为中心的匹配窗通常并不能满足要求,实际应用中必须调整选定区域以保证有足够的模板特征。当产生跟踪模板时,模板区域的中心应该尽可能地靠近瞄准点以避免出现大的偏差。

4. 模板区选择

参考图通常指向正北,但由于导弹对目标打击的实际需要,有时参考图并不一定是正北。因此,制备过程中设定的窗口区域应大于搜索模板产生的模板窗。跟踪模板区域的大小随导弹接近目标由搜索模板的尺寸逐渐减小。这样,当模板窗在大窗口内旋转时,就可以包含所有的模板窗。必须注意的是,直到跟踪模式的末段,模板区域应该始终包含正交特征。

5.4.4　特征提取与分类

匹配区选择完成后,进入特征提取和分类处理,如图5－6所示。

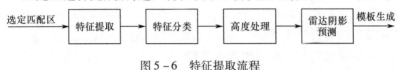

图5－6　特征提取流程

1. 特征提取

特征提取的目的就是将模板场景分成同类的区域,初始提取应该包含比可能需要的稍多的特征。要提取的最主要的特征是长的延伸边缘,如陆/水边界、桥/水边界、公路/草边界以及大的建筑物。一般不应该使用小的物体,除非是其他大特征附带的,或者是一些小特征附带的。如果特征有明显的高度差异,应为每一个特征赋一个高度值,用来预测雷达阴影和叠掩。

最终应该只保留很少的可预测的、高品质的正交特征,去掉那些很可能被垂直结构遮挡物遮挡的特征。比如,被建筑物遮挡的公路/草边界就不应该保留。如果模板特征不充足(没有足够的正交特征),则必须添加更多的特征到模板中。如果在期望的俯角下没有正交的特征,则必须改变模板区域或作业角度。

2. 特征分类

特征提取和分类处理包括根据表5－1描述的典型类型对特征分类。自然特征依据纹理、灰度和环境来分类;人工结构通过阴影和视线几何确定,并根据纹理和环境来分类。

表5－1　典型特征类型

自然环境	人造建筑	自然环境	人造建筑
混凝土	简单屋顶结构	树木	复杂结构
沥青	复杂表面结构	土/沙砾	桥梁
草	复杂屋顶结构	水	复杂体

如表 5-1 所示,如果某建筑物的顶部是光滑的,它就被分类为简单屋顶结构。典型地,由建筑物垂直面和地面构成的前缘二面角提供了雷达反射。建筑物的屋顶,建筑物的后缘以及地面的 RCS 比前缘二面角的要小。具有光滑顶端的机库和油料库也表现出这样的反射特性。

复杂表面结构的所有侧面都会产生反射,这种类型的一个例子就是所有垂直面都有窗口的建筑物。为了确定是否是复杂表面结构,需要建筑物的斜视照片。

如果建筑物的顶面纹理比较粗糙,比方说,有空调和管道设备,它就被归类为复杂屋顶结构。由于设备的散射效应,整个顶层表现出高的 RCS。发电厂就表现出这样的反射特性。

所有表面都产生雷达反射的结构属于复杂结构。这可用复杂屋顶结构和复杂表面结构的组合来表示。典型地,精炼厂和金属管道具有这种特点的特征。

如果一个特征是板桥或者公路桥,这个特征被分类为桥。这个种类包括了除桁架桥外的所有的桥的类型,桁架桥的 RCS 更高。

整个结构体都产生雷达反射的结构被分类为复杂体。这种类型的一个例子就是桁架桥、变压器和变电站。

3. 高度分类

特征分类完成后,进行高度分类。所有特征或所有区域的初始高度设为 0。产生模板是不需要高度信息的,但是,如果特征的相对高度已知,且模板所在区域有很多垂直结构,则应包含高度信息。

4. 雷达阴影预测

高度分类完成后,开始雷达阴影预测处理,以计算雷达阴影和距离叠掩效应。雷达阴影,是特征类型以及雷达方位角和俯视角的函数,是由不同高度的物体沿着雷达视线相互遮掩造成的。

5.4.5 模板生成

对轮廓化特征分类后,即可基于均匀区域之间的可预测的雷达对比度来生成数字参考模板,如图 5-7 所示。

模板生成环节共有三个主要步骤:特征编辑、特征合并及特征旋

图 5-7 数字参考模板生成流程

转。特征编辑用于选择那些能够预测雷达响应的特征。特征合并用于合并那些能够提供相似的雷达响应预测的特征,同时对那些提供不同雷达响应预测的特征进行分离。特征旋转用于旋转目标区域以与攻击角相对应。

1. 特征编辑

特征提取和分类处理中产生的特征必须满足下面的条件才能被作为参考模板中的特征:如果特征对是自然地形特征,必须满足对比准则;如果特征是单纯的二面角(简单屋顶结构),则仅保存前缘分界线,删除后缘分界线;基于临近特征的雷达对比可预测性以及雷达阴影,一些特征也要被去掉。对于自然地形特征(表 5-1)的边界特征要能够作为模板的一部分,边界所分开的两个区域必须要有至少 5dB 的对比度。

两个地形类型的对比度 CR 可以通过下式计算:

$$CR = 10\lg(\sigma_{c1}/\sigma_{c2}) \tag{5-23}$$

式中:σ_{c1} 为具有较大值的地形的杂波 RCS;σ_{c2} 为另一个地形的杂波 RCS。

杂波 RCS 通过下式计算:

$$\sigma_c = A_c 10^{\gamma/10}\sin\phi \tag{5-24}$$

式中:A_c 为分辨单元的面积;ϕ 为俯视角;γ 为 gamma 值,即散射系数。

对于简单屋顶结构特征,大部分反射来自前缘二面角。因此,只有前缘边界特征才被作为模板特征。由于可预测的较小的雷达对比度,所有后缘特征被删除。

2. 特征合并

为参考模板形成有用的边界特征时,要搜索所有的边界,然后进行边界跟踪,直到所有的边界点被处理。通常,当跟踪过程中发生中断时,也就是发现了一个新的边界特征。因为在计算相关值之前每一个边界特征都是各自被处理,因此在特征合并处理过程中,特征序列一定是被适当地合并,或者在某些情况下被分开,以优化目标搜索。

图 5-8 解释了这个过程。窗口显示的是桥 a 和桥 b 两座桥的轮廓,模板窗覆盖在桥 a 和桥 b 上。特征边缘被分成两类:第一类只包括陆/水边界特征,如窗 a 所示;第二类仅包括桥/水边界特征,如窗 b 所示。参考模板如窗 c 所示,保存了所有的边缘特征。

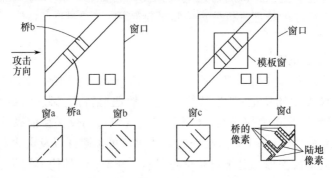

图 5-8　边界特征分类与合并

所有的模板特征依照这样的方式被合并,因此每一个特征边缘序列仅仅包括具有相同特征对的那些边缘特征。对于图 5-8 中桥的场景,包含所有边界的边缘特征被分成两类:陆/水特征以及桥/水特征。如果这两类边缘特征未被分开,那么在后续的处理中,桥的某些像素值会被用来处理陆/水区域内的像素;反之亦然。如窗 d 所示,通过分开这些边缘特征,桥的像素值仅仅用于处理桥/水边界,陆地像素值仅仅用于处理陆/水边界。

3. 特征旋转

模板特征在特征旋转过程中被旋转以与期望的攻击角相对应,如图 5-9 所示。窗口显示的是一个包括油罐的典型目标场景。箭头表示的是方位攻击角。在油罐上覆盖一个参考窗。窗 a 显示的是保留下来的前缘边界(后缘边界已被删除)。窗 b 显示的是旋转之前得到的二值参考模板。在期望攻击角下,目标场景被旋转以与期望的攻击角相对应。窗 c 表示的是将被保留的重要边缘边界旋转后的目标场景。窗 d 表示的是旋转之后得到的二值参考模板。

164

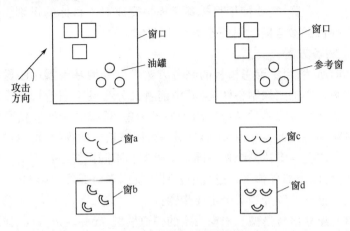

图 5-9　模板特征的旋转

　　任务规划时必须考虑目标搜索和瞄准点跟踪两个过程。两者间最主要的不同在于搜索主要关注唯一地搜索到目标并去除模糊,而跟踪主要关注精度。基于上述原因,要产生不同的搜索模板和跟踪模板。

　　一般地,搜索模板和跟踪模板都应该尽可能地保持简单。在目标搜索期间,导弹搜索一个相对较大的目标区域。用于这个目标区域的模板必须具有足够的细节以获得相对于期望目标的参考位置,提供的搜索模板主要用以去除模糊而不是提高瞄准精度。导弹捕获目标后,使用跟踪模板开始在目标周围一个小得多的区域内搜索,得到精确的瞄准点。

5.5　参考模板制备实例

5.5.1　目标参考模板制备实例

　　末制导是弹载合成孔径雷达极为重要的一个应用领域。此时,弹载合成孔径雷达的主要任务就是通过高分辨率成像有效识别出复杂背景中的目标。典型目标主要是坦克、装甲车、导弹发射单元、指挥所、雷达站、通信站及舰船等,其所处的复杂背景主要是陆地、海面和海岸线等。为实现对这些目标的全天时、全天候精确打击,装备有合成孔径雷达引导头的导弹,需要使用目标参考模板完成对于目标的识别。本节介绍一种目标参考模板制备方案及其具体实现[17]。

1. 制备方案

如前所述,目标参考模板的制备方法可以分为基于雷达图像模拟制备和基于遥感图像制备两类,其中前者又分为基于图像特征模拟和基于回波信号模拟两种情况。出于如下考虑,选择基于回波信号模拟的方案来制备目标参考模板:通过对原始回波信号的模拟,可以详细模拟弹载合成孔径雷达系统在不同弹道模型和不同系统参数下的工作过程,同时可以模拟导弹飞行过程中各种干扰因素对成像的影响。

制备过程可以分为 7 个主要步骤:

(1)建立信号模型。根据指定的弹道模型、导弹攻击方向、弹载合成孔径雷达系统参数与成像模式建立合成孔径雷达点目标回波信号模型。

(2)建立目标三维几何模型。根据具体目标结构信息建立其三维几何模型。目标通常为大型、集群、低速人造目标,如城市建筑、港口、机场等大型固定目标,以及装甲集群、舰船等低速运动目标。

(3)建立背景三维几何模型。根据数字地面模型或海面波浪模型建立特定场景下的背景(如自然地表、海洋表面)三维几何模型。

(4)三维模型表面尺度变换。根据任务规划中对分辨率的要求,对步骤(2)、步骤(3)中几何模型的表面单元进行尺度变换,使之在尺度上成为包含符合分辨率要求的散射单元的小面。

(5)生成合成孔径雷达回波信号。根据指定的后向散射模型估计目标与背景中由步骤(4)得到的各散射单元的散射系数,由步骤(1)中的信号模型和由步骤(2)、步骤(3)确定的局部入射角生成目标与背景的合成孔径雷达回波信号。

(6)生成合成孔径雷达图像。根据指定的合成孔径雷达成像算法对步骤(5)中全部或部分的回波信号(分别对应全孔径与子孔径)进行成像处理,得到光滑的合成孔径雷达图像,图像中包含除斑噪以外的各种合成孔径雷达图像特征。若目标与背景的成像过程是分别进行的,则此时需要将目标图像镶嵌入背景图像,并对多幅背景图像进行拼接。

(7)添加斑噪。根据合成孔径雷达成像模式确定斑噪(相干斑)

模型,对步骤(6)中得到的光滑合成孔径雷达图像添加斑噪,完成参考模板的制备。

上述方案的具体实现流程如图 5-10 所示。

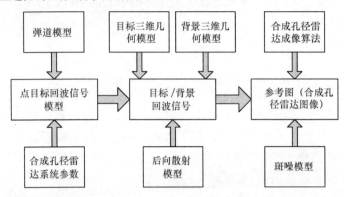

图 5-10　弹载合成孔径雷达成像匹配制导目标参考模板制备方案

总的来说,制备流程包含五个模型(弹道模型、回波信号模型、目标/背景三维几何模型、后向散射模型、斑噪模型)、三个结果(点目标回波信号、目标/背景回波信号、合成孔径雷达图像)和一个算法(合成孔径雷达成像算法)。

2. 方案实现

1) 信号模型

(1) 发射信号。弹载合成孔径雷达发射信号可建模为线性调频脉冲串:

$$f(t) = \sum_{n=-\infty}^{+\infty} p(t - nT_r)$$

$$= \sum_{n=-\infty}^{+\infty} \mathrm{rect}(t - nT_r)\exp\{\mathrm{j}[2\pi f_c(t - nT_r) +$$

$$\pi k(t - nT_r)^2 + \phi(t - nT_r)]\} \tag{5-25}$$

式中:rect(·)为矩形窗函数;f_c 为载频;k 为线性调频率;ϕ 为脉冲内的相位编码;T_r 为脉冲重复周期。

(2) 斜距模型。根据弹载合成孔径雷达成像的几何关系得到目标及其背景中各小面单元与雷达相位中心之间的斜距为

167

$$r_{i,j} = \sqrt{(x_{i,j} - x_m)^2 + (y_{i,j} - y_m)^2 + (z_{i,j} - z_m)^2} \qquad (5-26)$$

式中:$(x_{i,j}, y_{i,j}, z_{i,j})$为第$(i,j)$个小面单元的中心坐标;$(x_m, y_m, z_m)$为雷达波束指向第$(i,j)$个小面单元时雷达相位中心的坐标。

（3）回波信号。根据雷达方程,第(i,j)个小面单元的后向散射信号可表为

$$s(\theta_{i,j}, r_{i,j}) = \frac{G^2 \lambda^2}{(4\pi)^3 r_{i,j}^4} \sigma_0(\theta_{i,j}) dx dy p \left(t - \frac{2r_{i,j}}{c} \right) \qquad (5-27)$$

式中:G为收发天线增益;c为光速;$\theta_{i,j}$为第(i,j)个小面单元的局部入射角;$r_{i,j}$为第(i,j)个小面单元与雷达相位中心之间的瞬时距离。

依照合成孔径雷达图像中阴影和透视收缩的特征,可以采用几何光学法引入遮蔽函数,定义如下:

$$sd(\theta_{i,j}, r_{i,j}) = \begin{cases} 1, & \text{照明区} \\ 0, & \text{阴影区} \end{cases} \qquad (5-28)$$

将式(5-27)改写为

$$s(\theta_{i,j}, r_{i,j}) = \frac{G^2 \lambda^2}{(4\pi)^3 r_{i,j}^4} \sigma_0(\theta_{i,j}) dx dy p \left(t - \frac{2r_{i,j}}{c} \right) sd(\theta_{i,j}, ri,j)$$

$$(5-29)$$

假设仿真目标由$M \times N$个小面单元组成,那么对于该目标与背景模型的总体回波信号S就是所有小面单元回波信号$s(\theta_{i,j}, r_{i,j})$之和,可表示为

$$S = \sum_{i=1}^{M} \sum_{j=1}^{N} s(\theta_{i,j}, r_{i,j})$$

$$= \sum_{i=1}^{M} \sum_{j=1}^{N} \frac{G^2 \lambda^2}{(4\pi)^3 r_{i,j}^4} \sigma_0(\theta_{i,j}) dx dy p \left(t - \frac{2r_{i,j}}{c} \right) sd(\theta_{i,j}, ri,j)$$

$$(5-30)$$

2）目标三维模型

由于所考虑的目标均为具有复杂雷达散射截面的人造目标,制备参考模板时的一个关键问题就是如何对目标进行三维建模。通常建立

目标三维模型的方法有三种:利用简单、规范几何体组合建模,利用平板面元建模和利用参数曲面建模。

此处选择利用平板面元建模的方法建立目标三维模型,主要基于以下考虑:采用计算机辅助设计软件(如 Auto CAD、Pro/Engineer 等)或三维图形设计软件(如 3D Max 等)进行复杂目标的建模,克服了利用简单、规范几何体近似目标带来的不足,而利用参数曲面建模的复杂性和运算量则相对较大。此外,这种方法将复杂目标用一系列的平板面元和棱边表示,具有如下优点:

(1) 算法简单,计算精度较高,可以处理外形任意复杂的目标。

(2) 容易计算相位。相位计算是在平面的层次,而不是在组件的层次进行。

(3) 可以计算多次散射。

(4) 可以方便处理介质涂层问题,不连续点可以在目标的任意位置。

(5) 3ds 格式的模型文件相对于其他格式的模型文件获取较为容易。

3) 后向散射模型

目前,描述后向散射的物理模型主要有镜面反射模型、物理光学模型、Bragg 表面散射模型、几何光学模型、Lambert 表面散射模型。半经验公式是将雷达后向散射系数简化成局部入射角的函数,如 D. O. Muhleman 提出的

$$\sigma = \frac{0.0133\cos I}{\left[\sin I + 0.1\cos I\right]^3} \qquad (5-31)$$

式中:I 为局部入射角。

此处采用基于入射角 θ 的余弦函数的经验公式作为后向散射系数模型:

$$\sigma_0(\theta) = \sigma_0(0)\cos^2\theta \qquad (5-32)$$

4) 小面单元模型

Giorgio Franceschetti 提出用小面单元近似表达一个粗糙的地形表面[18],每个小面单元均与实际平面相正切。地面场景的电磁散射特性

是所有小面单元的后向散射场相干叠加的结果。小面单元的尺寸应小于分辨率,但大于入射波长。还要注意的是每个面必须足够小,以便更好地近似地表的起伏。小面单元的空间几何参数由其中心位置矢量和法矢量确定。小面单元的电磁散射特性是表面粗糙度和物质电磁参数(介电常数 e 和磁导率 σ)的函数。假设在整个模拟场景的各个小面单元内的所有散射点被叠加起来,形成一个新的散射体,它位于各个小面单元的中心点。

根据最小二乘原理,可以由分形插值所得到的多个相邻数据点拟合一个与场景表面相切的小面单元,进而求出小面单元表面法向量和相对于雷达入射波的局部入射角。假设小面单元含有 $(M+1) \times (N+1)$ 个采样点,$q_{i,j}$ 为小面单元在点 (i,j) 处的高度值,$z_{i,j}$ 为采样点的实际高程,则根据最小二乘原理,与场景表面相切的最佳拟合表面单元将使得下式中的函数 $f(a,b,c)$ 达到最小,即

$$
\begin{aligned}
f(a,b,c) &= \sum_{i=0}^{M} \sum_{j=0}^{N} (q_{i,j} - z_{i,j})^2 \\
&= \sum_{i=0}^{M} \sum_{j=0}^{N} (a_i \Delta x + b_j \Delta y + c - z_{i,j})^2
\end{aligned} \tag{5-33}
$$

$$
\frac{\partial f}{\partial a} = 0; \quad \frac{\partial f}{\partial b} = 0; \quad \frac{\partial f}{\partial c} = 0
$$

由式(5-33)可求出 a、b 和 c,进而可以确定小面单元的单位法向量为

$$
\boldsymbol{n} = \frac{(a,b,-1)}{\sqrt{a^2 + b^2 + (-1)^2}} \tag{5-34}
$$

这样,如果知道小面单元的中心点坐标 (x_1, y_1, z_1) 和天线相位中心坐标 (x_2, y_2, z_2) 就可由下式得到每个小面单元的局部入射角 θ:

$$
\theta = \arccos \frac{\boldsymbol{n} \cdot \boldsymbol{GX}}{|\boldsymbol{n}| \cdot |\boldsymbol{GX}|} \tag{5-35}
$$

小面单元的局部入射关系如图 5-11 所示。

5)合成孔径雷达图像特征

(1)阴影。如图 5-12 所示,ψ 为波束俯角,θ 为背坡倾角,h 为坡高,H 为载机高度。易知,当波束俯角小于等于背坡倾角,即 $\psi \leqslant \theta$ 时将

170

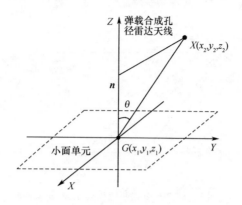

图 5 – 11   小面单元的局部入射关系图

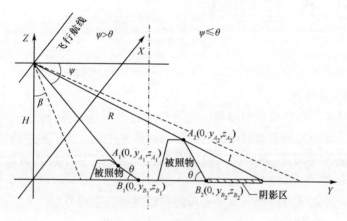

图 5 – 12   阴影遮挡效应图

会产生阴影。

阴影长度为

$$l = h \times R/H = h/\sin\psi \tag{5-36}$$

（2）透视收缩。如图 5 – 13 所示，若斜坡 AB 长度用 l 表示，电波入射角为 ϕ，波束俯角为 ψ，迎坡倾角为 α，则在图上迎坡长度为 l_f

$$l_f = l\sin\phi \tag{5-37}$$

对于迎坡，电波入射角为

$$\phi = \frac{\pi}{2} - \psi - \alpha \tag{5-38}$$

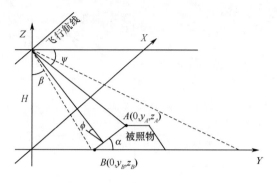

图 5 – 13   迎坡缩短示意图

对于背坡,电波入射角为

$$\phi = \frac{\pi}{2} + \psi - \alpha \tag{5 – 39}$$

当迎坡电波入射角 ϕ 小于零时将会产生顶底倒置现象。

6) 斑噪模型

参考图制备过程中得到的光滑合成孔径雷达图像,等效于对每个分辨单元内的所有散射点的后向散射系数求平均。为了更好地模拟合成孔径雷达图像,需要在光滑的合成孔径雷达图像中加入斑噪,即相干斑。

一种描述斑点噪声概率分布的有效模型是瑞利分布:

$$p(A) = \frac{A}{\sigma^2} \cdot \exp\left(-\frac{A^2}{2\sigma^2}\right) \tag{5 – 40}$$

式中: A 为强度; σ 为其方差。

假设频域中光滑合成孔径雷达图像信号为 $S(m,n)$,斑噪信号为 $N(m,n)$,利用乘法模型得到最终含有斑噪的合成孔径雷达图像信号:

$$I(m,n) = S(m,n) \times N(m,n) \tag{5 – 41}$$

3. 实例

此处以单辆 M-47 坦克的目标参考模板为例,给出制备过程及结果,并选用 Lynx SAR(美国圣地亚(Sandia)国家实验室研制)聚束模式获取的 1m 分辨率 M-47 坦克集群实时图作为匹配对象,给出图像匹配

172

识别定位结果及分析。

根据精确制导对弹载合成孔径雷达成像匹配制导目标参考模板制备的需求,以及 Lynx SAR 聚束模式获取 1m 分辨率 M-47 坦克集群实时图时的工作参数,选取单辆 M-47 坦克目标参考模板的制备参数如表 5-2 所示。

选取的 4 次方曲线俯冲弹道如图 5-14 所示。

表 5-2　M-47 坦克目标参考模板制备参数

制备参数	参数值
载频/GHz	15
频宽/MHz	150
脉宽/μs	1
分辨率/m	1
工作模式	聚束模式
俯视角/(°)	30
极化方式	HH
成像算法	PF 算法
导弹初始高度/m	1500
导弹初始速度/(m/s)	300
弹道模式	4 次方曲线俯冲弹道

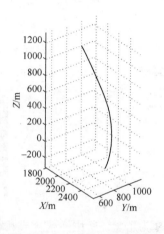

图 5-14　4 次方曲线俯冲弹道

M-47 坦克的光学照片如图 5-15 所示。

图 5-15　M-47 坦克集群光学照片

使用 3D Max 三维建模软件建立的单辆 M-47 坦克 3ds 格式三维几何模型如图 5-16 所示。

图 5 – 16　单辆 M-47 坦克 3ds 格式三维几何模型

三维几何模型经小面单元尺度变换后,得到包含后向散射系数的三维点阵,依据模板制备条件生成各点的回波信号,经 PF(极坐标格式)算法成像并添加斑噪后,得到单辆 M-47 坦克的目标参考模板,如图 5 – 17 所示。

图 5 – 17　单辆 M-47 坦克 1m 分辨率目标参考模板

为了验证所用弹载合成孔径雷达成像匹配制导目标参考模板制备方法的可行性与有效性,选用 Lynx SAR 在相似成像条件下获取的 M-47 坦克集群 1m 分辨率实时图(图 5 – 18)与采用本节方法制备的 M-47 坦克 1m 分辨率目标参考模板(图 5 – 17)进行图像匹配识别定位。匹

图 5 – 18　M-47 坦克集群实时图

配结果中相关峰的三维视图如图 5 – 19 所示。

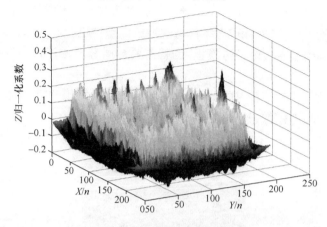

图 5 – 19　图像匹配识别定位结果

　　由图 5 – 19 中相关峰的分布可以看出,将制备的 M-47 坦克目标参考模板与 Lynx SAR 实时图进行灰度匹配,获得了对实时图中的 11 辆坦克较好的识别定位。更换目标模型后,该方法同样适用于舰船、机场等大型、低速、固定目标参考模板的制备。

　　需要指出的是,实际应用中,针对不同目标姿态及不同导弹打击方式,需要制备各种姿态、角度的一组目标参考模板。目前,该方法的主要问题在于虽能较真实地反映特定成像条件下弹载合成孔径雷达的图像特征,但回波数据为时域内的逐点求取,计算量大,计算时间长,使该制备方法的时效性受到一定程度的限制。

5.5.2　边缘参考模板制备实例

　　如 5.4 节所述,基于遥感图像的边缘参考模板制备包括预处理、边缘提取和模板生成三个步骤。本节介绍一种利用合成孔径雷达遥感图像的边缘参考模板制备方法及其具体实现[19]。

1. 预处理

　　通常,遥感图像与弹载合成孔径雷达制导过程中获取的实时图像在载体运动特性和雷达系统参数等方面存在差异,它们的尺寸、方向、几何失真程度等一般不一致。预处理的目的就是根据规划的导弹飞行路径、速度、弹载合成孔径雷达参数等成像条件对遥感图像进行调整,使其与实时图像的尺寸、方向一致,并从中选取出参考图像。由于存在各种干扰和误差,实际成像条件与规划成像条件也会不同,这就需要在误差范围内制备多个参考模板,也就需要对遥感图像进行多种参数下的调整。

预处理包括旋转、插值和截取等基本图像操作,不再赘述。预处理产生多个参考图像,其中之一如图5-20所示。

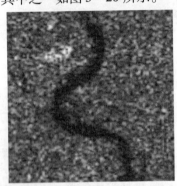

图5-20　预处理产生的合成孔径雷达参考图像

2. 参考图边缘提取

受相干斑影响,传统的应用于光学图像的边缘检测算子对合成孔径雷达图像的处理效果不理想。Touzi 提出并证明了基于比例的方法优于基于梯度的方法。然而 Touzi 提出的方法不易确定门限,并且提取的边缘片段粗,定位不准确。

此处的参考图像(图5-20)中包含两种不同性质的反射地物,可记为强反射和弱反射地物,根据这一特点,实际采用如下边缘提取方法:为每个像素计算一个比值,根据比值和像素值,获得强反射和弱反射地物的样本;根据最小错误概率准则,确定门限,二值化参考图像,并对二值图像进行形态学滤波;从滤波后图像中提取边缘。

合成孔径雷达功率图像在均匀区域服从 Gamma 分布,强弱反射地物的概率密度函数分别为

$$p(I/\mu_1) = \frac{1}{\Gamma(L)}\left(\frac{L}{\mu_1}\right)^L I^{L-1}\exp\left(-\frac{LI}{\mu_1}\right) \tag{5-42}$$

$$p\left(I/\mu_2\right) = \frac{1}{\Gamma(L)}\left(\frac{L}{\mu_2}\right)^L I^{L-1}\exp\left(-\frac{LI}{\mu_2}\right) \tag{5-43}$$

式中：μ_1、μ_2 为平均回波功率；L 为等效视数。

设强反射地物的先验概率为 θ，以 I_0 为阈值对图像进行分割的错误概率为

$$Ep\left(I_0,\theta\right) = (1-\theta)\int_{I_0}^{\infty}p\left(I/\mu_2\right)\mathrm{d}I + \int_{-\infty}^{I_0}p\left(I/\mu_1\right)\mathrm{d}I \tag{5-44}$$

令错误概率最小，可得

$$I_0 = \left(\ln\left((1-\theta)/\theta\right) + L\ln(\mu_1/\mu_2)\right)/\left(L(\mu_1-\mu_2)/\mu_1\mu_2\right)$$

$$\tag{5-45}$$

本节通过提取边缘两侧强弱像素来估计 θ、μ_1 和 μ_2，求取门限。方法如下：

（1）为每个像素计算一个比值 r。r 为该像素与其八邻域内最大或最小像素的比。如果该像素与最大像素的比的倒数大于其与最小像素的比，则 r 为该像素与最大像素的比，否则 r 为该像素与最小像素的比。

（2）对参考图像中的像素按照强度从小到大排序。选择 35 ~ 90 百分位间的像素，并从中去除比值小于某个门限（如 2）的像素，得到像素集 P_1。选择 10 ~ 65 百分位间的像素，并从中去除比值大于某个门限（如 0.5）的像素，得到像素集 P_2。

（3）P_1、P_2 分别作为强弱反射地物的样本，估计 θ、μ_1 和 μ_2，由式（5-45）求得门限。

根据门限将参考图像二值化，小于门限的设为 0，大于门限的设为 1。得到二值图像 B。

在边缘提取前，对二值图像 B 进行形态学腐蚀、膨胀操作，滤除小的连通区域，消除噪声的影响。腐蚀可以把小于结构元素的物体去除。选取不同大小的结构元素，就可以去掉不同大小的物体。

定义 A 用 B 腐蚀 $A \odot B$ 为

$$A \odot B = \{x | (B)_x \subseteq A\} \tag{5-46}$$

该式表明 A 用 B 腐蚀的结果是所有 x 的集合，其中 B 平移 x 后仍在 A

中,即用 B 腐蚀 A 得到的集合是 B 完全包括在 A 中时 B 的原点位置的集合。

定义 A 用 B 膨胀 $A \oplus B$ 为

$$A \oplus B = \{x \mid [(\hat{B})_x \cap A] \neq \phi\} \qquad (5-47)$$

该式表明用 B 膨胀 A 的结果是所有 x 的集合,其中 B 关于原点的映射 $\hat{B}$ 平移 x 后与 A 的交集不为空,即用 B 膨胀 A 得到的集合是 $\hat{B}$ 的位移与 A 至少有一个非零元素相交时 B 的原点位置的集合。

设对图像 B 先腐蚀后膨胀操作后的图像为 B',由 B' 生成边缘图 E。边缘图 E 也是二值图像,大小与 B 相同,值为 1 的像素为边缘像素。生成方法为:若 B' 中某像素与其四邻域内任何一个像素不同,则 E 中的对应像素为 1,否则为 0。

采用上述方法对一幅 128×128 点的合成孔径雷达图像提取边缘并与 CANNY 边缘检测算子所得结果进行比较,结果如图 5-21 所示。可以看出本节给出的方法能有效抑制相干斑噪声并提取边缘特征。

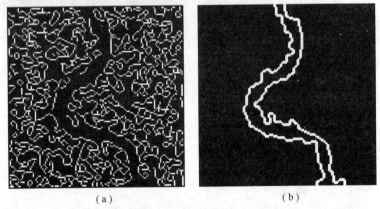

(a)   (b)

图 5-21　参考图像边缘提取结果

(a)采用 CANNY 算子提取的边缘;(b)本节方法提取的边缘。

3. 参考模板生成

参考模板是一个二维阵列,阵列大小与参考图像相同,每个单元与参考图像中一个像素对应,其值为 +1、-1 或 0。+1 表示该像素为边缘附近(如三像素内)的强反射地物,-1 表示该像素为边缘附近的弱

178

反射地物,0 表示该像素不在边缘附近。

二值图像 B' 对参考图像进行了分类,边缘图 E 提供了两类反射地物的边缘信息。根据 B' 和 E 生成模板 T。产生方法:

(1)选择 E 中为 1 的像素 P_E,判断该像素是强反射地物还是弱反射地物。设 P_E 在 B' 中的对应像素为 P_B,如果 P_B 为 1,则 P_E 是强反射地物,变量 BRT = +1,否则 P_E 为弱反射 P_E,变量 BRT = -1。

(2)以 P_B 为中心,选出 B' 中 5×5 点窗口内所有与 P_B 值相等的像素 P_x。

(3)令 T 中与 P_x 对应的像素等于 BRT。

图 5-22 为由图 5-21(b)对应的边缘图像产生的参考模板。图中亮度最低的区域为 0,表示不参与运算的区域;亮度最高的区域为 +1,代表强反射区域;灰色区域为 -1,代表弱反射区域。

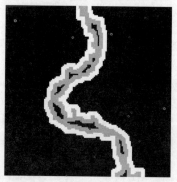

图 5-22　生成的边缘参考模板

参考文献

[1] 祝明波,董巍. 雷达景像匹配制导基准图制备技术综述. 系统工程与电子技术,2009,31
(3).

[2] Pasik D D,et al. Requirements for the map in a map-matching guidance system. Proceedings of
IEEE American Control Conference,1984.

[3] Ratkovic J A,Conrow E H. Almost Everything One Needs to Know about Image Matching Sys-

tem. ADA100024,1980.

[4] 曹菲,杨小冈,缪栋,等. 景象匹配制导基准图选定准则研究. 计算机应用研究,2005 (5).

[5] 刘扬,赵峰伟,金善良. 景象匹配区选择方法研究. 红外与激光工程,2001(3).

[6] 舒士昃,赵立平. 雷达图象及其应用. 北京:中国铁道出版社,1988.

[7] 郭东华. 雷达图像分析及地质应用. 北京:科学出版社,1991.

[8] Franceschett G, Migliaccio M, Riccio D. The SAR simulation:an overview. Proc. IGARSS 95.

[9] Rajan Bhalla, Luke Lin, Dennis Andersh. A Fast Algorithm for 3D SAR Simulation of Target and Terrain Using Xpatch. IEEE International Radar Conference,2005(5).

[10] Mametsa H J, Rouas F, Berges A, et al. Imaging Radar Simulation in Realistic Environment Using Shooting and Bouncing Rays Technique. SPIE SAR Image Analysis, Modeling, and Techniques IV,2002.

[11] Latger J, Mametsa H J, Berges A. SPECRAY EM FERMAT – A New Modelling Radar Approach from Numerical Models of Terrain to SAR Images. ADA471349,2005.

[12] 张朋,黄金,郭陈江,等. 合成孔径雷达成像三维地形目标模拟方法. 系统仿真学报, 2005(10).

[13] Franceschetti G, Iodice A, Riccio D, et al. SAR Raw Signal Simulation for Urban Structures. IEEE Transactions on Geoscience and Remote Sensing,2003,41(9).

[14] 尤红建,丁赤飚,吴一戎. 基于 DEM 的星载 SAR 图像模拟以及用于图像精校正. 中国空间科学技术,2006(1).

[15] 吴涛,王超,张红,等. 基于图像特征的星载 SAR 图像模拟. 遥感学报,2007,11(2).

[16] Peregrim T A, Okurowski F A, Long A H. Synthetic Aperture Radar Guidance System and Method of Operating Same. U. S. Patent, No. 5430445,1995.

[17] Dong Wei, Zhu Mingbo. A Target Reference Template Generation Method for Imaging Matching Guidance with Missileborne SAR. Radar 2011,2011. 9.

[18] Franceschett G, Migliaccio M, Riccio D. SAR Raw Signal Simulation of Actual Ground Sites Described in Terms of Sparse Input Data. IEEE Transactions on Geosciece and Remote Sensing,1994,32(6):1160 – 1169.

[19] 杨立波, 祝明波, 杨汝良. 结合边缘和统计特征的末制导 SAR 图像匹配. 系统工程与电子技术, 2009, 31(12): 2870 – 2874.

第6章 弹载合成孔径雷达制导景象匹配

6.1 概 述

景象匹配本质上属于图像匹配,主要用于在导弹的飞行过程中完成目标或参考点的识别与定位,是现阶段弹载合成孔径雷达成像制导在技术上得以实现的关键。制导时由弹载合成孔径雷达提供参与匹配的相关场景的实时图像。

弹载合成孔径雷达景象匹配分两种情况:一种是参考图像同为合成孔径雷达图像,另一种是参考图像为其他传感器图像。对于参考图像为合成孔径雷达图像的图像匹配,由于合成孔径雷达成像的特殊性、多样性,主要存在以下问题:①参考图像与实时图像的波段、极化方式、入射角可能不同,导致同一景物在图像中的表现形式有差异;②合成孔径雷达图像固有的相干斑噪声使同一均匀区域的图像灰度差异较大;③由于合成孔径雷达成像时将三维场景投影到二维平面,入射角、飞行方向不同可能导致某物体在参考图中可见,而在实时图中不可见,并且还会产生同一物体在参考图和实时图中不一致的几何畸变。对于参考图像为其他图像(如光学图像)的情况,参考图和实时图之间的光谱特性差异更大,几何畸变可能更严重。合成孔径雷达图像匹配的这两种情况还存在以下共性问题:成像的自然条件不同,主要是季节、气候、大气状况等,导致图像灰度变化;不同时间获取的图像其对应的景物可能会有所变化;成像传感器噪声导致图像质量下降。

因此,基于景象匹配的弹载合成孔径雷达成像制导,尤其是末制导对图像匹配技术有很高要求:

（1）实时性要求。弹载情况下要求图像匹配必须在较短时间内完成，一般控制在秒级。

（2）稳健性要求。弹载环境下的图像匹配可能会受到噪声、畸变甚至人为干扰的影响，这要求图像匹配必须有较强的稳健性。

（3）精度要求。对精确制导来说，图像匹配必须保证一定的精度才有意义。

文献[39]研究了不同波段不同极化方式的合成孔径雷达图像间的相关匹配方法，以及采用金字塔分层搜索策略和 Hausdorff 距离相似性度量的合成孔径雷达图像与光学图像的匹配方法。文献[57]研究了基于小波迭代求精和信息融合的合成孔径雷达同源图像匹配方法，以及采用 Hausdorff 距离为相似性度量、遗传算法为搜索策略的合成孔径雷达图像与光学图像的边缘匹配方法。文献[58]提出了一种复合合成孔径雷达图像匹配方法，采用金字塔搜索策略，在不同的图像尺度上分别采用 Chamfer 距离和交互方差进行匹配。文献[59]采用边缘特征和分层搜索策略进行匹配。文献[55]提出了多子区匹配方法，将实时图或参考图分为多个子区，分别用每一块子图像进行匹配，根据各子区位置分布关系约束匹配结果，提高算法稳健性。

6.1 节介绍弹载合成孔径雷达制导景象匹配的基本概念、要求、特点和研究现状。由于对景象匹配算法的分析和研究均是建立在图像匹配的数学模型上的，6.2 节专门介绍图像匹配的数学描述、性能指标和要素。6.3 节是对图像匹配算法的全面综述，重点介绍经典匹配算法、高性能匹配算法、图像匹配的快速算法和稳健算法等内容。由于弹载合成孔径雷达景象匹配的性能与地面起伏有较大关系，在6.4 节中将对其影响进行有针对性的分析。6.5 节介绍一种抗强噪声的合成孔径雷达图像分块匹配方法。6.6 节介绍一种结合边缘和统计特性的合成孔径雷达图像匹配方法。

6.2　图像匹配问题的描述

图像匹配是指将一个图像区域（如实时图）从另一个相应图像区域（如参考图）中确定出来或找到它们之间对应关系的一种重要的图

像分析与处理技术,如图 6-1 所示。参与匹配的两幅图像通常具有不同时相,它们可以来自同一类传感器,也可来自不同类型的传感器。

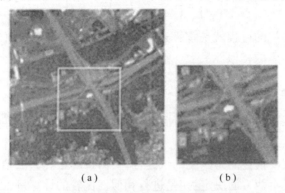

（a）   （b）

图 6-1　参考图与实时图

（a）参考图；（b）实时图

6.2.1　数学描述

假设 $I_1(x,y)$ 为成像区域 A 的图像,$I_2(x,y)$ 为包含成像区域 A 的另一图像,则图像匹配是两幅图像间的空间位置和灰度的映射[1],记为

$$I_2(x,y) = g(I_1(f(x,y)))　　　　　　(6-1)$$

式中:f 为二维空域坐标变换,它把空域坐标 (x,y) 变换成空域坐标 (x',y'),即 $(x',y') = f(x,y)$;g 为一维强度变换。

匹配问题就是要找到最优的空域变换 f 和强度变换 g,且重点是得到最优的空域变换 f,以进一步达到配准、定位、识别、差异分析等目的。

不同时期、不同传感器成像时,由于成像平台在高度、速度的变化造成图像之间存在着几何差异,可采用的变换模型有仿射变换、多项式变换、透视变换和投影变换。仿射变换是最常用的一种刚性几何变换,具有良好的数学特性。参考图像的点 (x,y) 与待匹配图像对应点 (x',y') 的关系由式（6-2）表示。

$$\begin{pmatrix} x' \\ y' \end{pmatrix} = R \begin{pmatrix} \cos\theta & \sin\theta \\ -\sin\theta & \cos\theta \end{pmatrix} \begin{pmatrix} x \\ y \end{pmatrix} + \begin{pmatrix} \Delta x \\ \Delta y \end{pmatrix}　　　(6-2)$$

式中:$R,\theta,\Delta x,\Delta y$ 分别表示相应的尺度因子,旋转角度及沿 x,y 方向的

平移量。通过变量替换 $u = R\cos\theta, v = R\sin\theta$，可得

$$\begin{pmatrix} x' \\ y' \end{pmatrix} = \begin{pmatrix} u & v \\ -v & u \end{pmatrix} \begin{pmatrix} x \\ y \end{pmatrix} + \begin{pmatrix} \Delta x \\ \Delta y \end{pmatrix} \qquad (6-3)$$

图像匹配的过程就是解算这种几何变换的未知参数，使得图像之间经过变换后的相似性最大。

6.2.2 性能指标

图像匹配的性能主要包括匹配速度、匹配精度和匹配概率三方面[2,3]。

匹配速度描述的是匹配的快速性，是由计算量和算法结构决定的，而计算量又由两方面决定：一是进行相似性比较的计算量，二是搜索的次数。

匹配精度描述的是匹配误差的大小。由于噪声、几何畸变等因素的影响，最终得出的匹配位置和真正的匹配位置可能不同，也就是估计匹配点和真实匹配点之间存在一定的偏差，称之为匹配误差。常用的误差指标主要有水平方向的平均匹配误差、垂直方向的平均匹配误差、水平方向的匹配误差标准差、垂直方向的匹配误差标准差以及均方误差等。

匹配概率是指每次匹配操作能够把匹配误差限定在匹配精度范围内的概率。匹配概率除与采用的匹配方法有关外，还与匹配区域的特征密切相关，往往是结构特征密集的区域匹配概率大，变化缓慢的区域匹配概率小。

因为匹配精度会对基于图像匹配的弹载合成孔径雷达成像制导的精度产生直接影响，通常要求匹配精度在 1、2 个像素之内。可以通过内插技术实现亚像素匹配，其匹配精度小于 1 个像素。

匹配误差由最小均方根误差（RMSE）决定。RMSE 越小，则匹配误差越小，匹配精度越高。

$$\mathrm{SE}(u,v,\Delta x,\Delta y) = \Big\{ \frac{1}{N} \sum_{i=1}^{N} \big[(ux_i + vy_i + \Delta x - x_i')^2 +$$

$$(uy_i - vx_i + \Delta y - y_i')^2 \big] \Big\}^{\frac{1}{2}} \qquad (6-4)$$

184

$$V^* = \min_{u,v,\Delta x,\Delta y}(\mathrm{SE}(u,v,\Delta x,\Delta y)) \qquad (6-5)$$

式中：$\{(x_i,y_i),i=1,2,\cdots,N\}$ 与 $\{(x_i',y_i'),i=1,2,\cdots,N\}$ 为匹配控制点对；V^* 为最小均方误差。

当尺度因子 $R=1$ 且旋转角度 $\theta=0$（或很小），即 $u=1,v=0$ 时，表示实时图像与参考图像具有相同的空间分辨率，且只存在平移变换或近似于平移变换，这时匹配误差为

$$\begin{cases} \Delta x_i = x_i' - x_i \\ \Delta y_i = y_i' - y_i \end{cases} \qquad (6-6)$$

对于多次匹配误差，假设匹配可以视为独立的，独立匹配的次数为 N，Δx_i，Δy_i 分别表示第 i 次匹配的误差，评价时常常用到如下几个误差指标：

（1）x 方向的平均匹配误差为

$$\Delta \bar{x} = \sum_{i=1}^{N} \Delta x_i \qquad (6-7)$$

（2）y 方向的平均匹配误差为

$$\Delta \bar{y} = \sum_{i=1}^{N} \Delta y_i \qquad (6-8)$$

（3）x 方向的匹配误差的标准差为

$$\sigma_x = \sqrt{\frac{1}{N}\sum_{i=1}^{N}(x_i - \Delta \bar{x})^2} \qquad (6-9)$$

（4）y 方向的匹配误差的标准差为

$$\sigma_y = \sqrt{\frac{1}{N}\sum_{i=1}^{N}(y_i - \Delta \bar{y})^2} \qquad (6-10)$$

6.2.3 匹配要素

针对不同的应用领域，人们研究设计了很多图像匹配方法，尽管每种方法都有各自的特点，但通常认为各种匹配方法都是特征空间、相似性度量和搜索策略的不同组合，称之为图像匹配的三要素[4,5]。特征空间是指匹配中采用的图像特征，相似性度量是衡量两幅图像相似性的度量函数，搜索策略是指图像匹配过程中寻找匹配位置的搜索方法。

1. 特征空间

图像匹配中经常使用的图像特征有灰度、直方图、投影、边缘、角点、图像矩等[6-21]。

1）灰度

灰度是图像最基本的特征,可直接用于匹配。选用像素灰度值作为匹配基元有以下优点:不需要额外的计算来提取图像的特征;可避免由特征提取而产生的匹配误差;可很好地处理具有纹理特征的区域;所利用的信息最多,区分不同对象的能力强、精度高。

灰度受成像环境和成像条件的影响较大。另外,当图像中存在重复结构或者存在遮挡时,利用灰度进行匹配容易发生误匹配。对于不同传感器图像间的匹配,灰度特征也有一定的局限性。

2）直方图

直方图反映了图像中像素的分布特性,能够给出图像概貌性描述,通过衡量直方图可判断两幅图像是否相似。

直方图对图像旋转不敏感,即具有旋转不变性。直方图是一维信息,不能反映图像的二维灰度变化,例如对一幅图像的灰度值进行重组,重组图像与原图像的直方图完全一致,而实际上它们已经是不同的两幅图像了。

3）投影

图 6-2 为图像投影示意图,v 为投影方向,u 为其垂直方向,图像 $I(x,y)$ 沿着 v 的投影定义为

$$p(u,\theta) = \int I(u\cos\theta - v\sin\theta, u\sin\theta + v\cos\theta)\,\mathrm{d}v \quad (6-11)$$

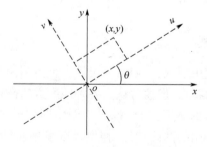

图 6-2　图像投影示意图

186

当 θ 固定时, $p(u,\theta)$ 为 u 的函数,是个一维波形。变化 θ,得到 $I(x,y)$ 在不同方向上的投影。特别地,在 x, y 轴上投影为

$$\begin{cases} p_x = \int I(x,y)\,\mathrm{d}y \\ p_y = \int I(x,y)\,\mathrm{d}x \end{cases} \qquad (6-12)$$

通过投影,可将二维图像匹配转化为一维数据匹配,减少计算量,提高匹配速度。

4)边缘

图像边缘定义为局部统计特征不相同的区域间的分界线,在图像上表现为灰度发生突变的地方。两幅图像灰度特征相差较大时,特别是来自不同类型的传感器时,边缘通常是它们所共有的稳定特征,常被用于这类图像的匹配。

边缘提取方法分为两大类:一类是基于图像分割的方法,另一类是基于边缘检测算子的方法。图像分割方法主要有矩量保持法、简单统计法、类间方差法、最大熵法和最小方差法等;边缘检测算子主要有 Roberts 算子、Sobel 算子、Prewitt 算子、拉普拉斯算子、Canny 算子等。

边缘检测计算量较大,采用边缘特征进行匹配时计算量是一个重要的考虑因素。

5)角点

目前还没有角点的统一数学定义,关于角点的定义和描述主要有以下几种:①角点是图像灰度局部最大一阶导数所对应的像素点;②角点是两条以上边缘的交点;③角点指示了边缘变化不连续的方向;④角点处的一阶导数最大,二阶导数为零;⑤角点不仅是梯度的数值大,而且也是梯度方向的变化率很大的像素点。

角点检测算法主要有两大类:一是基于边缘图像的角点提取算法,二是直接基于图像灰度的角点检测算法。第一类算法基于"角点是两条或者多条边缘的交点"的认识,从边缘图像中提取角点;第二类算法主要是通过计算曲率和梯度来检测角点。

使用数量少的特征集进行匹配,会由于信息量比较少而发生误匹配,但使用大量特征进行匹配,会降低匹配效率,增加算法复杂度。角点对掌握目标的轮廓特征具有决定作用,出于提高速度而不降低匹配精度的考虑,角点是一种较好的匹配特征。

6) 图像矩

矩在统计学中用于表征随机变量的分布,若将图像看作像素点灰度的分布,则可借鉴统计学中矩的概念得到图像矩的定义。

$M \times N$ 点数字图像 $I(x,y)$ 的 $(p+q)$ 阶矩或几何矩定义为

$$m_{pq} \equiv \sum_{x=0}^{M-1} \sum_{y=0}^{N-1} x^p y^q I(x,y) \qquad (6-13)$$

中心距定义为

$$n_{pq} \equiv \sum_{x=0}^{M-1} \sum_{y=0}^{N-1} (x-\bar{x})^p (y-\bar{y})^q I(x,y) \qquad (6-14)$$

式中:$\bar{x}$、$\bar{y}$ 为图像的灰度中心,可由低阶几何矩 m_{00}、m_{10}、m_{01} 来表示

$$\bar{x} = \frac{m_{10}}{m_{00}}, \bar{y} = \frac{m_{01}}{m_{00}} \qquad (6-15)$$

归一化中心距定义为

$$\eta_{pq} = \frac{n_{pq}}{n_{00}^{(p+q)/2}}, p+q = 2,3,\cdots \qquad (6-16)$$

几何矩对于图像的平移、旋转和比例变化没有不变性,中心矩具有平移不变性,归一化中心矩除平移不变外还具有比例不变性。在图像匹配中,总希望提取的特征对平移、旋转和比例变化均具有不变性,利用普通矩或中心矩的某些组合,理论上能达到这种目的。

2. 相似性度量

设 $I(x,y)$、$J(x,y)$ 为两幅大小为 $M \times N$ 的图像,相似性度量是衡量两者之间相似性的测度,其选择通常与采用的图像特征有关,而同一种图像特征也可采用不同的相似性度量。常用的相似性度量有经典的误差类和相关类测度[22-24]、划分强度一致[25]、互信息[26-29]、序列度量[30-32]、基于常用距离的测度、Hausdorff 距离及其改进形式[33-39] 等。

1) 经典的相似性度量

平均绝对差(MAD):

$$\text{MAD} = \frac{1}{MN} \sum_{x=0}^{M-1} \sum_{y=0}^{N-1} | I(x,y) - J(x,y) | \qquad (6-17)$$

平均平方差(MSD):

$$\text{MSD} = \frac{1}{MN} \sum_{x=0}^{M-1} \sum_{y=0}^{N-1} (I(x,y) - J(x,y))^2 \qquad (6-18)$$

积相关(Prod):

$$\text{Prod} = \frac{1}{MN}\sum_{x=0}^{M-1}\sum_{y=0}^{N-1} I(x,y)J(x,y) \tag{6-19}$$

归一化积相关(NProd)或者称为归一化互相关(NC)有如下两种定义:

$$\text{NProd} = \frac{\displaystyle\sum_{x=0}^{M-1}\sum_{y=0}^{N-1} I(x,y)J(x,y)}{\left(\displaystyle\sum_{x=0}^{M-1}\sum_{y=0}^{N-1} I^2(x,y)\right)^{1/2}\left(\displaystyle\sum_{x=0}^{M-1}\sum_{y=0}^{N-1} J^2(x,y)\right)^{1/2}} \tag{6-20}$$

$$\text{NProd} = \frac{\displaystyle\sum_{x=0}^{M-1}\sum_{y=0}^{N-1}\left[I(x,y)-\bar{I}\right]\left[J(x,y)-\bar{J}\right]}{\left(\displaystyle\sum_{x=0}^{M-1}\sum_{y=0}^{N-1}\left[I(x,y)-\bar{I}\right]^2\right)^{1/2}\left(\displaystyle\sum_{x=0}^{M-1}\sum_{y=0}^{N-1}\left[J(x,y)-\bar{J}\right]^2\right)^{1/2}}$$

$$\tag{6-21}$$

式中

$$\begin{cases}\bar{I} = \dfrac{1}{MN}\displaystyle\sum_{x=0}^{M-1}\sum_{y=0}^{N-1} I(x,y) \\[2ex] \bar{J} = \dfrac{1}{MN}\displaystyle\sum_{x=0}^{M-1}\sum_{y=0}^{N-1} J(x,y)\end{cases} \tag{6-22}$$

以上相似性度量都是比较传统的基于灰度误差类运算和相关类运算的测度,思路简单,实现方便,但这些测度有明显的局限性:除归一化积相关外,其他测度对于噪声的影响和不同灰度属性或对比度差异的影响缺乏稳健性;不同图像有着不同的背景灰度值和不同大小的搜索窗口,很难事先选定一个合适的阈值。

归一化积相关测度具有较高的准确性和适应性,对于灰度的线性变化和对比度线性差异具有不变性。由于图像的自相关值通常都比较大,归一化积相关函数会形成以匹配位置为中心的平缓的峰,无法检测到准确的尖峰位置,导致很难准确确定匹配位置。另外,这一测度受图像的辐射畸变、几何畸变以及遮挡等影响较大,也不适用于不同传感器图像间的匹配。

2）划分强度一致

划分强度一致（Partitioned Intensity Uniformity，PIU）是基于对图像下述认识的一种测度：对于表示同一景物的两幅图像，一幅图像中某个灰度的像素，在另一幅图像中呈现出以同一或不同灰度值为中心的分布。

划分强度一致相比于归一化互相关等测度具有更广的应用面，除了能很好地处理同源图像外，还可用于匹配不同模态图像，且不需要提取特征，可避免特征提取带来的误差以及计算量的增加。另外，该测度对噪声具有较好的适应性。

3）互信息

互信息是 Shannon 信息论中的一个重要概念，测量的是两个随机变量中相互包含对方的信息量。

互信息可度量不同传感器图像间的相似性，比其他关于灰度的相似性度量有不可比拟的优势，在不同模态图像匹配中获得了广泛应用，尤其是在医学图像匹配领域。互信息计算量大，基于互信息测度的匹配算法复杂度高、时效性差，不太适用于时效性要求高的情况。

4）序列度量

序列度量衡量两个序列的相对顺序，其大小与序列取值的相对比率无关。在图像匹配中，序列度量不依赖于图像数据，仅由图像数据的相对排列顺序决定。经常使用的序列度量有 Kendall 的 τ 度量和 Spearman 的 ρ 度量。τ 度量衡量的是两序列中顺序不一致的个数，而 ρ 度量衡量的是两序列排列顺序之间的欧几里得距离。受各种因素的影响，在匹配位置处，两个图像序列排列顺序会产生不一致的现象，导致序列度量值变大，发生误匹配。

Bhat 和 Nayar 把序列度量应用到图像匹配算法中，并定义了一种全新的序列度量。实验结果表明，这一序列度量继承了 τ 和 ρ 序列度量的所有优点，并且在两序列排序发生改变时能够把握两序列的全局相对顺序，在图像匹配中是一种较好的匹配测度。

5）基于常用距离的测度

采用角点、边缘等特征的图像匹配通常基于某种距离来构造相似性度量，常用的距离主要有欧几里得距离、棋盘距离和街区距离等。

设两像素 p_1, p_2 的坐标分别为 (x_1, y_1) 和 (x_2, y_2)，则相应距离分别定义如下：

欧几里得距离为

$$d(p_1, p_2) = \sqrt{(x_1 - x_2)^2 + (y_1 - y_2)^2} \qquad (6-23)$$

棋盘距离为

$$d(p_1, p_2) = \max(|x_1 - x_2|, |y_1 - y_2|) \qquad (6-24)$$

街区距离为

$$d(p_1, p_2) = |x_1 - x_2| + |y_1 - y_2| \qquad (6-25)$$

于是，对于两个点集 $A = \{a_1, \cdots, a_i, \cdots, a_p\}$ 和 $B = \{b_1, \cdots, b_j, \cdots, b_q\}$，基于常用距离的测度可定义为

$$D(A, B) = \sum_{a_i \in A} \min_{b_j \in B} d(a_i, b_j) \qquad (6-26)$$

通常，A 为小图像生成的点集，B 为从大图像中截取的子图像生成的点集。基于常用距离的相似性度量相比二值相关有较好的稳健性，并且不需要两个点集之间具有一一对应关系。

6）Hausdorff 距离

Hausdorff 距离及其改进形式是基于角点、边缘等特征的匹配方法中使用较多的相似性度量。对于点集 $A = \{a_1, \cdots, a_i, \cdots, a_p\}$ 和 $B = \{b_1, \cdots, b_j, \cdots, b_q\}$，Hausdorff 距离通过度量 A 中的点与 B 中任意一点的最远距离以及 B 中的点与 A 中任意一点的最远距离来度量它们的相似度，其定义如下[22]：

$$H(A, B) = \max(h(A, B), h(B, A)) \qquad (6-27)$$

式中

$$h(A, B) = \max_{a_i \in A} \min_{b_j \in B} \| a_i - b_j \| \qquad (6-28)$$

$$h(B, A) = \max_{b_j \in B} \min_{a_i \in A} \| a_i - b_j \| \qquad (6-29)$$

分别称为前向和后向 Hausdorff 距离。式（6-28）和式（6-29）中，$\| \cdot \|$ 是任意一种距离范数，可以是欧几里得距离等。$h(A, B) = d$ 的含义是，点集 A 中的所有点到点集 B 中点的最小距离不超过 d，并且点集 A 中存在一些点，它到 B 中最近点的距离刚好是 d。函数 $h(B, A)$ 的物理意义和 $h(A, B)$ 的类似。$h(A, B)$ 确定了点集 A 中距离点集 B 最

远的点,并且得到了该点到点集 B 的最小距离。

Hausdorff 距离不需要建立点对点的对应关系,能有效处理特征点数目很大的情况。图像匹配中,若目标出现部分被遮挡的情况,则在匹配位置处,Hausdorff 距离可能会很大,从而发生误匹配。

在 Hausdorff 距离的基础上,很多学者为解决噪声影响下的和目标大比例遮挡情况下的图像匹配问题,提出了一些改进 Hausdorff 距离,如 Dubuisson 和 Jain 提出的将最大运算改为取均值的 M – Hausdorff 距离,Olsonlo 提出的顾及边缘方向的部分 Hausdorff 距离等。这些改进能在一定程度上克服 Hausdorff 距离的不足。

3. 搜索策略

图像匹配计算量大,搜索策略是匹配算法基于匹配速度的考虑而采用的降低计算量的方法。搜索策略分为两大类:一是通用的搜索方法,二是专门针对图像匹配的搜索方法。由于图像匹配的特殊性,不是所有的通用搜索方法都能采用。常用的搜索策略有序贯搜索策略[40]、金字塔方法[41-45]、FFT 方法、遗传算法[46-48]和粒子群算法[49,50]等。

1)序贯搜索策略

序贯搜索策略(Sequential Search Strategy)是序贯相似性检测算法(Sequential Similarity Detection Algorithm,SSDA)中所采用的搜索策略。

绝对差相似性度量函数是一种累加运算,SSDA 定义一个阈值 k,在计算两幅图像的绝对差时,当累加值超过 k 时,停止计算,并记录当前累加次数 n,在每一个待匹配位置进行相同操作,认为在 n 取得最大值的位置处,两幅图像的绝对差最小,该位置即为匹配位置。

序贯搜索策略可大大降低绝对差相似性度量函数的计算量,并且几乎不降低匹配精度。虽然这种搜索策略是针对绝对差相似性度量而提出的,但也可应用于基于其他相似性度量的图像匹配中,如平均平方差、交互相关、划分强度一致等。

2)金字塔方法

金字塔方法(Pyramidal Approach)是基于人们由粗到细寻找事物的思维而形成的搜索方法,即先利用低分辨率的参考图像和实时图像进行匹配搜索,在较优的搜索位置处,再利用高分辨率的图像进行匹配。

采用金字塔方法搜索时需要首先构造图像金字塔。图像金字塔可采用简单的求和运算来生成,即粗分辨率图像的像素值是图像金字塔前一层图像某些相应像素的和。这种方法简单、计算量小,在金字塔搜索方法中得到了广泛应用[58]。对图像的多尺度表示是小波分解的固有特性,因此图像金字塔也可采用小波变换构造。采用不同的小波基或者使用不同的小波系数,可得到很多基于小波变换的金字塔搜索方法。此外,还有三次样条图像金字塔、拉普拉斯图像金字塔、高斯金字塔等。

金字塔方法从粗分辨率的图像开始匹配搜索,在高分辨率的图像不断改善搜索结果,在每一个分辨率等级上,极大减小了搜索空间,从而降低了计算量。如果在低分辨率等级上有一个错误的搜索位置,最终可能会发生误匹配,因此,这种搜索方法通常应引入反馈跟踪或者一致性检验技术。

3) FFT 方法

两幅图像的相关可视为一种特定形式的空域卷积,这可通过它们在频域中的乘积来计算。因此,采用 FFT 可以加快相关类匹配算法的匹配速度,图像尺寸越大,这种方法在时间上的效率就越明显。

经过傅里叶变换,图像由空域变换到频率域,实时图像 $S(x,y)$ 和参考图像 $R(x,y)$ 在空间上的相关运算变为频率域上的复数乘法运算。具体如下:

$$\begin{cases} FS(u,v) = FFT(S(x,y)) \\ FR(u,v) = FFT(R(x,y)) \\ Corr(S(x,y),R(x,y)) = FFT^{-1}(FS(u,v) \times FR^{*}(u,v)) \end{cases}$$

$$(6-30)$$

4) 遗传算法

遗传算法(Genetic Algorithm, GA)是借鉴生物进化规律而形成的一种全局优化搜索算法。GA 结合了"适者生存"规则以及遗传信息之结构性和随机性交换的生物进化规律,能够实现全局并行搜索,具有简单、快速、稳健等特点。

遗传算法是以种群中各个体的适应度为依据,通过选择、交叉、变异等操作不断迭代,找出适应度较好的个体,最终搜索到最优解。遗传算法的基本流程如图 6-3 所示。

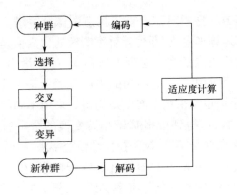

图 6-3　遗传算法的基本流程

　　选择算子是遗传算法的基本算子,其目的是提高群体的平均适应度,将优良个体在下一代群体中保留,体现了"适者生存"的自然选择原则。交叉算子模拟生物进化中的杂交原理,将两个个体的部分基因相互交换,产生新个体,增强了群体形态的多样性,也扩大了搜索范围。变异算子模拟生物进化中的基因变异,它以一定概率对群体中的每一个体随机改变某一个或者某些基因以产生新个体。

　　在图像匹配中,个体通常为图像变换参数,适应度通常为相似性度量。众多学者将遗传算法和图像匹配有机结合,得到了理想的结果。

　　5)粒子群算法

　　粒子群优化算法(Particle Swarm Optimization,PSO)是一种基于群智能的进化计算技术。同 GA 一样,PSO 也是一种迭代算法,但没有交叉、变异等操作。相对于 GA,PSO 简单,容易实现。

　　PSO 通过个体之间的协作来寻找最优解。PSO 初始化一群随机解,称为"离子",每个离子都有一个适应值以及决定它们"飞行"方向和距离的速度,每次迭代中,每个离子根据各自搜索到的最优位置(个体极值)以及群体搜索到的最优位置(全局极值)更新自己的速度。

　　假设在一个 N 维的搜索空间中,有 M 个离子组成的群体,每个离子是 N 维空间中的一个向量 x_i,其飞行速度也是一个 N 维向量 v_i,将 x_i 代入目标函数可计算其适应值,由适应值衡量各个离子的优劣。

　　设 x_i 目前搜索到的最优位置为 p_{io},整个群体目前搜索到的最优位置为 p_{go},则最基本的粒子群算法的迭代公式为

194

$$v_i^{k+1} = v_i^k + c_1 r_1 (\boldsymbol{p}_{io} - \boldsymbol{x}_i^k) + c_2 r_2 (\boldsymbol{p}_{go} - \boldsymbol{x}_i^k) \qquad (6-31)$$

$$\boldsymbol{x}_i^{k+1} = \boldsymbol{x}_i^k + \boldsymbol{v}_i^k \qquad (6-32)$$

式(6-31)中:上标 k 表示第 k 次迭代;c_1,c_2 为非负常数;r_1,r_2 为随机数,等式右边第二项称为"感知部分",代表离子吸取个体经验的过程,第三项称为"群体部分",表现了粒子间的共享与合作。式(6-32)表示离子位置的更新。

虽然粒子群算法具有突出优点,但这一算法存在早熟收敛、速度爆炸、陷入局部极值等问题,许多学者在粒子群算法的基础提出了改进算法。

同遗传算法一样,在图像匹配中,个体通常为图像变换参数,目标函数通常为相似性度量函数。

6.3　图像匹配算法

匹配算法是图像匹配技术的核心。本节概述常用图像匹配算法的分类与特点,依次讨论图像匹配的经典算法、高性能算法、快速算法和稳健算法等四类典型图像匹配算法。

6.3.1　概述

1. 常用图像匹配方法的分类及特点

一般将图像匹配算法分为两大类:基于区域的算法和基于特征的算法[2,4,23]。

基于区域(area-based)的匹配算法包括灰度相关算法、相位相关算法等。在这类算法中,图像的像素点阵直接参与匹配运算。采用的相似性度量有归一化互相关、互相关系数、平均绝对差等。

常用的基于特征(feature-based)的匹配算法主要是利用图像的边缘特征、区域特征、点特征、高层特征等。

基于特征的匹配算法首先提取图像中的特征,然后再建立两幅图像之间特征的匹配对应关系,其难点在于自动、稳定、一致的特征提取和匹配过程消除特征的模糊性和不一致性。其突出的缺点是特征提取过程会损失大量的图像信息,因此它对图像类型的适应能力不如基于区域的算法。

2. 当前研究热点和问题

计算快捷、精度高、适应性强的匹配算法一直是图像匹配研究的核心问题。基于区域的匹配算法研究已较为成熟,当前研究的重点是图像校正和匹配要素的合理组合。基于特征的匹配算法是当前研究的热点,其中基于边缘、特征点、区域特征的匹配算法研究较多,而基于图、句法等模型的匹配算法还不多见,现有的算法也都存在各种缺陷。上述算法一般都假设图像结构的仿射变换是全局的、线性的,而如果存在非线性的局部畸变,即每个局部的变换参数都不相同,则应采用非线性方法,如变形模板匹配算法,它用弹性材料的变形来模拟图像的畸变,常用在医学图像配准中,但这类算法的计算量较大,而且不够稳定。基于神经网络的匹配算法往往是将匹配参数的估计问题转化为数值优化问题,构造能量函数,并通过 Hopfield 网络等方法进行求解,利用的只是神经网络的计算结构。

多个算法的融合与集成可以克服单个算法的局限性,提高匹配的适应性。建立基于知识的多算法集成机制,也是研究的一个方向。

匹配适应性研究也是图像匹配的一个重要研究领域,即对于给定的匹配算法,如何衡量它的性能,特别是它对于哪类图像类型、哪些成像畸变有好的适应性,从而为匹配区选择和弹道规划等提供依据。

6.3.2 经典算法

经典图像匹配算法主要包括基于最小距离度量的距离类算法和基于相关度量的相关类算法。前一类主要有绝对差(AD)、平均绝对差(MAD)、模二(XOR)、平方差(SD)以及平均平方差(MSD)算法等;后一类主要有积相关(prod)和归一化积相关(Nprod)算法。

在这几类算法中,匹配精度较高且易于工程化实现的是基于灰度的去均值归一化积相关(Nprod)算法。算法基本步骤如下[51]:

(1) 匹配前先对参考图($M \times M$ 点)和实时图($N \times N$ 点)作去均值处理,即

$$X = X_{ck} - \overline{X} \qquad\qquad (6-33)$$

$$Y = Y_{\text{shsh}} - \overline{Y} \qquad (6-34)$$

式中: X_{ck}、Y_{shsh} 分别为参考图和实时图的原始数据; $\overline{X}$、$\overline{Y}$ 为对应的均值。

（2）逐点逐行匹配。设 $M > N$,则在参考图上可依次形成 $(M - N + 1)^2$ 个 $N \times N$ 点子图。设第 k 个子图为 Z。

（3）求子图 Z 与实时图 Y 的相关系数:

$$r = \frac{\displaystyle\sum_{i=1}^{N}\sum_{j=1}^{N} x_{i,j}^{k} \cdot y_{i,j}}{\sqrt{\displaystyle\sum_{i=1}^{N}\sum_{j=1}^{N} (x_{i,j}^{k})^2 \cdot (y_{i,j})^2}} \qquad (6-35)$$

式中: $x_{i,j}^{k}$、$y_{i,j}$ 分别为子图 Z 和实时图 Y 中第 i 行、第 j 列像元的灰度值。

（4）求相关系数极大值对应子图在参考图上的位置。依次令 $k = 1, \cdots, (M - N + 1)^2$,对每个 Z 重复公式(6-34)的计算,令

$$r_m = \max(r_k), \quad k = 1, 2, \cdots, (M - N + 1)^2 \qquad (6-36)$$

并记录下 r_m 所对应子图的中心点在参考图中的位置。

（5）计算方差:

参考图方差:

$$\sigma_x^2 = \frac{1}{M^2}\sum_{i=1}^{M}\sum_{j=1}^{M} x_{i,j}^2 \qquad (6-37)$$

实时图方差:

$$\sigma_y^2 = \frac{1}{N^2}\sum_{i=1}^{N}\sum_{j=1}^{N} y_{i,j}^2 \qquad (6-38)$$

（6）计算信噪比 SNR:

$$\text{SNR} = \sigma_x^2 / \sigma_y^2 \qquad (6-39)$$

（7）计算截获概率:

$$p_c = 0.5 - \text{erf}\left[\frac{|B| - K}{A}\right] \qquad (6-40)$$

式中

$$\text{erf}[x] = \frac{1}{\sqrt{2\pi}}\int_0^x \exp(-y^2/2)\,\mathrm{d}y$$

$$K = \text{erf}^{-1}[0.5^{1/Q} - 0.5], \quad Q = (M - N + 1)^2 - 1$$

197

$$A = \sigma_0/\sigma_j; B = \frac{\overline{\phi_0} - \overline{\phi_j}}{\sigma_j}$$

$$\sigma_0 = \sqrt{\frac{\sigma_x(2\sigma_x^2 + \sigma_y^2)}{N}\sqrt{\sigma_x^2 + \sigma_y^2}}, \sigma_j = \sqrt{\frac{\sigma_x(\sigma_x^2 + \sigma_y^2)}{N}\sqrt{\sigma_x^2 + \sigma_y^2}}$$

$$\overline{\phi_0} = r_m; \overline{\phi_j} = 0$$

（8）输出 (L_m, S_m) 为最大相关系数 r_m 所对应子图中心在参考图上的坐标。

（9）算法结束。

去均值归一化积相关匹配算法是匹配算法中非常经典的算法,匹配概率高,且易于硬件实现,是弹载成像匹配系统中的首选算法。

6.3.3 高性能算法

目标匹配和定位是模式识别中的一个传统问题,已经提出许多经典算法,但是大多数定位精度都是像素级。亚像元匹配算法可以突破物理分辨率的限制,将匹配和定位精度从像素级提高到亚像元级。亚像元定位一般有四种方法:①基于图像高分辨率重采样的方法;②基于曲面拟合的方法;③微分法;④幅角法。在实际应用中,经常使用重采样和拟合方法[19]。

1. 图像重采样法

一般重采样方法是对图像和模板进行 n 倍重采样,在采样后图像上进行模板匹配。此种方法需对整幅图像进行重采样,计算量太,难以满足实时性要求。

2. 曲面拟合法

考虑到采样间隔可使极值点发生偏移,曲面拟合法是以像素级上的最佳像素点为中心按相似性度量进行曲面拟合,然后通过求导获得极值点的精确位置。拟合函数选择范围很大,下面将对不同拟合函数做一简要说明。

1）二次曲线法

设拟合函数为 $f(x) = ax^2 + bx + c$,其中 $f(x)$ 为对应于 x 点的 NC 值。通过导数法估计系数 a、b 和 c,则所求的亚像元偏移为 $-\frac{b}{2a}$。若 x

和 y 方向是可分离的,用二次曲线拟合函数可以得到精确的亚像元偏移。

2）双二次曲线法

该方法把 x 和 y 方向综合起来考虑,所选用的拟合函数为

$$z(x,y) = ax^2 + by^2 + cxy + dx + ey + f \qquad (6-41)$$

式中:$z(x,y)$ 为对应于位置 (x,y) 的 NC 值。

同样,利用导数法可以求得亚像元偏移:

$$\begin{cases} \dfrac{\partial z}{\partial x} = 2ax + cy + d = 0 \\ \dfrac{\partial z}{\partial y} = 2by + cx + e = 0 \end{cases} \Rightarrow \begin{cases} x = \dfrac{(2bd - ce)}{c^2 - 4ab} \\ y = \dfrac{(2ae - dc)}{c^2 - 4ab} \end{cases} \qquad (6-42)$$

可以选取更高阶的曲线拟合方法以期达到更精确的亚像素偏移。

3. 重采样和曲面拟合融合方法

曲面拟合方法具有快速、容易计算的优点,但精度不够;而重采样方法定位准确,但计算费时。此时可以考虑一种融合重采样和曲面拟合的亚像元定位算法,其步骤如下:

（1）利用归一化相关系数（NC）法找到像素级上的最优匹配点;

（2）对模板进行 n 倍重采样,产生多个子模板,求取最大 NC 值对应的子模板,求得亚像元偏移;

（3）以此子模板为中心的 3×3 窗口的 9 个子模板对应的 NC 值进行双二次曲线拟合,求得亚像元偏移;

（4）组合步骤（2）和步骤（3）的结果,得到待匹配图像的亚像元偏移。

6.3.4　快速算法

在图像匹配算法中,搜索过程是最费时间的。为了能达到实时匹配,除了改善硬件外,一方面可以采取压缩数据的预处理方法,另一方面可以设法提高相关算法的处理速度,因为总的计算量为相关算法计算量乘以搜索次数。

本节以快速性为目标,重点介绍图像匹配的常规快速算法、基于 Hausdorff 距离的快速算法和分层算法[52,53]。

1. 常规快速算法

1）幅度排序的相关算法

这种算法首先把实时图的各个灰度值按幅度大小排序,并进行二进制编码,而后序贯地将这些二进制阵列与参考子图进行相关处理。

2）FFT 相关算法

这种算法利用 FFT 技术来计算积相关函数,从而节省计算时间。

3）序贯相似度检测算法(SSDA)

这种算法在处理速度上比 FFT 相关算法还要提高一到两个数量级,比任何简单的 MAD 算法快几十到几百倍,且可以用简单的硬件实现。因此,这种算法适于用来构成弹载实时相关器。

4）分层搜索的序贯判决算法

这种方法是基于先粗后细搜索效率高得出的。首先对原始图像进行分层预处理,然后先在低分辨率的图像进行相关配准,得到可能地粗匹配位置,再在更高一级分辨率图像上进行匹配,此时只需在粗匹配位置周围寻找匹配点。这样从最低分辨率到最高分辨率,一层一层地、序贯判决地进行。

2. 基于 Hausdorff 距离的快速算法

Hausdorff 距离是衡量二点集相似性的有效度量。基于该距离的快速算法的特点是:

（1）快速性通常优于 FFT 算法,速度提高近 1 倍。

（2）最大优势在于它在噪声很大的情况下,依然不会产生大的误差,这种抗噪声的能力是以欧几里得距离为相似度指标的算法所无法媲美的。

（3）算法的精度随参考图与实时图尺寸的减小而减小。

3. 分层算法

小波分析可以将图像或信号分层次按小波基展开,同时小波变换具有放大、缩小、平移的功能,能够很方便地产生各种分辨率的图像。因此,基于小波变换的分层算法的特点是:

（1）对于参考图和实时图较小时不理想。这是由于在分解又重新编码的过程中,舍弃了高频信号,导致了在底层时信息量不能完全反映图像性质。

（2）对于空域的分层算法,由于下层的粗匹配点在映射到上层再进行精匹配时是一点到多点的映射,所以不可避免产生误差,如果在分层算法得到的最优点附近再次寻优,则可以提高精度。

图像匹配的要求是"准中求快",要提高图像匹配的速度只有在相似度指标的选择和搜索策略方面寻求解决途径。在相似度指标方面,可以用 Hausdorff 距离代替传统的欧几里得距离;在搜索策略方面,可以用分层搜索的方法代替传统的逐点搜索。这些都可以提高匹配的速度,为弹载合成孔径雷达成像匹配制导提供快而准的信息。

6.3.5 稳健算法

几何失真是影响图像匹配性能的一个重要因素,实际应用中必须考虑如何减小几何失真对匹配性能的影响。除了可以在预处理环节通过几何校正减小实时图几何失真对匹配的影响外,还可以在匹配环节通过选择受几何失真影响小的图像匹配算法来实现。受几何失真影响小的匹配算法主要有不变矩匹配算法、相位相关算法、多子区相关算法等[53]。

1. 不变矩匹配算法

这种算法建立在比较两幅图像的不变矩的基础上。

利用式(6－16)定义的二阶和三阶中心矩可以构造出如下七个不变矩:

$$
\begin{cases}
I_1 = \eta_{20} + \eta_{02} \\
I_2 = (\eta_{20} - \eta_{02})^2 + 4\eta_{11}^2 \\
I_3 = (\eta_{30} - 3\eta_{12})^2 + (3\eta_{21} + \eta_{03})^2 \\
I_4 = (\eta_{30} + \eta_{12})^2 + (\eta_{21} + \eta_{03})^2 \\
I_5 = (\eta_{30} - 3\eta_{12})(\eta_{30} + \eta_{12})[(\eta_{30} + \eta_{12})^2 - 3(\eta_{21} + \eta_{03})^2] \\
\qquad + (3\eta_{21} - \eta_{03})(\eta_{21} + \eta_{03})[3(\eta_{30} + \eta_{12})^2 - (\eta_{21} + \eta_{03})^2] \\
I_6 = (\eta_{20} - \eta_{02})[(\eta_{30} + \eta_{12})^2 - (\eta_{21} + \eta_{03})^2] + 4\eta_{11}^2(\eta_{30} + \eta_{12})(\eta_{21} + \eta_{03}) \\
I_7 = (3\eta_{12} - \eta_{30})(\eta_{30} + \eta_{12})[(\eta_{30} + \eta_{12})^2 - 3(\eta_{21} + \eta_{03})^2] \\
\qquad + (3\eta_{21} - \eta_{03})(\eta_{21} + \eta_{03})[3(\eta_{30} + \eta_{12})^2 - (\eta_{21} + \eta_{03})^2]
\end{cases}
$$

$$(6-43)$$

这七个不变矩对于数字图像来说,在比例因子小于2且旋转不超过45°的条件下,对于旋转、平移和比例因子的变化具有不变性。即不变矩匹配算法在上述条件下是不受几何失真影响的。

设实时图的不变矩为 $M_i, i = 1, 2, 3, \cdots, 7$,位置$(x, y)$处参考子图的不变矩为 $N_i(x, y), i = 1, 2, 3, \cdots, 7$,则它们之间的归一化积相关值为

$$R(x, y) = \frac{\sum\limits_{i=1}^{7} M_i N_i(x, y)}{\left(\sum\limits_{i=1}^{7} M_i^2 \sum\limits_{i=1}^{7} N_i^2(x, y) \right)^{1/2}} \qquad (6-44)$$

使 $R(x, y)$ 取最大值的位置即为不变矩匹配算法确定的匹配点。

2. 相位相关算法

因为几何失真对图像的高频分量影响大、对低频分量影响小,所以采用低通滤波器,以傅里叶频谱为基础的相位相关算法,就可以大大减小几何失真对匹配性能的影响。

假设参考子图和实时图的傅里叶变换分别为 $X_{x,y}$ 和 Y,则它们的互功率谱的相位谱为

$$e^{j\theta(x,y)} = \frac{X_{x,y} Y^*}{|X_{x,y} Y^*|} \qquad (6-45)$$

则相位相关函数即为上式的傅里叶反变换,即

$$\phi(x, y) = F^{-1}\left[e^{j\theta(x,y)} \right] \qquad (6-46)$$

相位相关函数是一个位于两图位置偏移处的 δ 脉冲函数,在理想情况下,当两图完全相似时其值为1,反之为0。因此,相位相关函数可以用来度量两图间的相似程度。由此形成的匹配算法称之为相位相关算法。由于相位相关面的形状类似于 δ 函数,因此这种算法具有较高的匹配精度。此外,还由于相位相关函数对于图像灰度地变化是不变的,所以该算法不受此因素影响。

3. 多子区相关算法

多子区相关是当有几何误差出现时,用来减小可能出现的错误匹配的一种方法。这个概念是从参考图中选一些更小(相对于一般的实

202

时图)的图,称为子区,使得这些小图在实时图中出现的概率很大。

匹配时,这些子区逐个和实时图相关,并判断每个子区的最佳匹配位置。因为各个子区的相对位置在参考图中是确定的,这些信息结合几个子区在实时图中的位置分布会使得实时图相对参考图的位置确定下来。为使系统可靠工作,一般取 5 ~ 10 个子区。

这种方法的一个关键问题是如何选择子区。子区原则上应该满足下列条件:

(1) 几何位置是确定的,这样各子区的相关信息会给出一个参考点和图像内任何几何畸变的幅度。

(2) 每个子区可以被唯一地、准确地定位。

算法特点:

(1) 具有识别伪峰的能力。

(2) 不仅可以大大减小几何失真的影响,而且具有大参考图与实时图相关时所获得的匹配定位精度。

(3) 多子区相关主要为避免错误截获和匹配而设计,同时在准确匹配阶段也很有用。

6.4 地面起伏影响及其校正

弹载合成孔径雷达景象匹配时使用的参考图通常由高分辨率可见光或雷达遥感图像制备得到,实时图则为弹载合成孔径雷达侧视或斜前视的成像结果。和光学透视成像不同,雷达成像是斜距成像,而参考图通常为地距图像。斜距计算除了与成像水平方向的距离有关外,还与雷达高度、地面起伏等因素有关。对于巡航导弹的弹载合成孔径雷达来说,由于与飞行高度相比不能忽略,地面起伏将直接导致实时图像发生几何偏移失真。

目前,在弹载合成孔径雷达景象匹配定位中,出于实时图像特征提取困难及匹配速度的考虑,主要采用灰度相关类算法来实现,因此实时图像的几何失真将导致匹配误差的增加甚至误匹配。

本节分析地面起伏对弹载合成孔径雷达实时成像的影响及其校正方法[54]。

6.4.1　地面起伏影响

由于侧视工作,地面的起伏将导致合成孔径雷达图像中出现透视收缩和叠掩现象,其表现和形成机理详见2.3节。

如图6-4所示,地形起伏导致斜距S'随$h(x)$改变,如地面上的A点将实际成像到B点,而不是其垂直投影点。

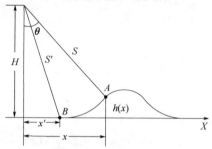

图6-4　地形起伏对侧视雷达成像的影响

6.4.2　匹配定位分析

文献[54]采用归一化去均值积相关(NProd)匹配算法分析了地形起伏对雷达景象匹配定位性能的影响。得出实时图和参考图的互相关度量为如下形式:

$$\rho_x = e^{-\Delta x/cl} \qquad (6-47)$$

式中:$\Delta x = x - x'$,为实时图相对于参考图的位置偏移;cl为图像的自相关长度。

在某种意义上,可将ρ_x视为实时图像中的每一个像素点偏移Δx的统计量。当其减小时,互相关度量将增大,相关匹配结果的置信度也将增大,匹配结果更为可信。

也有采用频域分析方法对互相关匹配进行分析,并得出了相似的结论:在实时图相对参考图偏移Δx,相对于图像足够小的情况下,匹配度量ρ_x是变量Δx的一个余弦函数。

6.4.3　垂直投影校正

可以采用垂直投影法来校正实时图像中因地形起伏导致的几何畸变。

由图 6 - 4 可知

$$x' = \sqrt{(H - h(x))^2 + x^2 - H^2} \qquad (6 - 48)$$

因此校正公式为

$$x = \sqrt{x'^2 + H^2 - (H - h(x))^2} \qquad (6 - 49)$$

根据上述公式,利用地面高程起伏数据就可以对图像进行校正,将实时图中的点 B 校正到实际的地面点 A,以和参考图中的点对应,改善匹配性能。

6.5　抗噪声合成孔径雷达图像匹配方法

弹载合成孔径雷达实时成像因受导弹飞行平稳性较差、成像需要实时运动补偿以及实时图像处理的速度和质量等因素的影响,成像的质量一般会比机载合成孔径雷达要差,图像噪声也较强。

在图像(尤其是实时图)噪声较强的情况下,受噪声影响可能会使采用归一化去均值积相关(NProd)算法得到的相关面中多个非匹配位置处的相关值均较大,甚至会超过正确匹配点处的相关值,造成匹配可靠性降低,甚至导致错误匹配。本节给出一种抗强噪声的匹配算法[55]。

6.5.1　算法介绍

算法的思路是将实时图平分成几个子图,并将其分别与参考图匹配,因为这几个子图之间具有特定的距离和方位关系,即使它们的匹配相关面中相关峰的性能较差,也能利用此特定关系正确地找出匹配点。

具体实现时,在这几个子图的相关峰当中分别选取一些相关值超过最高峰值一定比例(如80%,此阈值可调)的疑似匹配点,然后根据正确匹配点应该满足的特定距离和方位约束关系逐一判断这些点是否满足要求,满足该条件则为正确匹配,反之则为错误匹配。简单起见,假设实时图被上下平分成 a 和 b 两个子图,如图 6 - 5 所示。设其中心坐标分别为 (x_1, y_1) 和 (x_2, y_2),则正确匹配须满足以下两个约束条件:

$$\begin{cases} x_1 = x_2 \, (方位) \\ y_2 - y_1 = \dfrac{1}{2}(y_2 + y_1) \, (距离) \end{cases} \qquad (6-50)$$

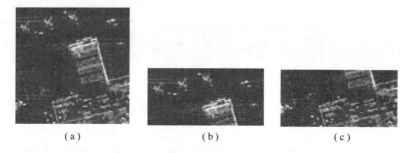

（a）　　　　　　　　　（b）　　　　　　　　　（c）

图 6 - 5　实时图和分半后的实时图

（a）实时图；（b）子图 a；（c）子图 b。

此算法与多子区相关算法类似，但又有不同：首先，多子区相关算法是为了减小图像畸变对匹配的影响而设计的，而本算法则是为了解决噪声的影响；其次，多子区相关主要是将参考图分块，而本算法则主要是将实时图分块。

算法流程如图 6 - 6 所示。

6.5.2　仿真分析

仿真用的参考图为 353 × 700 点合成孔径雷达图像，从中截取一块 99 × 99 点的图像作为实时图。匹配时将实时图上下平分成两个 49 × 99 点的子图，并采用归一化积相关（NProd）算法分别与参考图匹配。如图 6 - 7 所示，匹配前对实时图人为添加了强噪声，由于噪声太强，实时图近乎噪声，得出的相关面也是相关峰很多，难以确定正确的匹配点。

仿真实验时对实时图加了不同类的强噪声，实验表明该算法能在小信噪比（对实时图而言）的情况下正确地找出匹配点对，进而找到正确匹配点。如图 6 - 8 所示，图中标星符号的位置对应匹配点对。

仿真结果表明：

（1）算法在强噪声（实验时信噪比可低至 - 10dB）情况下仍然有

206

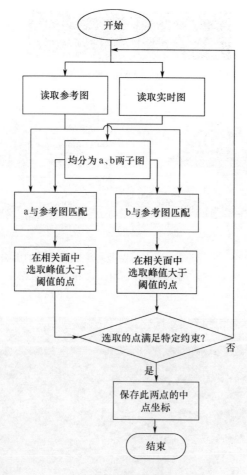

图 6-6 算法流程图

效,因此,非常适合应用于弹载合成孔径雷达成像匹配制导情况下。此时,受多种因素影响,实时成像的质量较差。

(2)从次高峰与最高峰之比来看,各种噪声对图像匹配影响程度几乎相同,都会造成单幅图像匹配时按照最大值准则得到的匹配结果的可信度很差,甚至出现伪匹配。在这种情况下,最高峰位置不一定是正确匹配点,正确匹配点对应的相关峰可能被其他相关峰"淹没"。

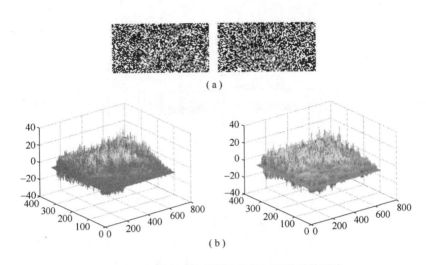

(a)

(b)

图6-7　强噪声对实时图及相关匹配结果的影响

（a）添加了强噪声的实时图；（b）相关匹配结果。

图6-8　正确匹配示意图

（3）还可以将实时图分为多块，如4块、8块等，理论上分块越多，每块的图像信息量就越少，单块的匹配性能就会越差，但另一方面，分块多了各块间相关性就更强。所以在特定的实时图情况下具体分多少块匹配性能会达到最佳还有待进一步深入研究。

208·

6.6 利用边缘和统计特性的合成 孔径雷达图像匹配算法

边缘特征是图像中较稳定的特征,采用边缘进行匹配,具有较好的可靠性和准确性。通常的边缘匹配方法需要提取实时图的边缘,而对合成孔径雷达图像进行实时边缘提取本身较复杂,导致匹配算法复杂度高,运算量大。此外,边缘提取还会引进匹配误差。

本节利用参考图像的边缘和实时图像的灰度进行匹配,给出一种利用边缘和统计特性的合成孔径雷达图像匹配算法[56]。采用一种基于统计特性的边缘强度度量作为相似性度量,避免了对实时图的边缘提取;采用金字塔方法进行匹配搜索,大大提高了匹配速度。仿真验证了算法的有效性。

6.6.1 基于统计特性的相似性度量

本节方法不是直接度量实时图与参考图边缘特征的相似性,而是将参考图像的边缘作为先验信息,在实时图各个位置度量这种边缘的强度,以该边缘强度度量作为相似性度量。

一般采用差分度量光学图像边缘强度,采用比值度量合成孔径雷达图像边缘强度。为了有效利用合成孔径雷达图像的统计特性,采用以下统计量度量边缘强度:

$$R = \text{Num}(X > T)/\text{Num}(X) + \text{Num}(Y < T)/\text{Num}(Y) \quad (6-51)$$

式中:X、Y分别为实时子图像中与模板 $+1$、-1 相对应的像素;Num 表示计算满足括号内条件的元素的个数;T 为门限。下面讨论门限的确定方法。

设 X、Y分别为均匀区域,由于可将合成孔径雷达功率图像在均匀区域的分布视为 Gamma 分布,则其概率密度函数可分别由式(5-42)和式(5-43)表示,此处重写如下:

$$p(I/\mu_1) = \frac{1}{\Gamma(L)}\left(\frac{L}{\mu_1}\right)^L I^{L-1}\exp\left(-\frac{LI}{\mu_1}\right) \quad (6-52)$$

209

$$p(I/\mu_2) = \frac{1}{\Gamma(L)}\left(\frac{L}{\mu_2}\right)^L I^{L-1}\exp\left(-\frac{LI}{\mu_2}\right) \qquad (6-53)$$

式中:L 为等效视数;μ_1、μ_2 分别是 X、Y 的平均回波功率。

于是,式(6-51)可看作是对下式的估计:

$$\tilde{R} = \int_T^\infty p(I/\mu_1)\,\mathrm{d}I + \int_{-\infty}^T p(I/\mu_2)\,\mathrm{d}I \qquad (6-54)$$

令 $\tilde{R}$ 最大,可得

$$T = \ln(\mu_1/\mu_2)/((\mu_1 - \mu_2)/\mu_1\mu_2) \qquad (6-55)$$

μ_1、μ_2 可由 X、Y 均值估计得出。

根据 R 设计以下相似性度量函数:

$$\mathrm{CF} = \frac{R^k}{A(2-R)^k + R^k} \qquad (6-56)$$

式中:A、k 是增强相关图的常数。

6.6.2 分层搜索策略

如 6.2.3 节所述,金字塔搜索方法是一种可大大降低运算量的方法。该方法中主要有两种构造图像金字塔的方法——求和法和小波变换法。小波变换法有两个缺点:一是分解后的近似图像特征与原图像特征可能会有较大的差别,会给匹配结果带来较大偏差;二是小波分解虽有快速算法,但分解依然较慢,很难满足实时匹配要求。这里采用求和法构造图像金字塔。

实时图像的尺度金字塔按照下述方法构建:原始图像是金字塔最底层,0 层;对原始图像做距离向两视、方位向上两视的四视处理,得到金字塔的第一层;对第一层再做四视处理得到第二层;依此类推,直到所需的分辨率等级。这种方法简单,运算量小,易于硬件实现。

参考图像的尺度金字塔按照下述方法构建:进行多视处理,获得参考图像的多尺度表示,在其各个尺度上分别提取边缘,生成各尺度参考模板。这部分处理可在参考模板制备中完成。

从金字塔最高层向最底层依次搜索,较高层上的搜索结果给出了可能的匹配位置,由这些位置产生较低层上的搜索空间。这样,只有在最高层上是全搜索,在其他层上都是部分搜索,减少了搜索次数,降低了运算量。

6.6.3 匹配流程

在参考模板制备中,考虑实际成像条件与规划的成像条件的误差,生成了若干参考模板,实时匹配中,每一个参考模板都要与实时图像比较。一种方法是将这些参考模板分别与实时图像进行匹配,比较其相关函数峰值,获得最大峰值的参考模板作为匹配模板,匹配模板对应的匹配位置作为最终匹配位置。由于实际成像条件与规划的成像条件误差不大,按照规划的成像条件产生的模板与实时图像进行匹配也能得到较大的相关值,因此,可首先用该模板与实时图像匹配,将相关值较大的几个位置作为准匹配位置,在准匹配位置附近,再将其他模板与实时图像比较,这种方法可较少搜索位置,提高匹配速度。

记按照规划的成像条件产生的参考模板为 T_a,其尺度金字塔的各层分别为 $T_0^a, T_1^a, \cdots, T_{L-1}^a$,弹上的处理流程为:

(1) 对实时图像 S 进行多视处理,得到 L 层不同尺度图像 S_0, $S_1, \cdots, S_{L-1}$。

(2) 使用 T_{L-1}^a 在 S_{L-1} 上进行全搜索,计算相似性度量函数,得到相关矩阵 CF,将其中最大的几个值所对应的位置作为疑似匹配位置。

(3) 对所得每个可能匹配位置 (p_x, p_y),使用 T_{L-2}^a 在 S_{L-2} 上 $(2p_x \pm a, 2p_y \pm a)$ 范围内计算相关函数,其中 a 为搜索半径。将最大的几个 CF 所对应的位置作为疑似匹配位置。

(4) 重复 3 直到最底层 S_0,将最大的几个 CF 对应的位置作为准匹配位置。

(5) 使用其他模板在准匹配位置附近计算相似性度量函数,将获得最大 CF 的位置作为匹配位置。

6.6.4 仿真分析

如前所述,在参考模板制备中,要产生若干模板用于弹上实时匹配。为说明问题,仿真参考模板数为 3 的情况。实验图像为 ENVISAT-1 不同轨道上获取的同一地区合成孔径雷达图像。所用 PC 机配置为英特尔奔腾 4 CPU,主频 2.8GHz,768MB 内存,Windows XP 操作系统。编程语言为 C + + 。

图 6 – 9 给出了一个匹配实例。(a)和(b)为我国吉林省某地区的 ASAR 图像,卫星轨道号为 12589 和 13591,两幅图像相同位置的像素对应同一地域。(a)作为侦查图,(b)作为实时图。(c)、(d)、(e)为对 (a)进行预处理后生成的参考图像,其中,(c)与(b)的尺寸、方向都相同,(d)与(b)的方向不同,尺寸相同,(e)与(b)的方向、尺寸都不相同。按照本节所述流程进行匹配,尺度金字塔层数 L = 3,匹配结果表明,由(c)生成的参考模板与实时图像的相关峰值最大,匹配位置如 (f)中白色矩形框所示。水平方向和垂直方向的匹配偏差 Δx、Δy 分别为 0 和 1,运行时间为 215ms,可见该方法具有较高的精度,匹配时间也较小。

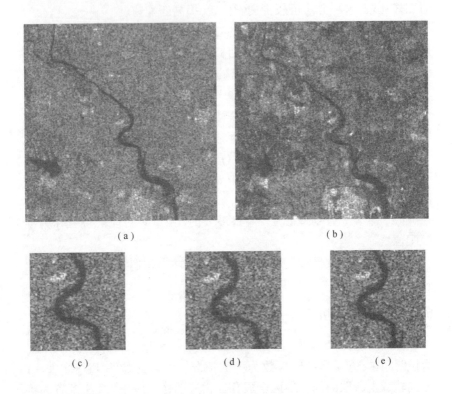

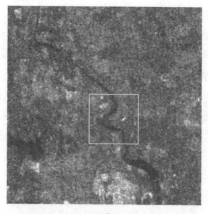

（f）

图 6 - 9　匹配实例

（a）侦查图像;（b）实时图像;（c）参考图（与(b)尺寸、方向都相同）;
（d）参考图（与(b)方向相同尺寸不同）;（e）参考图（与(b)尺寸、方向均不同）;
（f）匹配位置图。

为验证算法的稳健性,向实时图中加入乘性斑点噪声和加性负指
数分布噪声后再与参考图匹配。乘性斑点噪声按照以下方式加入:$J = I + nI$,其中 I 是原始图像,J 是噪声图像,n 是均值为 0、方差为 σ^2 的均
匀分布噪声。加性负指数分布噪声按照以下方式加入:$J = I + n$,n 是
均值为 μ 的负指数分布噪声。表 6 - 1 和表 6 - 2 是乘性噪声和加性噪
声强度与匹配正确率的关系,其中,信噪比定义为 $SNR = 20\log(E(I)/\mu)$,$E(I)$ 为功率图像均值;正确匹配定义为水平方向和垂直方向匹配
误差都在一个像素内。从表 6 - 1 和表 6 - 2 可看出,在强噪声下,算法
仍保持很高的匹配正确率。

表 6 - 1　乘性斑点噪声下匹配正确率与噪声方差的关系

σ^2	0.1	0.2	0.3	0.35	0.45	0.5
正确率/%	100	100	100	95	85	80

表 6 - 2　加性指数分布噪声下匹配正确率与信噪比的关系

SNR/dB	20	13.98	7.96	4.44	3.10	2.5
正确率/%	100	100	98	96	80	75

上述方法在匹配时间方面有以下优势:不对实时图进行边缘提取;计算相似性度量的运算主要为整数加减运算,且只对参考模板中非零元素操作,计算量小;采用金字塔方法分层搜索,搜索次数少。在匹配精度和稳健性方面有以下优势:消除了实时图特征提取误差;相似性度量利用了边缘先验信息和图像统计特性,具有较高的匹配精度,对噪声有较强的抑制能力。

参考文献

[1] 赵锋伟,李吉成,沈振康. 图像匹配技术研究. 系统工程与电子技术,2002(12).

[2] 傅颖. 导航制导中图像匹配算法的研究. 硕士学位论文. 电子科技大学,2006.

[3] 熊凌. 计算机视觉中的图像匹配综述. 湖北工业大学学报,2006,21(3):171-173.

[4] Brown L G. A Survey of Image Registration Techniques. ACM Computing Surveys,1992,24(4):325-376.

[5] 王军,张明柱. 图像匹配算法的研究进展. 大气与环境光学学报,2007,2(1):11-15.

[6] 冯桂,卢健,林宝坚. 图像直方图不变特征在影响匹配定位中的应用. 计算机辅助设计与图形学报,2000,12(2):146-148.

[7] 王珏,孙小惟. 基于圆投影及直方图不变特征的图像匹配方法. 自动化与应用,2007,26(8):80-82.

[8] 简剑峰,尹忠海,周利华,等. 基于直方图不变矩的遥感影像目标匹配方法. 西安电子科技大学学报(自然科学版),2006,23(4):584-586.

[9] Alliney S,Morandi C. Digital image registration using projections. IEEE Trans. on PAMI,1986,18(2):222-233.

[10] Fuh C S,Liu H B. Projection for patern recognition. Image and Vision Computing,1998,16:677-687.

[11] Wong R Y. Sequential Scene Matching Using Edge Feature. IEEE Transaction on AES,1978,14(1):128-140.

[12] Borgefors G. Hierarchical Chamfer Matching:A Parametric Edge Matching Algorithm. IEEE Transaction On Pattern Analysis and Machine Intelligence,1988,10(6):849-865.

[13] Inglada J,Adragna F. Automatic Multi-Sensor Image Registration by Edge Matching using Genetic Algorithms. IEEE Position Location and Navigation Symposium,2001:2313-2315.

[14] 邓鹏. 边缘与灰度信息结合的 SAR 图像配准方法研究. 中国科学院电子学研究

所,2003.

[15] 刘佳敏,周荫清,李春升. 基于边缘信息的 SAR 与可见光景象匹配算法. 遥测遥控,
2003,24(2):9-13.

[16] 于秋则,程辉,田金文,等. 基于边缘特征的 SAR 与光学图像匹配. 雷达科学与技术,
2003,1(4):242-245.

[17] 张志佳. 图像特征提取及目标匹配的理论和方法研究. 博士学位论文. 中国科学院沈
阳自动化研究所,2005.

[18] 陈东. 一种结合边缘特征和互信息的图像配准方法. 硕士学位论文. 大连理工大
学,2007.

[19] 赵立初. 角点匹配和亚象元定位算法研究. 博士学位论文. 上海交通大学,2001.

[20] 王晓红. 矩技术及其在图像处理与识别中的应用研究. 博士学位论文. 西北工业大
学,2001.

[21] 姚磊. 基于 Hough 变换和不变矩的图像模式识别技术研究. 燕山大学,2006.

[22] Brown L G. A Survey of Image Registration Techniques. ACM Computing Surveys,1992,24
(4):325-376.

[23] 邵永社. 雷达图像定位方法与关键技术研究. 博士学位论文. 同济大学,2006.

[24] 刘宝生,闫莉萍,周东华. 几种经典相似性度量的比较研究. 计算机应用研究,2006,
(1):1-3.

[25] Woods R P,Cherry S R,Mazziotta J C. Rapid Automated Algorithm for Aligning and Reslicing
PET Images. Journal of Computer Assisted Tomography,1992,16(4):894-902.

[26] Viola P,Wells W M. Alignment by maximization of mutual information. Proc. Int. Conf. Com-
puter Vision,Los Alamitos,CA,1995:16-23.

[27] Viola P A. Alignment by maximization of mutual information. Ph. D. dissertation. Massachusetts
Inst. Technology,1995.

[28] Collignon A,Maes F,Delaere D,et al. Automated multi-modality image registration based on
information theory. Information Processing in Medical Imaging,The Netherlands:Kluwer,
1995:263-274.

[29] Collignon A. Multi-modality medical image registration by maximization of mutual information.
Ph. D. dissertation. Catholic Univ. Leuven,1998.

[30] Bhat D N,Nayar S K. Ordinal measures for image correspondence. IEEET rans on Patern Anal-
ysis and MachineIn telligence,1998,20(4):415-423.

[31] Gudeib R A,Hollister R A. A rank correlation coefficient. Journal of America Statistical As-
soc. ,1987,83(398):656-666.

[32] Kendall M,Gibbons J D. Rank corelation methods. New York:Edward Arnold,1990.

[33] Huttenlocher D P. ,Klanderman G A,Rucklidge W J. Comparing Images Using the Hausdorff Distance. IEEE Transaction On Pattern Analysis and Machine Intelligence,1993,15(9): 850 – 863.

[34] Dubuisson M P,Jain A K. A Modified Hausdorff Distance for Object Matching. Proc. 12th Int. Conf. Pattern Recognition,Jerusalem,Israel,1994: 566 – 568.

[35] 刘键庄,谢维信,高新波. 基于 Hausdorff 距离和遗传算法的物体匹配方法. 电子学报, 1996,24(4): 1 – 6.

[36] 汪亚明. 图像匹配的鲁棒性 Hausdorff 方法. 计算机辅助设计与图形学报,2002,14 (3): 238 – 241.

[37] 于秋则,程辉,柳健,等. 基于改进 Hausdorff 测度和遗传算法的 SAR 图像与光学图像匹配. 宇航学报,2006,27(1): 130 – 134.

[38] 冷雪飞,刘建业,熊智,等. 加权 Hausdorff 距离算法在 SAR/INS 景象匹配中的应用. 控制与决策,2006,21(1): 42 – 45.

[39] 梁勇. 合成孔径雷达进行匹配技术研究. 硕士学位论文. 中国科学院电子学研究所,2006.

[40] Barnea D I,Silverman H F. A class of algorithms for fast digital image registration. IEEE Transactions on Computing,1972(21): 179 – 186.

[41] Rosenfeld A,Vanderbrug G J. Coarse-fine template matching. IEEE Transactions on Systems, Man and Cybernetics,1977(7): 104 – 107.

[42] Djamdji J P,Bajaoui A,Maniere R. Geometrical registration of images: the multiresolution approach. Photogrammetric Engineering and Remote Sensing 1993(53): 645 – 653.

[43] Turcajová R,Kautsky J. A Hierarchical multiresolution technique for image registration. Proceeding of SPIE Mathematical Imaging: Wavelet Application in Signal and Image Processing, Colorado,USA,1996.

[44] Thevenaz P,Unser M. Spline pyramids for inter-modal image registration using mutual information. Proceedings of SPIE: Wavelet Applications in Signal and Image Processing,San Diego, CA,1997: 236 – 247.

[45] Thevenaz P,Ruttimann U E,Unser M. A pyramidal approach to subpixel registration based on intensity. IEEE Transactions on Image Processing 1998(7): 27 – 41.

[46] Inglada J,Adragna F. Automatic Multi-Sensor Image Registration by Edge Matching using Genetic Algorithms. IEEE Position Location and Navigation Symposium,2001: 2313 – 2315.

[47] 朱红,赵亦工. 基于遗传算法的快速图像相关匹配. 红外与毫米波学报,1999,18(2): 145 – 150.

[48] Samàdzadegan F,Saeedi S,Hoseini M. Automatic image to map registration based on genetic

216

algorithm[J]. WSEAS Transactions on Signal Processing,2007,3(1):74 – 79.

[49] 王海仙. 基于粒子群算法的遥感图像匹配研究. 硕士学位论文. 中山大学,2007.

[50] Sahajpal V, Overerein Y. A Multiresolution Cooperating multiple-swarm PSO Algorithm for Automatic Target Recognition in Polarimetric SAR images. KIMAS, Waltham, MA, USA. ,2005:330 – 337.

[51] 韩先锋,李俊山,孙满囤,等. 巡航导弹图像匹配算法适应性研究. 微电子学与计算机,2005(7):54 – 56.

[52] 黎明,姜长生,朱荣刚,等. 巡航导弹末制导的图像匹配快速算法. 弹箭与制导学报,2006(1):872 – 877.

[53] 孙仲康,沈振康. 数字图像处理及应用. 北京:国防工业出版社,1983.

[54] 杨卫东,张天序,王新赛,等. 地面起伏对雷达图像匹配定位性能影响的分析. 红外与激光工程,2003(3):305 – 308.

[55] 张东兴,祝明波,李相平,等. 一种新的 SAR 图像分块匹配算法. 电讯技术,2013,53(6):726 – 729.

[56] 杨立波,祝明波,杨汝良. 结合边缘和统计特征的末制导 SAR 图像匹配. 系统工程与电子技术,2009,31(12):2870 – 2874.

[57] 于秋则. 合成孔径雷达(SAR)图像匹配导航技术研究. 博士学位论文. 华中科技大学,2004.

[58] 范俐捷. 合成孔径雷达景象匹配导航技术研究. 博士学位论文. 中国科学院电子学研究所,2008.

[59] 陈东,李飚,沈振康. SAR 与可见光图象匹配方法的研究. 中国图象图形学报,2001,6(3):223 – 227.

第7章 导弹定位

7.1 概　述

导弹定位是根据参考点的地理位置及其在实时图像中的坐标,推导成像期间或某时刻导弹的位置。目前,导弹定位方法主要有以下几种:

(1) 根据匹配偏差定位[1-3]。这种方法直接由参考点的实际匹配位置与理想匹配位置的偏差确定导弹位置。

(2) 根据匹配点距离和方位定位。文献[4]利用多个匹配点的距离和方位确定导弹在成像坐标系的坐标,通过确定成像坐标系与地理坐标的旋转矩阵确定导弹位置。文献[5]选择同一方位上的三点,根据这三点的斜距和合成孔径雷达成像时的高度,由三角形几何关系,确定导弹位置。文献[6]用常系数多项式描述成像期间导弹的运动,根据像素点的方位和斜距,估计三项式参数,从而实现对导弹的定位。

(3) 根据匹配点距离和多普勒中心频率定位[7-9]。这种方法的原理与合成孔径雷达图像定位方法[10-12]相似,利用像素点的斜距和多普勒中心频率以及导弹高度确定导弹位置。

导弹定位与合成孔径雷达的工作模式和成像算法紧密相关,定位精度受大气传播、雷达测量误差、图像匹配误差、导弹飞行参数误差、成像误差、匹配点物理位置误差等因素的影响。

本章在上述文献工作基础上,详细讨论了导弹定位的信息源,阐述了基于距离和多普勒的多参考点导弹定位原理、精度分析和导弹位置解算方法。

218

7.2　导弹定位原理

7.2.1　基本原理

合成孔径雷达景象匹配制导可以采用与光学景象匹配制导相似的方式,通过匹配点偏差进行导弹定位,但这种方法定位精度较差。合成孔径雷达图像中每一个像素都有两个具有明确物理含义的图像坐标,如最短斜距、视线斜距、成像中心时刻弹目距离、方位、多普勒等,这些图像坐标也是合成孔径雷达除了图像之外的测量信息,可利用这些测量信息进行导弹定位。

合成孔径雷达图像坐标与成像算法紧密相关,如对于 ECS、改进 ECS 或者扩展 RD 算法,所成图像的两个坐标为距离和方位,距离徙动校正时参考多普勒不同,距离可能为视线斜距或最短斜距,对于 SPE-CAN、改进 SPECAN 算法,图像坐标为成像中心时刻目标的距离和多普勒。由于利用距离和多普勒进行导弹定位,概念较为清晰,这里主要探讨基于距离和多普勒的导弹定位,以此为基础,也可得出其他成像算法下的导弹定位方法,这里不再赘述。

以成像中心时刻导弹规划位置在水平面的投影为中心建立地理坐标系 xyz,x 指向东,y 指向北,z 指向天。地面上有 M 个参考特征点,其坐标为 $s_i = [x_i, y_i, z_i]^T$,$i = 1, 2, \cdots, M$,设成像中心时刻导弹位置为 $u = [x, y, z]^T$,速度为 $\dot{u} = [\dot{x}, \dot{y}, \dot{z}]^T$。

参考点 i 与导弹间的初始距离(以下简称为距离)为

$$r_i = \sqrt{(u - s_i)^T (u - s_i)} \qquad (7-1)$$

以 $\dot{r}_i$ 表示参考点 i 与导弹间的距离变化率,则

$$\dot{r}_i = \frac{\dot{u}^T (u - s_i)}{r_i} \qquad (7-2)$$

令 $k = -2/\lambda$,参考点 i 的多普勒频率为

$$f_i = k \dot{r}_i \qquad (7-3)$$

有高度表辅助的惯导系统在长时间工作后经纬度误差会很大,这里导弹定位是根据参考点距离和多普勒、导弹高度和速度以及参考点

位置求解 x、y，进而求得经纬度。由地理坐标可容易得出经纬度坐标，这里讨论地理坐标系下的定位问题。

7.2.2 测量误差来源

参考点距离和多普勒由合成孔径雷达景象匹配系统提供。合成孔径雷达成像后，参考点依据其距离和多普勒出现在图像中某位置，图像匹配后，由参考点的匹配位置，可获得参考点的距离和多普勒的观测量。观测量的误差来源有雷达本身测量误差、电磁波空间传播误差和图像匹配误差。

1. 雷达测量误差

1）系统时延补偿误差

从发射零时刻起算，电磁波经发射机、微波元件、馈源、微波元件到接收机的系统时延可提前测量并补偿，测量值与成像时的具体值之间的误差形成系统时延补偿误差。

2）附加时延测量误差

采样脉冲触发前沿与发射脉冲前沿之间的附加时延与提前测量值之差形成附加时延测量误差。

3）系统频率漂移

发射频率、本振的不稳定使回波产生附加相位，导致多普勒频率测量误差。

2. 电磁波空间传播产生的误差

大气参数变化导致电磁波传播速度变化，成像中电磁波传播速度的具体值与测距计算的标准值之差引起距离测量误差。大气分布不均匀将造成电磁波折射，电磁波的非直线传播也会产生测距误差。

3. 图像匹配误差

如果图像匹配将参考点定位到一个错误的像素上，测量的就不是参考点的距离和多普勒，从而产生测量误差。图像匹配算法将参考点定位到正确的像素位置时，分辨单元对连续时间和频率的离散化还会产生量化误差。

导弹高度和速度由惯导系统提供，惯导误差为其测量误差；参考点位置由参考图制备系统提供，其误差源即为参考图制备误差。

7.2.3 定位模型

设 r_i 和 f_i 的观测值为 r_i' 和 f_i'（本章中，用 $(*)'$ 表示物理量 $(*)$ 的观测量）：

$$\begin{cases} r_i' = r_i + n_i \\ f_i' = f_i + m_i \end{cases} \qquad (7-4)$$

式中：n_i、m_i 为测量误差，在其误差源中，系统时延补偿误差、附加时延测量误差和频率漂移产生的测量误差对于所有参考点是相同的，电磁波空间传播产生的误差与参考点距离有关，这里，参考点距离差相对于成像距离很小，可认为这一误差对于所有参考点也是相同的。为消除共有误差的影响，利用参考点 $i(i=2,3,4,\cdots,M)$ 与参考点 1 的距离差和多普勒差进行定位。令

$$\begin{aligned} & r_{i1} = r_i - r_1 \qquad r_{i1}' = r_i' - r_1' \\ & f_{i1} = f_i - f_1 \qquad f_{i1}' = f_i' - f_1' \\ & n_{i1} = n_i - n_1 \qquad m_{i1} = m_i - m_1 \end{aligned} \qquad (7-5)$$

有

$$\begin{cases} r_{i1}' = r_{i1} + n_{i1} \\ f_{i1}' = f_{i1} + m_{i1} \end{cases} \qquad (7-6)$$

式中：n_{i1}、m_{i1} 仅包含由图像匹配产生的测量误差。

设惯导测量的导弹高度和速度分别为 z' 和 $\dot{\boldsymbol{u}}' = [\dot{x}', \dot{y}', \dot{z}']^{\mathrm{T}}$，则

$$\begin{cases} z' = z + \delta z \\ \dot{\boldsymbol{u}}' = \dot{\boldsymbol{u}} + \delta \dot{\boldsymbol{u}} \end{cases} \qquad (7-7)$$

式中：δz、$\delta \dot{\boldsymbol{u}}$ 为惯导误差，$\delta \dot{\boldsymbol{u}} = [\delta \dot{x}, \delta \dot{y}, \delta \dot{z}]^{\mathrm{T}}$。

设参考图制备系统给出的参考点 i 的位置为 $\boldsymbol{s}_i' = [x_i', y_i', z_i']^{\mathrm{T}}$，则

$$\boldsymbol{s}_i' = \boldsymbol{s}_i + \delta \boldsymbol{s}_i \qquad (7-8)$$

式中：$\delta \boldsymbol{s}_i = [\delta x_i, \delta y_i, \delta z_i]^{\mathrm{T}}$ 为参考点位置误差。令

$$\boldsymbol{s}' = [\boldsymbol{s}_1'^{\mathrm{T}}, \cdots \boldsymbol{s}_M'^{\mathrm{T}}]^{\mathrm{T}}, \boldsymbol{s} = [\boldsymbol{s}_1^{\mathrm{T}}, \cdots, \boldsymbol{s}_M^{\mathrm{T}}]^{\mathrm{T}}, \delta \boldsymbol{s} = [\delta \boldsymbol{s}_1^{\mathrm{T}}, \cdots, \delta \boldsymbol{s}_M^{\mathrm{T}}]^{\mathrm{T}} \qquad (7-9)$$

有

$$\boldsymbol{s}' = \boldsymbol{s} + \delta \boldsymbol{s} \qquad (7-10)$$

令

$$\begin{cases} \boldsymbol{\alpha}' = \left[r'_{21}, \cdots, r'_{M1}, f'_{21}, \cdots, f'_{M1} \right]^{\mathrm{T}} \\ \boldsymbol{\alpha} = \left[r_{21}, \cdots, r_{M1}, f_{21}, \cdots, f_{M1} \right]^{\mathrm{T}} \\ \delta\boldsymbol{\alpha} = \left[n_{21}, \cdots, n_{M1}, m_{21}, \cdots, m_{M1} \right]^{\mathrm{T}} \end{cases} \quad (7-11)$$

将所有距离差和多普勒差测量方程写成向量形式,有

$$\boldsymbol{\alpha}' + \boldsymbol{\alpha} + \delta\boldsymbol{\alpha} \quad (7-12)$$

令

$$\begin{cases} \boldsymbol{\beta}' = \left[z', \dot{\boldsymbol{u}}^{\mathrm{T}}, \boldsymbol{s}'^{\mathrm{T}} \right]^{\mathrm{T}} \\ \boldsymbol{\beta} = \left[z, \dot{\boldsymbol{u}}^{\mathrm{T}}, \boldsymbol{s}^{\mathrm{T}} \right]^{\mathrm{T}} \\ \delta\boldsymbol{\beta} = \left[\delta z, \delta\dot{\boldsymbol{u}}^{\mathrm{T}}, \delta\boldsymbol{s}^{\mathrm{T}} \right]^{\mathrm{T}} \end{cases} \quad (7-13)$$

将高度、速度及参考点位置测量方程写在一起,有

$$\boldsymbol{\beta}' = \boldsymbol{\beta} + \delta\boldsymbol{\beta} \quad (7-14)$$

设 $\delta\boldsymbol{\alpha}$、$\alpha\boldsymbol{\beta}$ 协方差矩阵为

$$\begin{cases} E(\delta\boldsymbol{\alpha}\delta\boldsymbol{\alpha}^{\mathrm{T}}) = \boldsymbol{Q}_{\alpha} \\ E(\delta\boldsymbol{\beta}\delta\boldsymbol{\beta}^{\mathrm{T}}) = \boldsymbol{Q}_{\beta} \end{cases} \quad (7-15)$$

式(7-12)、式(7-14)和式(7-15)即为这里所建立的定位模型。

7.3　导弹定位精度分析

该导弹定位问题是一个参数估计问题,导弹位置无偏估计的最小方差可由克拉美 – 罗下限(Cramer-Rao Lower Bound, CRLB)确定。CRLB 是任何无偏估计量能达到的最小方差[15],通过分析 CRLB,可得出上述定位模型能达到的理论最高定位精度,还可评价估计方法的优劣。

7.3.1　仅考虑距离和多普勒测量误差

本节首先分析仅有距离和多普勒测量误差时估计 x、y 的 CRLB;然后分析惯导速度、高度和参考点位置存在误差时估计 x、y 的 CRLB,并对两者进行比较,以说明各种误差对定位精度的不同影响;最后进行数值仿真计算。

1. $\delta\beta = 0$ 时的克拉美－罗下限

$\delta\beta = 0$，也即高度、速度和参考点位置测量都是准确的，此时测量方程仅有式(7－12)，估计参数为 x、y。令 $\boldsymbol{p} = [x, y]^{\mathrm{T}}$，则 $\boldsymbol{p}$ 的 CRLB 为

$$\mathrm{CRLB}(\boldsymbol{p}) = -E\Big[\frac{\partial^2 \ln f(\boldsymbol{\alpha}'; \boldsymbol{p})}{\partial \boldsymbol{p} \partial \boldsymbol{p}^{\mathrm{T}}}\Big]^{-1} \qquad (7-16)$$

式中：$f(\boldsymbol{\alpha}'; \boldsymbol{p})$ 为以 $\boldsymbol{p}$ 为参数的观测量 $\boldsymbol{\alpha}'$ 的概率密度函数。

假设 $\delta\boldsymbol{\alpha}$ 服从高斯分布，均值为零，协方差矩阵为 $\boldsymbol{Q}_\alpha$，推导化简后，有

$$\mathrm{CRLB}(\boldsymbol{p}) = \Big(\Big(\frac{\partial\boldsymbol{\alpha}}{\partial\boldsymbol{p}^{\mathrm{T}}}\Big)^{\mathrm{T}} \boldsymbol{Q}_\alpha^{-1} \frac{\partial\boldsymbol{\alpha}}{\partial\boldsymbol{p}^{\mathrm{T}}}\Big)^{-1} \qquad (7-17)$$

式中

$$\frac{\partial\boldsymbol{\alpha}}{\partial\boldsymbol{p}^{\mathrm{T}}} = \begin{bmatrix} \boldsymbol{C}_1^{\mathrm{T}} & \boldsymbol{C}_2^{\mathrm{T}} \end{bmatrix}^{\mathrm{T}} \qquad (7-18)$$

$\boldsymbol{C}_1$、$\boldsymbol{C}_2$ 是两个 $(M-1) \times 2$ 的矩阵，其第 $i(i=1,2,\cdots,M-1)$ 行元素为

$$\begin{cases} \boldsymbol{C}_1(i,:) = \boldsymbol{a}_{i+1}^{\mathrm{T}} - \boldsymbol{a}_1^{\mathrm{T}} \\ \boldsymbol{C}_2(i,:) = \boldsymbol{b}_{i+1}^{\mathrm{T}} - \boldsymbol{b}_1^{\mathrm{T}} \end{cases} \qquad (7-19)$$

式中

$$\begin{cases} \boldsymbol{a}_i = \dfrac{\boldsymbol{p} - [x_i, y_i]^{\mathrm{T}}}{r_i} \\[3mm] \boldsymbol{b}_i = k\dfrac{\dot{\boldsymbol{p}}}{r_i} - k\dfrac{\dot{r}_i}{r_i^2}(\boldsymbol{p} - [x_i, y_i]^{\mathrm{T}}) \\[3mm] \dot{\boldsymbol{p}} = [\dot{x}, \dot{y}]^{\mathrm{T}} \end{cases} \qquad (7-20)$$

$\boldsymbol{p}$ 的 CRLB 可表示为

$$\mathrm{CRLB}(\boldsymbol{p}) = \big(\begin{bmatrix} \boldsymbol{C}_1^{\mathrm{T}} & \boldsymbol{C}_2^{\mathrm{T}} \end{bmatrix} \boldsymbol{Q}_\alpha^{-1} \begin{bmatrix} \boldsymbol{C}_1^{\mathrm{T}} & \boldsymbol{C}_2^{\mathrm{T}} \end{bmatrix}^{\mathrm{T}}\big)^{-1} \qquad (7-21)$$

$\mathrm{CRLB}(\boldsymbol{p})$ 的对角线上各元素是 $\boldsymbol{p}$ 相应分量的最小估计方差。

2. $\delta\beta \neq 0$ 时的克拉美－罗下限

$\delta\beta \neq 0$，也即高度、速度和参考点位置测量误差不可忽略，此时定位模型中的不确定参数包括 x、y、z、$\dot{\boldsymbol{u}}$、s，而只有 x、y 是我们所关心的，为分析 CRLB，将 x、y、z、$\dot{\boldsymbol{u}}$、s 都作为待估参数。令

$$\begin{cases} \boldsymbol{\gamma} = \left[\boldsymbol{\alpha}^{\mathrm{T}}, \boldsymbol{\beta}^{\mathrm{T}} \right]^{\mathrm{T}} \\ \boldsymbol{\gamma}' = \left[\boldsymbol{\alpha}'^{\mathrm{T}}, \boldsymbol{\beta}'^{\mathrm{T}} \right]^{\mathrm{T}} \\ \boldsymbol{\theta} = \left[\boldsymbol{p}^{\mathrm{T}}, z, \dot{\boldsymbol{u}}^{\mathrm{T}}, \boldsymbol{s}^{\mathrm{T}} \right]^{\mathrm{T}} \end{cases} \qquad (7-22)$$

假设 $\delta\boldsymbol{\beta}$ 服从高斯分布,均值为零,协方差矩阵为 $\boldsymbol{Q}_\beta$,则 $\boldsymbol{\theta}$ 的 CRLB 为

$$\mathrm{CRLB}(\boldsymbol{\theta}) = \left(\left(\frac{\partial \boldsymbol{\gamma}}{\partial \boldsymbol{\theta}^{\mathrm{T}}} \right)^{\mathrm{T}} \boldsymbol{Q}^{-1} \frac{\partial \boldsymbol{\gamma}}{\partial \boldsymbol{\theta}^{\mathrm{T}}} \right)^{-1} \qquad (7-23)$$

式中: $\boldsymbol{Q}$ 是 $\boldsymbol{\gamma}'$ 的协方差矩阵。

由于 $\boldsymbol{\alpha}'$、$\boldsymbol{\beta}'$ 是不同传感器的观测量,可认为它们相互独立,因此

$$\boldsymbol{Q} = \begin{bmatrix} \boldsymbol{Q}_\alpha & \boldsymbol{0} \\ \boldsymbol{0} & \boldsymbol{Q}_\beta \end{bmatrix} \qquad (7-24)$$

经推导

$$\frac{\partial \boldsymbol{\gamma}}{\partial \boldsymbol{\theta}^{\mathrm{T}}} = \begin{bmatrix} \dfrac{\partial \boldsymbol{\alpha}}{\partial \boldsymbol{p}^{\mathrm{T}}} & \dfrac{\partial \boldsymbol{\alpha}}{\partial \boldsymbol{\beta}^{\mathrm{T}}} \\ \boldsymbol{0}_{(2M+4)\times 2} & \boldsymbol{E}_{3M+4} \end{bmatrix} \qquad (7-25)$$

式中: $\boldsymbol{0}_{(3M+4)\times 2}$ 表示 $(3M+4)\times 2$ 的零矩阵; $\boldsymbol{E}_{3M+4}$ 表示尺寸为 $3M+4$ 的单位矩阵。下文也采用这种方式表示零矩阵和单位阵,即

$$\frac{\partial \boldsymbol{\alpha}}{\partial \boldsymbol{\beta}^{\mathrm{T}}} = \begin{bmatrix} \dfrac{\partial \boldsymbol{\alpha}}{\partial z} & \dfrac{\partial \boldsymbol{\alpha}}{\partial \dot{\boldsymbol{u}}^{\mathrm{T}}} & \dfrac{\partial \boldsymbol{\alpha}}{\partial \boldsymbol{s}^{\mathrm{T}}} \end{bmatrix} \qquad (7-26)$$

式(7-26)中各分量分别为

$$\frac{\partial \boldsymbol{\alpha}}{\partial x} = \begin{bmatrix} \boldsymbol{C}_3^{\mathrm{T}} & \boldsymbol{C}_4^{\mathrm{T}} \end{bmatrix}^{\mathrm{T}} \qquad (7-27)$$

$$\frac{\partial \boldsymbol{\alpha}}{\partial \dot{\boldsymbol{u}}^{\mathrm{T}}} = \begin{bmatrix} \boldsymbol{0}_{(M-1)\times 3}^{\mathrm{T}} & \boldsymbol{C}_5^{\mathrm{T}} \end{bmatrix}^{\mathrm{T}} \qquad (7-28)$$

$$\frac{\partial \boldsymbol{\alpha}}{\partial \boldsymbol{s}^{\mathrm{T}}} = \begin{bmatrix} \boldsymbol{C}_6^{\mathrm{T}} & \boldsymbol{C}_7^{\mathrm{T}} \end{bmatrix}^{\mathrm{T}} \qquad (7-29)$$

式中: $\boldsymbol{C}_3$、$\boldsymbol{C}_4$ 是两个 $(M-1)\times 1$ 的矩阵,其第 i 个元素为

$$\begin{cases} \boldsymbol{C}_3(i) = (z - z_{i+1})/r_{i+1} - (z - z_1)/r_1 \\ \boldsymbol{C}_4(i) = k(\dot{z}/r_{i+1} - \dot{r}_{i+1}(z - z_{i+1})/r_{i+1}^2) - k(\dot{z}/r_1 - \dot{r}_1(z - z_1)/r_1^2) \end{cases}$$

$$(7-30)$$

$\boldsymbol{C}_5$ 是一个 $(M-1)\times 3$ 的矩阵,其第 i 行元素为

$$C_5(i,:\ ) = k\boldsymbol{a}_{i+1}^{\mathrm{T}} - k\boldsymbol{a}_1^{\mathrm{T}} \qquad (7-31)$$

C_6、C_7 是两个 $(M-1) \times 3M$ 的矩阵,其第 i 行,第 $3i+1 \sim 3(i+1)$ 列元素为

$$\begin{cases} C_6(i,3i+1:3i+3) = -\boldsymbol{a}_{i+1}^{\mathrm{T}} \\ C_7(i,3i+1:3i+3) = -\boldsymbol{b}_{i+1}^{\mathrm{T}} \end{cases} \qquad (7-32)$$

其第 i 行,第 $1 \sim 3$ 列元素为

$$\begin{cases} C_6(i,1:3) = \boldsymbol{a}_1^{\mathrm{T}} \\ C_7(i,1:3) = \boldsymbol{b}_1^{\mathrm{T}} \end{cases} \qquad (7-33)$$

其他元素为 0。

令

$$X = \left(\frac{\partial \boldsymbol{\alpha}}{\partial \boldsymbol{p}^{\mathrm{T}}}\right)^{\mathrm{T}} \boldsymbol{Q}_\alpha^{-1} \frac{\partial \boldsymbol{\alpha}}{\partial \boldsymbol{p}^{\mathrm{T}}} \qquad (7-34)$$

$$Y = \left(\frac{\partial \boldsymbol{\alpha}}{\partial \boldsymbol{p}^{\mathrm{T}}}\right)^{\mathrm{T}} \boldsymbol{Q}_\alpha^{-1} \frac{\partial \boldsymbol{\alpha}}{\partial \boldsymbol{\beta}^{\mathrm{T}}} \qquad (7-35)$$

$$Z = \left(\frac{\partial \boldsymbol{\alpha}}{\partial \boldsymbol{\beta}^{\mathrm{T}}}\right)^{\mathrm{T}} \boldsymbol{Q}_\alpha^{-1} \frac{\partial \boldsymbol{\alpha}}{\partial \boldsymbol{\beta}^{\mathrm{T}}} + \boldsymbol{Q}_\beta^{-1} \qquad (7-36)$$

则式(7-23)可表示为

$$\mathrm{CRLB}(\boldsymbol{\theta}) = \begin{bmatrix} X & Y \\ Y^{\mathrm{T}} & Z \end{bmatrix}^{-1} \qquad (7-37)$$

$\mathrm{CRLB}(\boldsymbol{\theta})$ 是一个大小为 $M \times 3 + 6$ 的方阵,我们关注的是其左上角 2×2 的子矩阵,该子矩阵对应 $\boldsymbol{p}$ 的 CRLB。根据分块矩阵求逆公式,可得

$$\mathrm{CRLB}_2(\boldsymbol{p}) = X^{-1} + X^{-1}Y(Z - Y^{\mathrm{T}}X^{-1}Y)^{-1}Y^{\mathrm{T}}X^{-1} \qquad (7-38)$$

式(7-38)中的 X^{-1} 为仅有距离和多普勒测量误差时的 CRLB,第二项为高度误差、速度误差和参考点位置误差导致的 CRLB 的增量。

7.3.2 考虑速度、高度和参考点位置误差

下面给出几个算例,直观地说明各种误差因素对 CRLB 的影响,以及成像距离、导弹速度、参考点位置等定位条件对 CRLB 的影响。仿真参数设置如下:

1. 导弹位置、速度及参考点位置

导弹位置 $u = [-5000, 0, 1000]^T$ m，导弹速度 $\dot{u} = [0, 492.4, -86.8]^T$ m/s。设置四个参考点，其坐标分别为：$s_1 = [430, 220, 20]^T$ m，$s_2 = [-440, -160, 40]^T$ m，$s_3 = [350, -150, 25]^T$ m，$s_4 = [400, 200, 30]^T$ m。

2. 协方差矩阵

假设定位到像素，则图像匹配导致的距离误差和频率误差的标准差为

$$\begin{cases} \sigma_r = \dfrac{\rho_r}{\sqrt{12}} \\ \sigma_f = \dfrac{\rho_f}{\sqrt{12}} = \dfrac{0.886}{\sqrt{12T_a}} \end{cases} \tag{7-39}$$

设成像中心处（坐标原点）的方位分辨率与距离分辨率一致，由距离分辨率和成像几何关系可确定积累时间。根据第4章中对于俯冲弹道合成孔径雷达方位分辨率的分析，可得

$$\sigma_f = \frac{\rho_f}{\sqrt{12}} = \frac{2\rho_r v_y |x|}{\sqrt{12}\lambda |u|^2} \tag{7-40}$$

设距离测量误差和多普勒测量误差相互独立，所以

$$Q_\alpha = \begin{bmatrix} \sigma_r^2 F & \mathbf{0}_{M-1} \\ \mathbf{0}_{M-1} & \sigma_f^2 F \end{bmatrix} \tag{7-41}$$

式中：F 是主对角元素为2、其他元素为1的矩阵。

设：高度误差的标准差为 σ_h；速度误差各分量的标准差相等，都为 σ_v；各参考点位置误差的标准差相同，各分量相等，都为 σ_s；$\delta\beta$ 的各分量相互独立。那么

$$Q_\beta = \begin{bmatrix} \sigma_h^2 & 0_{1\times3M} & \mathbf{0}_{1\times3M} \\ 0_{3\times1} & \sigma_v^2 E_3 & \mathbf{0}_{3\times3M} \\ 0_{3M\times1} & 0_{3M\times3} & \sigma_s^2 E_{3M} \end{bmatrix} \tag{7-42}$$

取 σ_r、σ_h、σ_v、σ_s 的不同值进行仿真计算，结果如图7-1所示。

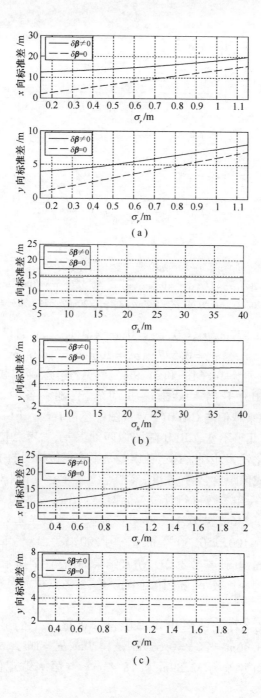

（a）

（b）

（c）

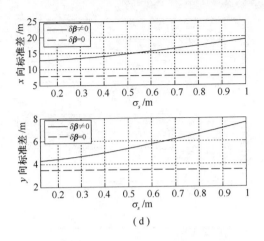

图 7 - 1　克拉美 - 罗下限计算结果

(a) $\sigma_h = 20\mathrm{m}, \sigma_v = 1\mathrm{m/s}, \sigma_s = 0.5\mathrm{m}$;(b) $\sigma_r = 0.577\mathrm{m}, \sigma_v = 1\mathrm{m/s}, \sigma_s = 0.5\mathrm{m}$;

(c) $\sigma_h = 20\mathrm{m}, \sigma_r = 0.577\mathrm{m}, \sigma_s = 0.5\mathrm{m}$;(d) $\sigma_h = 20\mathrm{m}, \sigma_v = 1\mathrm{m/s}, \sigma_r = 0.577\mathrm{m}$。

当 $\sigma_r = 0.577\mathrm{m}, \sigma_h = 0, \sigma_v = 0, \sigma_s = 0$ 时，x、y 的最小均方差为 7.79m 和 3.45m；当 $\sigma_r = 0.577\mathrm{m}, \sigma_h = 20\mathrm{m}, \sigma_v = 1\mathrm{m/s}, \sigma_s = 0.5\mathrm{m}$ 时，x、y 的最小均方差为 14.64m 和 5.29m。可见，速度、高度和参考点位置误差导致 CRLB 升高。从图 7 - 1 可看出，随着各种误差的增加，$\mathrm{CRLB}_2(\boldsymbol{P})$ 越来越偏离 $\mathrm{CRLB}(\boldsymbol{P})$，从图中还可看出，CRLB 随高度误差的变化较小，几乎不变，CRLB 随图像匹配误差、参考点位置误差和速度误差的变化较大，因此，这三种误差是影响定位精度的主要因素。

为说明成像距离、导弹速度、参考点位置等定位条件对 CRLB 的影响，设置另外一组参数进行计算：导弹位置 $\boldsymbol{u} = [-8000, 0, 1050]^\mathrm{T}\mathrm{m}$，导弹速度 $\dot{\boldsymbol{u}} = [246.2, 426.4, -86.8]^\mathrm{T}\mathrm{m/s}$；参考点坐标 $\boldsymbol{s}_1 = [80, -50, 20]^\mathrm{T}\mathrm{m}, \boldsymbol{s}_2 = [100, 150, 30]^\mathrm{T}\mathrm{m}, \boldsymbol{s}_3 = [300, 180, 15]^\mathrm{T}\mathrm{m}, \boldsymbol{s}_4 = [300, -150, 20]^\mathrm{T}\mathrm{m}$，其他参数不变。仿真结果如图 7 - 2 所示，同样，CRLB 随高度误差的变化较小，随图像匹配误差、参考点位置误差和速度误差的变化较大。

当 $\sigma_r = 0.577\mathrm{m}, \sigma_h = 0, \sigma_v = 0, \sigma_s = 0$ 时，x、y 的最小均方差为 19.82m 和 13.96m；当 $\sigma_r = 0.577\mathrm{m}, \sigma_h = 20\mathrm{m}, \sigma_v = 1\mathrm{m/s}, \sigma_s = 0.5\mathrm{m}$ 时，x、y 的最小均方差为 32.89m 和 18.43m。与第一组定位条件相比，

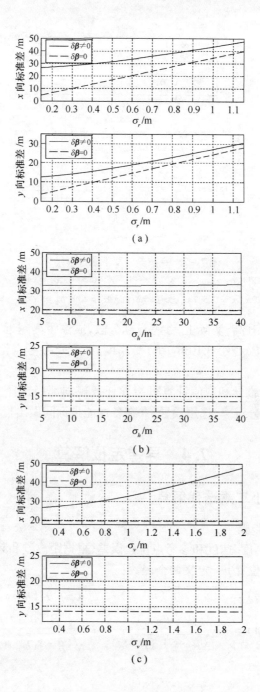

（a）

（b）

（c）

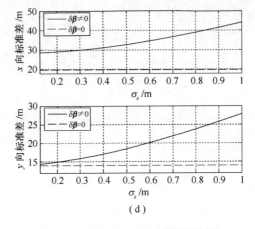

图 7－2　克拉美－罗下限计算结果

（a）$\sigma_h = 20\text{m}, \sigma_v = 1\text{m/s}, \sigma_s = 0.5\text{m}$；（b）$\sigma_r = 0.577\text{m}, \sigma_v = 1\text{m/s}, \sigma_s = 0.5\text{m}$；

（c）$\sigma_h = 20\text{m}, \sigma_r = 0.577\text{m}, \sigma_s = 0.5\text{m}$；（d）$\sigma_h = 20\text{m}, \sigma_v = 1\text{m/s}, \sigma_r = 0.577\text{m}$。

CRLB 有较大升高，实际上，参考点越分散，成像距离越近，成像斜视角越小，$\mathrm{CRLB}(\boldsymbol{P})$ 越小，$\mathrm{CRLB}_2(\boldsymbol{P})$ 受高度、速度及参考点位置误差的影响也越小。

　　CRLB 的推导和数值计算可指导任务规划部门选择参考区域，设定成像距离、分辨率，选用惯导，并在各性能指标间做出折中。

7.4　导弹定位解算

7.4.1　最小二乘迭代解算

1. 求解步骤

　　不考虑高度、速度和参考点位置误差，根据距离差和频率差观测量 $\boldsymbol{\alpha}'$，估计导弹位置 $\boldsymbol{p}$。定义两个函数：

$$\begin{cases} g_{i1}(\boldsymbol{p}) = \sqrt{(\boldsymbol{u}-\boldsymbol{s}_i)^{\mathrm{T}}(\boldsymbol{u}-\boldsymbol{s}_i)} - \sqrt{(\boldsymbol{u}-\boldsymbol{s}_1)^{\mathrm{T}}(\boldsymbol{u}-\boldsymbol{s}_1)^{\mathrm{T}}} \\ h_{i1}(\boldsymbol{p}) = k\dfrac{\boldsymbol{\beta}^{\mathrm{T}}(\boldsymbol{u}-\boldsymbol{s}_i)}{\sqrt{(\boldsymbol{u}-\boldsymbol{s}_i)^{\mathrm{T}}(\boldsymbol{u}-\boldsymbol{s}_i)}} - k\dfrac{\boldsymbol{\beta}^{\mathrm{T}}(\boldsymbol{u}-\boldsymbol{s}_i)}{\sqrt{(\boldsymbol{u}-\boldsymbol{s}_1)^{\mathrm{T}}(\boldsymbol{u}-\boldsymbol{s}_1)}} \end{cases}$$

$$(7-43)$$

令

$$g(\boldsymbol{p}) = \begin{bmatrix} g_{21}(\boldsymbol{p}) & g_{31}(\boldsymbol{p}) \cdots g_{M1}(\boldsymbol{p}) & h_{21}(\boldsymbol{p}) & h_{31}(\boldsymbol{p}) \cdots h_{M1}(\boldsymbol{p}) \end{bmatrix}^{\mathrm{T}}$$
$$(7-44)$$

设 $\boldsymbol{p}$ 的初始估计为 $\boldsymbol{p}_0$，在 $\boldsymbol{p}_0$ 处对 $g(\boldsymbol{p})$ 泰勒级数展开，取一次项，有

$$g(\boldsymbol{p}) \approx g(\boldsymbol{p}_0) + G(\boldsymbol{p}_0)(\boldsymbol{p} - \boldsymbol{p}_0) \qquad (7-45)$$

式中

$$G(\boldsymbol{p}_0) = \frac{\partial g(\boldsymbol{p})}{\partial \boldsymbol{p}^{\mathrm{T}}} \bigg|_{p=p_0} \qquad (7-46)$$

测量向量与 $g(\boldsymbol{p})$ 之差为

$$\boldsymbol{e} = \boldsymbol{\alpha}' - g(\boldsymbol{p}) = \boldsymbol{\alpha}' - g(\boldsymbol{p}_0) - G(\boldsymbol{p}_0)(\boldsymbol{p} - \boldsymbol{p}_0) \qquad (7-47)$$

最小化 $\boldsymbol{e}^{\mathrm{T}} \boldsymbol{Q}_\alpha^{-1} \boldsymbol{e}$，可得 $\boldsymbol{p}$ 的估计为

$$\hat{\boldsymbol{p}} = \boldsymbol{p}_0 + \left(G(\boldsymbol{p}_0)^{\mathrm{T}} \boldsymbol{Q}_\alpha^{-1} G(\boldsymbol{p}_0) \right)^{-1} G(\boldsymbol{p}_0)^{\mathrm{T}} \boldsymbol{Q}_\alpha^{-1} (\boldsymbol{\alpha}' - g(\boldsymbol{p}_0))$$
$$(7-48)$$

以 $\hat{\boldsymbol{p}}$ 代替 $\boldsymbol{p}_0$，重复计算上式，多次迭代直至收敛，可求得导弹位置。

初始值可由先验信息给出，如预定弹道、惯导数据等。

2. 估计精度分析

为分析估计性能，设式(7-45)中 $\boldsymbol{p}_0$ 等于导弹位置真实值 $\boldsymbol{p}$，即在真值处对 $g(\boldsymbol{p})$ 一次泰勒展开，则估计值

$$\hat{\boldsymbol{p}} = \boldsymbol{p} + \left(G(\boldsymbol{p})^{\mathrm{T}} \boldsymbol{Q}_\alpha^{-1} G(\boldsymbol{p}) \right)^{-1} G(\boldsymbol{p})^{\mathrm{T}} \boldsymbol{Q}_\alpha^{-1} (\boldsymbol{\alpha}' - g(\boldsymbol{p})) \quad (7-49)$$

估计误差为

$$\hat{\boldsymbol{p}} - \boldsymbol{p} = \left(G(\boldsymbol{p})^{\mathrm{T}} \boldsymbol{Q}_\alpha^{-1} G(\boldsymbol{p}) \right)^{-1} G(\boldsymbol{p})^{\mathrm{T}} \boldsymbol{Q}_\alpha^{-1} (\boldsymbol{\alpha}' - g(\boldsymbol{p})) \quad (7-50)$$

当 $\delta\boldsymbol{\beta} = 0$ 时，有

$$\boldsymbol{\alpha}' - g(\boldsymbol{p}) = \delta\boldsymbol{\alpha} \qquad (7-51)$$

估计误差的数学期望

$$E(\hat{\boldsymbol{p}} - \boldsymbol{p}) = 0 \qquad (7-52)$$

即该估计量是无偏的。估计误差的协方差矩阵为

$$\mathrm{cov}(\hat{\boldsymbol{p}}) = E\left((\hat{\boldsymbol{p}} - \boldsymbol{p})(\hat{\boldsymbol{p}} - \boldsymbol{p})^{\mathrm{T}} \right) = \left(G(\boldsymbol{p})^{\mathrm{T}} \boldsymbol{Q}_\alpha^{-1} G(\boldsymbol{p}) \right)^{-1} \quad (7-53)$$

式(7-53)与式(7-21)相等，即估计精度达到 CRLB。

当 $\delta\boldsymbol{\beta} \neq 0$ 时，有

$$\alpha' - g(p) = \delta\alpha + \frac{\partial\alpha}{\partial\beta^{\mathrm{T}}}\delta\beta \qquad (7-54)$$

式(7-54)表明,剩余残差不仅包括测量噪声,还包含高度、速度和参考点测量误差。式(7-54)的数学期望为零,因此,这种情况下估计误差的数学期望也为零,估计误差的协方差矩阵为

$$\mathrm{cov}(\hat{p}) = (G(p)^{\mathrm{T}}Q_\alpha^{-1}G(p))^{-1} + (G(p)^{\mathrm{T}}Q_\alpha^{-1}G(p))^{-1}G(p)^{\mathrm{T}}Q_\alpha^{-1}\frac{\partial\alpha}{\partial\beta^{\mathrm{T}}} \cdot$$

$$Q_\beta\left(\frac{\partial\alpha}{\partial\beta^{\mathrm{T}}}\right)^{\mathrm{T}}Q_\alpha^{-1}G(p)(G(p)^{\mathrm{T}}Q_\alpha^{-1}G(p))^{-1} \qquad (7-55)$$

式(7-55)中的第二项表示高度、速度和参考点测量误差导致的估计误差增量。

式中

$$(G(p)^{\mathrm{T}}Q_\alpha^{-1}G(p)) = X \qquad (7-56)$$

$$G(p)^{\mathrm{T}}Q_\alpha^{-1}\frac{\partial\alpha}{\partial\beta^{\mathrm{T}}} = Y \qquad (7-57)$$

所以

$$\mathrm{cov}(\hat{p}) = X^{-1} + X^{-1}YQ_\beta Y^{\mathrm{T}}X^{-1} \qquad (7-58)$$

将式(7-58)和式(7-38)作差,有

$$\Delta\mathrm{MSE} = \mathrm{cov}(\hat{p}) - \mathrm{CRLB}_2(p) = X^{-1}Y(Q_\beta - (Z - Y^{\mathrm{T}}X^{-1}Y)^{-1})Y^{\mathrm{T}}X^{-1}$$

$$(7-59)$$

ΔMSE 的迹即为估计量的均方误差相对于理论最小均方误差的增量。

由以上分析可得出如下结论:该估计量为无偏估计量,当 $\delta\beta = 0$ 时,估计精度达到 CRLB;当 $\delta\beta \neq 0$ 时,均方误差有所增加,增量大小由各种误差与定位条件共同决定。

3. 仿真实验

为验证上述理论分析结果及求解方法的有效性,仿真参数取值与7.3节相同,每组参数仿真求解10000次,仿真结果如图7-3所示。

为便于比较,图7-3画出了 x、y 的最小均方差(CRLB),求解方法的均方差的理论值和仿真值。从中可看出,求解方法的均方差的理论值和仿真值吻合,两者得到了相互验证。

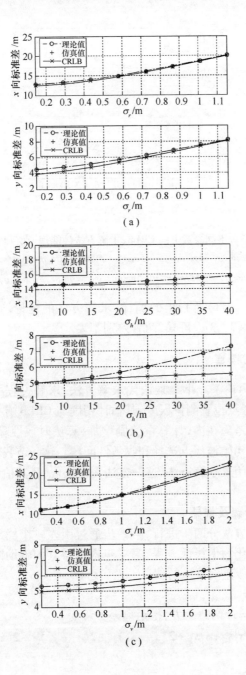

（a）

（b）

（c）

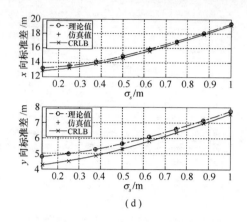

图 7 - 3　不同参数下的 CRLB,求解方法性能理论值和仿真值

（a）$\sigma_h = 20\mathrm{m}, \sigma_v = 1\mathrm{m/s}, \sigma_s = 0.5\mathrm{m}$；（b）$\sigma_r = 0.577\mathrm{m}, \sigma_v = 1\mathrm{m/s}, \sigma_s = 0.5$；

（c）$\sigma_h = 20\mathrm{m}, \sigma_r = 0.577\mathrm{m}, \sigma_s = 0.5\mathrm{m}$；（d）$\sigma_h = 20\mathrm{m}, \sigma_v = 1\mathrm{m/s}, \sigma_r = 0.577\mathrm{m}$。

正如式（7 - 58）所指出的那样,求解方法的理论均方差与 CRLB 不重合,但从图 7 - 3 中可知,两者差别不大。

7.4.2　闭式解算

7.4.1 节讨论了最小二乘迭代求解方法,求解过程中没有考虑高度、速度和参考点位置测量误差,其估计精度与 CRLB 有一定差别。如果将这些误差考虑在内,计算量急剧增加,算法时效性降低。另外,这种方法还存在初始迭代点选择和收敛性问题。这一节我们提出一种基于最小二乘的闭式求解方法,这一方法无需迭代,且其估计精度能够达到 CRLB。

1. 求解步骤及推导

这里所提方法分两步进行,第一步通过引入一个辅助向量将非线性测量方程转化为伪线性方程;第二步根据得到的辅助向量及其元素间的函数关系改进对 x、y 的估计。

1）第一步

对 $r_{i1} + r_1 = r_i$ 两边平方,得距离差方程为

$$r_{i1}^2 + 2r_{i1}r_1 - s_i^{\mathrm{T}}s_i + s_1^{\mathrm{T}}s_1 + 2(x_i - x_1)x + 2(y_i - y_1)y + 2(z_i - z_1)z = 0$$

$$(7 - 60)$$

式中: $i = 2, 3, \cdots, M$。

将式 $(7-60)$ 两边对时间求导，并乘以 k，得多普勒差方程为

$$2(f_{i1}r_{i1} + f_{i1}r_1 + r_{i1}f_1 + k(\boldsymbol{s}_i - \boldsymbol{s}_1)^{\mathrm{T}}\dot{\boldsymbol{u}}) = 0 \qquad (7-61)$$

令

$$\begin{cases} \varepsilon_{r,i} = r_{i1}'^2 + 2r_{i1}'r_1 - \boldsymbol{s}_i'^{\mathrm{T}}\boldsymbol{s}_i' + \boldsymbol{s}_1'^{\mathrm{T}}\boldsymbol{s}_1' + 2(x_i' - x_1')x + 2(y_i' - y_1')y + 2(z_i' - z_1')z' \\ \varepsilon_{f,i} = 2(f_{i1}'r_{i1}' + f_{i1}'r_1 + r_{i1}'f_1 + k(\boldsymbol{s}_i' - \boldsymbol{s}_1')^{\mathrm{T}}\dot{\boldsymbol{u}}') \end{cases}$$

$$(7-62)$$

定义一个辅助向量

$$\boldsymbol{\theta}_1 = [x, y, r_1, f_1]^{\mathrm{T}} \qquad (7-63)$$

并令

$$\begin{cases} \boldsymbol{\varepsilon}_r = [\varepsilon_{r,2}, \varepsilon_{r3}, \cdots, \varepsilon_{r,M}]^{\mathrm{T}} \\ \boldsymbol{\varepsilon}_f = [\varepsilon_{f,2}, \varepsilon_{f,2}, \cdots, \varepsilon_{f,M}]^{\mathrm{T}} \\ \boldsymbol{\varepsilon}_1 = [\boldsymbol{\varepsilon}_r^{\mathrm{T}}, \boldsymbol{\varepsilon}_f^{\mathrm{T}}]^{\mathrm{T}} \end{cases} \qquad (7-64)$$

则有

$$\boldsymbol{\varepsilon}_1 = \boldsymbol{h}_1 = \boldsymbol{G}_1\boldsymbol{\theta}_1 \qquad (7-65)$$

式中

$$h_1 = \begin{bmatrix} r_{21}'^2 - \boldsymbol{s}_2'^{\mathrm{T}}\boldsymbol{s}_2' + \boldsymbol{s}_1'^{\mathrm{T}}\boldsymbol{s}_1' + 2(z_2' - z_1')z' \\ r_{M1}'^2 - \boldsymbol{s}_M'^{\mathrm{T}}\boldsymbol{s}_M' + \boldsymbol{s}_1'^{\mathrm{T}}\boldsymbol{s}_1' + 2(z_M' - z_1')z' \\ f_{21}'r_{21}' + k(\boldsymbol{s}_2' - \boldsymbol{s}_1')^{\mathrm{T}}\dot{\boldsymbol{u}}' \\ \cdots \\ f_{M1}'r_{M1}' + k(\boldsymbol{s}_M' - \boldsymbol{s}_1')^{\mathrm{T}}\dot{\boldsymbol{u}}' \end{bmatrix} \qquad (7-66)$$

$$\boldsymbol{G}_1 = -2 \begin{bmatrix} (x_2' - x_1') & (y_2' - y_1') & r_{21}' & 0 \\ \cdots & \cdots & \cdots & \cdots \\ (x_M' - x_1') & (y_M' - y_1') & r_{M1}' & 0 \\ 0 & 0 & f_{21}' & r_{21}' \\ \cdots & \cdots & \cdots & \cdots \\ 0 & 0 & f_{M1}' & r_{M1}' \end{bmatrix} \qquad (7-67)$$

最小化 $\boldsymbol{\varepsilon}_1^{\mathrm{T}}\boldsymbol{W}_1\boldsymbol{\varepsilon}_1$ 可得 $\boldsymbol{\theta}_1$ 的加权最小二乘估计为

$$\hat{\boldsymbol{\theta}}_1 = (\boldsymbol{G}_1^{\mathrm{T}}\boldsymbol{W}_1\boldsymbol{G}_1)^{-1}\boldsymbol{G}_1^{\mathrm{T}}\boldsymbol{W}_1\boldsymbol{h}_1 \qquad (7-68)$$

式中：$\boldsymbol{W}_1$ 为加权矩阵，7.4.2 节对其详细讨论。

2）第二步

第一步的求解过程中，由式（7-65）得到式（7-68）需假设 r_1、f_1 与 x、y 无关，实际上，由式（7-1）和式（7-3）可知，它们彼此相关，因此，虽然 $\hat{\boldsymbol{\theta}}_1$ 的第一、第二元素是 x、y 的估计，但并不准确。这一步根据第一步得到的 r_1、f_1 的计算值提高 x、y 的估计精度。为便于表示，令

$$x_g = \hat{\boldsymbol{\theta}}_{1,1}, \quad y_g = \hat{\boldsymbol{\theta}}_{1,2}, \quad r_{1,g} = \hat{\boldsymbol{\theta}}_{1,3}, \quad f_{1,g} = \hat{\boldsymbol{\theta}}_{1,4} \qquad (7-69)$$

式中：$\hat{\boldsymbol{\theta}}_{1,i}$ 表示 $\hat{\boldsymbol{\theta}}_1$ 的第 i 个元素，$i=1,2,3,4$。

根据式（7-1）和式（7-3），有

$$\begin{cases} r_1 = \sqrt{(x-x_1)^2 + (y-y_1)^2 + (z-z_1)^2} \\ f_1 = k\dfrac{\dot{x}(x-x_1) + \dot{y}(y-y_1) + \dot{z}(z-z_1)}{\sqrt{(x-x_1)^2 + (y-y_1)^2 + (z-z_1)^2}} \end{cases} \qquad (7-70)$$

将 r_1、f_1 在 $[x_g, y_g, z', \dot{x}', \dot{y}', \dot{z}', x_1', y_1', z_1']^{\mathrm{T}}$ 处一次泰勒展开，有

$$\begin{cases} r_1 = r_{1c} + a_1(x-x_g) + a_2(y-y_g) + a_3(z-z') \\ \quad - a_1(x_1-x_1') - a_2(y_1-y_1') - a_3(z_1-z_1') \\ f_1 = f_{1c} + b_1(x-x_g) + b_2(y-y_g) + b_3(z-z') + ka_1(\dot{x}-\dot{x}') \\ \quad + ka_2(\dot{y}-\dot{y}') + ka_3(\dot{z}-\dot{z}') - b_1(x_1-x_1') - b_2(y_1-y_1') - b_3(z_1-z_1') \end{cases}$$

$$(7-71)$$

式中

$$r_{1c} = \sqrt{(x_g-x_1')^2 + (y_g-y_1')^2 + (z-z_1')^2} \qquad (7-72)$$

$$f_{1c} = k\frac{\dot{x}'(x_g-x_1') + \dot{y}'(y_g-y_1') + \dot{z}'(z-z_1')}{\sqrt{(x_g-x_1')^2 + (y_g-y_1')^2 + (z-z_1')^2}} \qquad (7-73)$$

$$a_1 = \frac{(x_g-x_1')}{r_{1c}}, \quad a_2 = \frac{(y_g-y_1')}{r_{1c}}, \quad a_3 = \frac{(z'-z_1')}{r_{1c}} \qquad (7-74)$$

$$b_1 = k\frac{\dot{x}'}{r_{1c}} - \frac{f_{1c}}{r_{1c}^2}(x_g-x_1'), b_2 = k\frac{\dot{y}'}{r_{1c}} - \frac{f_{1c}}{r_{1c}^2}(y_g-y_1'), b_3 = k\frac{\dot{z}'}{r_{1c}} - \frac{f_{1c}}{r_{1c}^2}(z'-z_1')$$

$$(7-75)$$

令

236

$$\begin{cases} \varepsilon_{2,1} = x_g - x \\ \varepsilon_{2,2} = y_g - y \\ \varepsilon_{2,3} = r_{1g} - r_{1c} - a_1(x - x_g) - a_2(y - y_g) \\ \varepsilon_{2,4} = f_{1g} - f_{1c} - b_1(x - x_g) - b_2(y - y_g) \end{cases} \tag{7-76}$$

将式(7-76)写成向量-矩阵形式,有

$$\boldsymbol{\varepsilon}_2 = \boldsymbol{h}_2 - \boldsymbol{G}_2 \boldsymbol{p} \tag{7-77}$$

式中

$$\boldsymbol{\varepsilon}_2 = [\varepsilon_{2,1}, \varepsilon_{2,2}, \varepsilon_{2,3}, \varepsilon_{2,4}]^{\mathrm{T}} \tag{7-78}$$

$$\boldsymbol{h}_2 = \begin{bmatrix} x' \\ y' \\ r'_1 - r_{1c} + a_1 x' + a_2 y' \\ f'_1 - f_{1c} + b_1 x' + b_2 y' \end{bmatrix}, \quad \boldsymbol{G}_2 = \begin{bmatrix} 1 & 0 \\ 0 & 1 \\ a_1 & a_2 \\ b_1 & b_2 \end{bmatrix} \tag{7-79}$$

最小化 $\boldsymbol{\varepsilon}_2^{\mathrm{T}} \boldsymbol{W}_2 \boldsymbol{\varepsilon}_2$ 可得 $\boldsymbol{p}$ 的加权最小二乘估计为

$$\hat{\boldsymbol{p}} = (\boldsymbol{G}_2^{\mathrm{T}} \boldsymbol{W}_2 \boldsymbol{G}_2)^{-1} \boldsymbol{G}_2^{\mathrm{T}} \boldsymbol{W}_2 \boldsymbol{h}_2 \tag{7-80}$$

式中:$\boldsymbol{W}_2$ 为加权矩阵,7.4.2节对其详细讨论。

2. 加权矩阵

使估计方差最小的加权矩阵为

$$\boldsymbol{W}_1 = E(\boldsymbol{\varepsilon}_1 \boldsymbol{\varepsilon}_1^{\mathrm{T}})^{-1} \tag{7-81}$$

将 $r'_{i1} = r_{i1} + n_{i1}, f'_{i1} = f_{i1} + m_{i1}, z' = z + \delta z, \dot{\boldsymbol{u}}' = \dot{\boldsymbol{u}} + \delta \dot{\boldsymbol{u}}, s'_i = s_i + \delta s_i$ 代入式(7-62),并利用式(7-60)和式(7-61),有

$$\varepsilon_{r,i} = 2r_i n_{i1} + 2(\boldsymbol{u} - \boldsymbol{s}_i)^{\mathrm{T}} \delta \boldsymbol{s}_i - 2(\boldsymbol{u} - \boldsymbol{s}_1)^{\mathrm{T}} \delta \boldsymbol{s}_1 + 2(z_2 - z_1) \delta z$$

$$\varepsilon_{f,i} = 2f_i n_{i1} + 2r_i m_{i1} + 2k(\boldsymbol{s}_i - \boldsymbol{s}_1)^{\mathrm{T}} \delta \dot{\boldsymbol{u}} + 2k \dot{\boldsymbol{u}}^{\mathrm{T}} \delta \boldsymbol{s}_i - 2k \dot{\boldsymbol{u}}^{\mathrm{T}} \delta \boldsymbol{s}_1 \tag{7-82}$$

将式(7-82)写成向量-矩阵形式,有

$$\begin{cases} \boldsymbol{\varepsilon}_r = \boldsymbol{A}_1 \delta \boldsymbol{\alpha} + \boldsymbol{A}_2 \sigma \boldsymbol{\beta} \\ \boldsymbol{\varepsilon}_f = \boldsymbol{B}_1 \delta \boldsymbol{\alpha} + \boldsymbol{B}_2 \delta \boldsymbol{\beta} \end{cases} \tag{7-83}$$

式中

$$\boldsymbol{A}_1 = [2\mathrm{diag}([r_2, r_3, \cdots, r_M]) \quad \boldsymbol{0}_{M-1}] \tag{7-84}$$

$$\boldsymbol{B}_1 = [2\mathrm{diag}([f_2, f_3, \cdots, f_M]) \quad 2\mathrm{diag}([r_2, r_3, \cdots, r_M])] \tag{7-85}$$

$$A_2 = 2\begin{bmatrix} z_2 - z_1 & \mathbf{0}_{1\times 3} & -(\mathbf{u} - \mathbf{s}_1)^{\mathrm{T}} & (\mathbf{u} - \mathbf{s}_2)^{\mathrm{T}} & \mathbf{0}_{1\times 3} & \cdots & \mathbf{0}_{1\times 3} \\ z_3 - z_1 & \mathbf{0}_{1\times 3} & -(\mathbf{u} - \mathbf{s}_1)^{\mathrm{T}} & \mathbf{0}_{1\times 3} & (\mathbf{u} - \mathbf{s}_2)^{\mathrm{T}} & \cdots & \mathbf{0}_{1\times 3} \\ \cdots & \cdots & \cdots & \cdots & \cdots & \cdots & \cdots \\ z_M - z_1 & \mathbf{0}_{1\times 3} & -(\mathbf{u} - \mathbf{s}_1)^{\mathrm{T}} & \mathbf{0}_{1\times 3} & \mathbf{0}_{1\times 3} & \cdots & (\mathbf{u} - \mathbf{s}_2)^{\mathrm{T}} \end{bmatrix}$$

$$(7-86)$$

$$B_2 = 2k\begin{bmatrix} 0 & (\mathbf{s}_2 - \mathbf{s}_1)^{\mathrm{T}} & -\dot{\mathbf{u}}^{\mathrm{T}} & \dot{\mathbf{u}}^{\mathrm{T}} & \mathbf{0}_{1\times 3} & \cdots & \mathbf{0}_{1\times 3} \\ 0 & (\mathbf{s}_3 - \mathbf{s}_1)^{\mathrm{T}} & -\dot{\mathbf{u}}^{\mathrm{T}} & \mathbf{0}_{1\times 3} & \dot{\mathbf{u}}^{\mathrm{T}} & \cdots & \mathbf{0}_{1\times 3} \\ \cdots & \cdots & \cdots & \cdots & \cdots & \cdots & \cdots \\ 0 & (\mathbf{s}_M - \mathbf{s}_1)^{\mathrm{T}} & -\dot{\mathbf{u}}^{\mathrm{T}} & \mathbf{0}_{1\times 3} & \mathbf{0}_{1\times 3} & \cdots & \dot{\mathbf{u}}^{\mathrm{T}} \end{bmatrix}$$

$$(7-87)$$

令

$$\boldsymbol{D}_1 = \begin{bmatrix} \boldsymbol{A}_1^{\mathrm{T}} & \boldsymbol{B}_1^{\mathrm{T}} \end{bmatrix}^{\mathrm{T}}, \ \boldsymbol{D}_2 = \begin{bmatrix} \boldsymbol{A}_2^{\mathrm{T}} & \boldsymbol{B}_2^{\mathrm{T}} \end{bmatrix}^{\mathrm{T}} \qquad (7-88)$$

则

$$\boldsymbol{\varepsilon}_1 = \boldsymbol{D}_1 \delta\boldsymbol{\alpha} + \boldsymbol{D}_2 \delta\boldsymbol{\beta} \qquad (7-89)$$

因此

$$\boldsymbol{W}_1 = (\boldsymbol{D}_1 \boldsymbol{Q}_\alpha \boldsymbol{D}_1^{\mathrm{T}} + \boldsymbol{D}_2 \boldsymbol{Q}_\beta \boldsymbol{D}_2^{\mathrm{T}})^{-1} \qquad (7-90)$$

同理,加权矩阵 $\boldsymbol{W}_2$ 为

$$\boldsymbol{W}_2 = E(\boldsymbol{\varepsilon}_2 \boldsymbol{\varepsilon}_2^{\mathrm{T}})^{-1} \qquad (7-91)$$

将 $\delta\boldsymbol{\theta}_1 = [x_g, y_g, r_{1g}, f_{1g}]^{\mathrm{T}} - [x, y, r_1, f_1]^{\mathrm{T}}$, $z' = z + \delta z$, $\dot{\mathbf{u}}' = \dot{\mathbf{u}} + \delta \dot{\mathbf{u}}$, $\mathbf{s}_1' = \mathbf{s}_1 + \delta\mathbf{s}_1$, 代入式(7 - 69),并根据式(7 - 64)可得

$$\boldsymbol{\varepsilon}_2 = \delta\boldsymbol{\theta}_1 + \boldsymbol{H}\delta\boldsymbol{\beta} \qquad (7-92)$$

式中

$$\boldsymbol{H} = -\begin{bmatrix} \mathbf{0}_{1\times(3M+4)}^{\mathrm{T}}, \mathbf{0}_{1\times(3M+4)}^{\mathrm{T}}, \boldsymbol{a}, \boldsymbol{b} \end{bmatrix}^{\mathrm{T}}$$
$$\boldsymbol{a} = [a_3, 0, 0, 0, -a_1, -a_2, -a_3, 0, 0, \cdots, 0]^{\mathrm{T}} \qquad (7-93)$$
$$\boldsymbol{b} = [b_3, ka_1, ka_2, ka_3, -b_1, -b_2, -b_3, 0, 0, \cdots, 0]^{\mathrm{T}}$$

由式(7 - 68)和式(7 - 65)可得

$$\delta\boldsymbol{\theta}_1 = \hat{\boldsymbol{\theta}}_1 - \boldsymbol{\theta}_1 = (\boldsymbol{G}_1^{\mathrm{T}} \boldsymbol{W}_1 \boldsymbol{G}_1)^{-1} \boldsymbol{G}_1^{\mathrm{T}} \boldsymbol{W}_1 \boldsymbol{\varepsilon}_1 \qquad (7-94)$$

由式(7 - 94)和式(7 - 89)可得

238

$$\boldsymbol{\varepsilon}_2 = (\boldsymbol{G}_1^{\mathrm{T}} \boldsymbol{W}_1 \boldsymbol{G}_1)^{-1} \boldsymbol{G}_1^{\mathrm{T}} \boldsymbol{W}_1 (\boldsymbol{D}_1 \delta\boldsymbol{\alpha} + \boldsymbol{D}_2 \delta\boldsymbol{\beta}) + \boldsymbol{H}\delta\boldsymbol{\beta} \qquad (7-95)$$

因此

$$\boldsymbol{W}_2 = \begin{pmatrix} (\boldsymbol{G}_1^{\mathrm{T}} \boldsymbol{W}_1 \boldsymbol{G}_1)^{-1} \boldsymbol{G}_1^{\mathrm{T}} \boldsymbol{W}_1 \boldsymbol{D}_1 \boldsymbol{Q}_\alpha [(\boldsymbol{G}_1^{\mathrm{T}} \boldsymbol{W}_1 \boldsymbol{G}_1)^{-1} \boldsymbol{G}_1^{\mathrm{T}} \boldsymbol{W}_1 \boldsymbol{D}_1]^{\mathrm{T}} \\ + [(\boldsymbol{G}_1^{\mathrm{T}} \boldsymbol{W}_1 \boldsymbol{G}_1)^{-1} \boldsymbol{G}_1^{\mathrm{T}} \boldsymbol{W}_1 \boldsymbol{D}_2 + \boldsymbol{H}] \boldsymbol{Q}_\beta [(\boldsymbol{G}_1^{\mathrm{T}} \boldsymbol{W}_1 \boldsymbol{G}_1)^{-1} \boldsymbol{G}_1^{\mathrm{T}} \boldsymbol{W}_1 \boldsymbol{D}_2 + \boldsymbol{H}]^{\mathrm{T}} \end{pmatrix}^{-1}$$

$$(7-96)$$

3. 估计精度分析

将 $\hat{\boldsymbol{\theta}}_1 = (\boldsymbol{G}_1^{\mathrm{T}} \boldsymbol{W}_1 \boldsymbol{G}_1)^{-1} \boldsymbol{G}^{\mathrm{T}} \boldsymbol{W}_1 \boldsymbol{h}_1$ 两边都减去 $\boldsymbol{\theta}_1$, 并利用 $\boldsymbol{\varepsilon}_1 = \boldsymbol{h}_1 - \boldsymbol{G}_1 \boldsymbol{\theta}_1$, 可得

$$\delta\boldsymbol{\theta}_1 = \hat{\boldsymbol{\theta}}_1 - \boldsymbol{\theta}_1 = (\boldsymbol{G}_1^{\mathrm{T}} \boldsymbol{W}_1 \boldsymbol{G}_1)^{-1} \boldsymbol{G}_1^{\mathrm{T}} \boldsymbol{W}_1 \boldsymbol{\varepsilon}_1 \qquad (7-97)$$

$\boldsymbol{W}_1$ 是 $\boldsymbol{\varepsilon}_1$ 协方差矩阵的逆, 所以 $\hat{\boldsymbol{\theta}}_1$ 的协方差矩阵为

$$\mathrm{cov}(\hat{\boldsymbol{\theta}}_1) = (\boldsymbol{G}_1^{\mathrm{T}} \boldsymbol{W}_1 \boldsymbol{G}_1)^{-1} \qquad (7-98)$$

根据 $\hat{\boldsymbol{\theta}}_2 = (\boldsymbol{G}_2^{\mathrm{T}} \boldsymbol{W}_2 \boldsymbol{G}_2)^{-1} \boldsymbol{G}_2^{\mathrm{T}} \boldsymbol{W}_2 \boldsymbol{h}_2$, $\boldsymbol{\varepsilon}_2 = \boldsymbol{h}_2 - \boldsymbol{G}_2 \boldsymbol{\theta}_2 = \delta\boldsymbol{\theta}_1 + \boldsymbol{H}\delta\boldsymbol{\beta}$, 可得估计误差

$$\delta\boldsymbol{\theta}_2 = \hat{\boldsymbol{\theta}}_2 - \boldsymbol{\theta}_2 = (\boldsymbol{G}_2^{\mathrm{T}} \boldsymbol{W}_2 \boldsymbol{G}_2)^{-1} \boldsymbol{G}_2^{\mathrm{T}} \boldsymbol{W}_2 \boldsymbol{\varepsilon}_2 \qquad (7-99)$$

由于 $\boldsymbol{W}_2 = E(\boldsymbol{\varepsilon}_2^{\mathrm{T}} \boldsymbol{\varepsilon}_2)^{-1}$, 所以 $\hat{\boldsymbol{\theta}}_2$ 的协方差矩阵为

$$\mathrm{cov}(\hat{\boldsymbol{\theta}}_2) = (\boldsymbol{G}_2^{\mathrm{T}} \boldsymbol{W}_2 \boldsymbol{G}_2)^{-1} \qquad (7-100)$$

4. 估计精度与克拉美 – 罗下限的比较

由式 $(7-92)$ 可知, $\boldsymbol{\varepsilon}_2$ 的主要成分为其第一项。忽略第二项, 有

$$\boldsymbol{W}_2 = \mathrm{cov}(\hat{\boldsymbol{\theta}}_1)^{-1} = \boldsymbol{G}_1^{\mathrm{T}} \boldsymbol{W}_1 \boldsymbol{G}_1 \qquad (7-101)$$

将式 $(7-101)$ 代入式 $(7-100)$, 得

$$\mathrm{cov}(\hat{\boldsymbol{\theta}}_2)^{-1} = \boldsymbol{G}_2^{\mathrm{T}} \boldsymbol{G}_1^{\mathrm{T}} \boldsymbol{W}_1 \boldsymbol{G}_1 \boldsymbol{G}_2 \qquad (7-102)$$

根据矩阵求逆公式, $\boldsymbol{W}_1$ 可表示为

$$\boldsymbol{W}_1 = (\boldsymbol{D}_1 \boldsymbol{Q}_\alpha \boldsymbol{D}_1^{\mathrm{T}})^{-1}$$
$$- (\boldsymbol{D}_1^{-1})^{\mathrm{T}} \boldsymbol{Q}_\alpha^{-1} \boldsymbol{D}_1^{-1} \boldsymbol{D}_2 (\boldsymbol{Q}_\beta^{-1} + (\boldsymbol{D}_1^{-1} \boldsymbol{D}_2)^{\mathrm{T}} \boldsymbol{Q}_\alpha^{-1} \boldsymbol{D}_1^{-1} \boldsymbol{D}_2)^{-1} \cdot$$
$$(\boldsymbol{D}_1^{-1} \boldsymbol{D}_2)^{\mathrm{T}} \boldsymbol{Q}_\alpha^{-1} \boldsymbol{D}_1^{-1} \qquad (7-103)$$

将式 $(7-103)$ 代入式 $(7-102)$, 有

$$\text{cov}(\hat{\boldsymbol{\theta}}_2)^{-1} = \boldsymbol{D}_3^{\mathrm{T}} \boldsymbol{Q}_\alpha^{-1} \boldsymbol{D}_3 - \boldsymbol{D}_2^{\mathrm{T}} \boldsymbol{Q}_\alpha^{-1} \boldsymbol{D}_1^{-1} \boldsymbol{D}_2 (\boldsymbol{Q}_\beta^{-1}$$
$$+ (\boldsymbol{D}_1^{-1}\boldsymbol{D}_2)^{\mathrm{T}}\boldsymbol{Q}_\alpha^{-1}\boldsymbol{D}_1^{-1}\boldsymbol{D}_2)^{-1}(\boldsymbol{D}_1^{-1}\boldsymbol{D}_2)^{\mathrm{T}}\boldsymbol{D}_3 \tag{7-104}$$

式中

$$\boldsymbol{D}_3 = \boldsymbol{D}_1^{-1}\boldsymbol{G}_1\boldsymbol{G}_2 \tag{7-105}$$

根据矩阵求逆公式,CRLB$(\boldsymbol{p})$的逆为

$$\mathrm{CRLB}_2(\boldsymbol{p})^{-1} = \boldsymbol{X} - \boldsymbol{Y}\boldsymbol{Z}^{-1}\boldsymbol{Y}^{\mathrm{T}} \tag{7-106}$$

式中:$\boldsymbol{X}$、$\boldsymbol{Y}$、$\boldsymbol{Z}$由式(7-34)~式(7-36)给出。

式(7-104)与式(7-106)形式相同,式(7-104)中的$\boldsymbol{D}_3$、$\boldsymbol{D}_1^{-1}\boldsymbol{D}_2$分别与式(7-106)中的$\pm\dfrac{\partial\boldsymbol{\alpha}}{\partial\boldsymbol{p}^{\mathrm{T}}}$、$\pm\dfrac{\partial\boldsymbol{\alpha}}{\partial\boldsymbol{\beta}^{\mathrm{T}}}$对应。经过推导可证明,如果用变量真值代替$\boldsymbol{G}_1$、$\boldsymbol{G}_2$中的观测值,则$\boldsymbol{D}_3 = \dfrac{\partial\boldsymbol{\alpha}}{\partial\boldsymbol{p}^{\mathrm{T}}}$;$\boldsymbol{D}_1^{-1}\boldsymbol{D}_2$与$-\dfrac{\partial\boldsymbol{\alpha}}{\partial\boldsymbol{p}^{\mathrm{T}}}$的差别很小,在雷达到各参考点的距离差可忽略的条件下,两者近似相等。通常,参考点相对距离差较小,上述条件可满足。因此,在近似条件下,可认为本书所提方法得到的估计量的协方差矩阵等于$\mathrm{CRLB}_2(\boldsymbol{p})$。

5. 算法实现中的考虑因素

算法实现中要考虑以下两个实际问题。首先,要用带有误差的测量值来计算加权矩阵$\boldsymbol{W}_1$、$\boldsymbol{W}_2$,没有相关结论证明这种近似不会带来较大的性能损失,但仿真表明这种近似对估计性能的影响可忽略。其次,算法实现中需要已知协方差矩阵$\boldsymbol{Q}_\alpha$和$\boldsymbol{Q}_\beta$,$\boldsymbol{Q}_\alpha$可由图像匹配算法的精度得出,$\boldsymbol{Q}_\beta$可由惯导性能指标和参考图制备精度得出,若二者未知或者不能准确已知,可令$\boldsymbol{W}_1$、$\boldsymbol{W}_2$为单位矩阵,这会导致估计精度降低,仿真表明采用单位加权矩阵求解对定位精度的影响不大。

6. 仿真实验

本节进行仿真实验,以验证上述理论分析结果及求解方法的有效性,仿真参数与7.3节相同,每组参数仿真求解10000次,仿真结果如图7-4所示。为便于比较,图7-4画出了x、y估计的最小均方差(CRLB),求解方法的均方差的理论值以及仿真值。

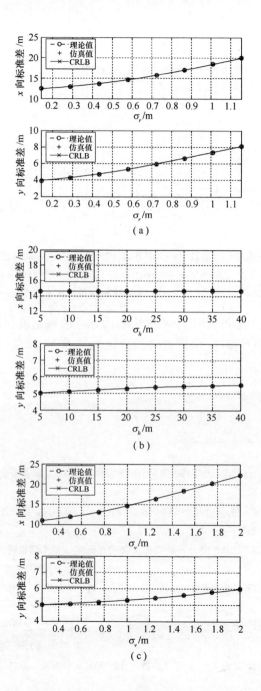

（a）

（b）

（c）

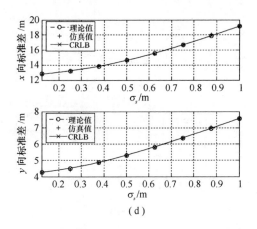

图7-4 不同参数下的CRLB,求解方法性能理论值和仿真值

(a) $\sigma_h = 20\text{m}, \sigma_v = 1\text{m/s}, \sigma_s = 0.5\text{m}$;(b) $\sigma_r = 0.577\text{m}, \sigma_v = 1\text{m/s}, \sigma_s = 0.5\text{m}$;

(c) $\sigma_h = 20\text{m}, \sigma_r = 0.577\text{m}, \sigma_s = 0.5\text{m}$;(d) $\sigma_h = 20\text{m}, \sigma_v = 1\text{m/s}, \sigma_r = 0.577\text{m}$。

从图7-4中可看出,求解方法的均方差的理论值和仿真值吻合,两者得到了相互验证,求解方法的理论均方差与CRLB重合,验证了7.4.2节的分析。

参考文献

[1] 陈宇新,安东,任思聪. 地形辅助的 INS/SAR 组合导航系统. 西北工业大学学报,1997,15(4):598-602.

[2] 柴霖,袁建平,方群,等. 基于 SAR 的组合导航系统仿真研究. 系统仿真学报,2005,17(5):1252-1254.

[3] 张景伟. INS/GPS/SAR 组合导航系统关键问题研究. 博士学位论文. 西北工业大学,2003.

[4] 范俐捷. 合成孔径雷达景象匹配导航技术研究. 博士学位论文. 中国科学院电子学研究所,2008.

[5] 李亚超,蓝金巧,邢孟道,等. SAR 末制导中导弹定位方法分析. 遥测遥控,2004,25(6):29-33.

[6] 李天池,周荫清,马海英,等. 基于参数估计的 SAR 定位方法. 系统工程与电子技术,

2007,29(3):372 - 374.

[7] 秦玉亮,李宏,王宏强,等. 基于 SAR 导引头的弹体定位方法. 系统工程与电子技术, 2009,31(1):121 - 124.

[8] Qin Y L, Deng B, Wang H Q, et al. Missile Geo-location Using Missile borne SAR. Proc. of SPIE,2007:67952v1 - 67952v9.

[9] 邹维宝. INS/GNSS/SAR 组合导航系统及其智能化信息融合技术的研究. 博士学位论文. 西北工业大学,2000.

[10] 周金萍,唐伶俐,李传荣. 星载 SAR 图像的两种实用化 R - D 定位模型及其精度分析. 遥感学报,2001,5(3):191 - 196.

[11] 袁孝康. 星载合成孔径雷达目标定位研究. 上海航天,2002(1):1 - 7.

[12] 孙文峰,陈安,邓海涛,等. 一种新的机载 SAR 图像几何校正和定位方法. 电子学报, 2007,35(3):553 - 556.

[13] 高祥武,黄广民,杨汝良. 机载 SAR 目标快速定位方法和精度分析. 现代雷达,2004,26 (9):4 - 7.

[14] 张长权,孙文峰. 机载 SAR 图像定位精度分析. 空军雷达学院学报,2007,21(4): 263 - 265.

[15] Ka S M. 统计信号处理基础—估计与检测理论. 罗鹏飞,张文明,刘忠,译. 北京:电子 工业出版社,2003.

[16] 张贤达. 矩阵分析及应用. 北京:清华大学出版社,2004.

[17] Rollason M, Salmond D, Evans M Parameter estimation for terminal guidance using a Doppler beam sharpening radar. AIAA Guidance, Navigation, and Control Conference and exhibit,2003.

[18] Hodgson J A, Lee D W. Terminal Guidance using a Doppler beam sharpening radar. AIAA Guidance, Navigation, and Control Conference,2003.

[19] Hodgson J A. Trajectory Optimization Using Differential Inclusion to Minimize Uncertainty in Target Location Estimation. AIAA Guidance, Navigation, and Control Conference and Exhibit, San Francisco, California, USA,2005:1 - 17.

内 容 简 介

本书是一部关于合成孔径雷达在导弹制导中应用的专著,主要论述弹载合成孔径雷达制导的基本原理与关键技术。

全书共分7章,内容包括绪论、弹载合成孔径雷达制导基础、弹道优化设计、弹载合成孔径雷达成像、弹载合成孔径雷达制导参考图制备、弹载合成孔径雷达制导景象匹配、导弹定位。

本书可供导弹精确制导及合成孔径雷达应用专业的工程技术人员参考,也可作为高等院校相关专业师生的参考书。

This book is a monograph concerning the application of SAR (Synthetic Aperture Radar) in missile guidance. It mainly addresses the fundamentals and key techniques of missile-borne SAR guidance.

The whole book is comprised of seven chapters: introduction, missile-borne SAR guidance fundamentals, trajectory optimization, missile-borne SAR imaging method, reference map generation for missile-borne SAR guidance, scene matching for missile-borne SAR guidance, missile location.

This book can be referred to by engineers and technical personnel in the field of precision guidance and SAR applications, and can also be a reference book for the university teachers and students concerned.